Advanced
コンピュータネットワーク

原山 美知子 著

共立出版

序　文

　インターネットは全世界に広がるコンピュータネットワークで，情報流通のインフラとして人々の社会活動を支えています．インターネットのコンピュータ通信技術の開発は 1970 年頃からスタートしましたが，今や成熟し，理工系大学や工業高専の情報や通信分野では主要科目のひとつになっています．そこで，2014 年にコンピュータ通信技術の入門書として『インターネット工学』を出版しました．この書籍では，基本的な概念として，ネットワーク構造，モデル，イーサネット，TCP/IP，主なサービスプロトコルについて解説しています．しかし，コンピュータ通信の技術進歩は目覚ましく次々と新しい概念が生まれており，技術者が知るべき知識は『インターネット工学』で述べた内容だけでは不足しています．そこで，続編として本書を執筆することにしました．

　本書は 3 部 12 章で構成されています．まず，第 I 部ではコンピュータ通信の根幹となる技術を学びます．特に第 1 章ではコンピュータネットワーク入門の内容を実際の通信の流れに沿って基本のキーワードを挙げながら簡単に説明しています．詳しい説明はありませんので，わからないキーワードは『インターネット工学』や他のコンピュータネットワーク入門書で復習していただくことをお勧めします．第 2 章ではスイッチに焦点をあて，スイッチの仕組み，スパニングツリー，VLAN そして MPLS について取り上げました．第 3 章と第 4 章では IPv6 の仕組みについて，現在主流の IPv4 と対比しながら述べています．

　第 II 部では，マルチメディア通信に関連した技術を取り上げ，Web などのいわゆるデータ通信とどのように異なる技術であるのかを見ていきます．第 5 章はストリーミング通信で，RTP/RTCP から IP 電話の仕組みまで述べています．第 6 章はネットワーク QoS で，通信品質をどのように確保するかという課題に対し，基礎技術とその組み合わせである DiffServ による QoS ネットワークについて解説しています．第 7 章ではストリーミング配信を効率的に行うネットワーク技術として IP マルチキャスト通信について述べ，アドレッシング，ネットワークの構成，ルーティングについてまとめました．

　第 III 部ではネットワーク管理という視点に立ち，第 8 章では基本的なネットワーク管理プロトコル SNMP，NTP そしてユーザー管理について解説しました．ネットワーク管理にあたってはセキュリティ確保が重要な課題です．第 9 章ではネットワークセキュリティとして，ネットワークの脅威から，セキュアネットワークの構成，ファイヤウォールを中心としたネットワークを守る仕組みについて取り上げました．第 10 章および第 11 章では，データ保護の観点から暗号と認証について，原理とこれらを組み込んだネットワークシステムについて解説しました．ネットワーク技術の展開は現在もとどまることがなく，様々なネットワーキングの手法が登場しています．第 12 章で

は締めくくりとして P2P 通信を中心に新しいネットワーキングについて紹介しました.

　コンピュータ通信技術は秀逸な仕組みやアイデアにあふれています. この様々な技術がなぜそのようになっているのか, 仕様の本質を読者が理解しやすいように, 多くの図とわかりやすい文章で記述することを心がけました. 技術用語が多いため, 各章末にキーワードをまとめました. また, 読者の学習の助けとするため, 各章に章末課題をつけました. コンピュータ通信を専門とする高専, 大学, 大学院の学生の皆さんだけでなく, 企業や官庁やあらゆる場所でネットワークに携わる技術者や管理者の皆様に広く本書をお読みいただき, インターネット技術の全貌を概観することでネットワークの導入や運用の一助としていただくとともに, コンピュータネットワーク技術の発展にさらなる貢献をしていかれることを心より願っています.

　なお, 本書をまとめるにあたり, 岐阜大学工学部 川崎晴久先生, 鷲見裕子様, ならびに共立出版株式会社の中川暢子様には大変お世話になりました. また, 校閲に協力していただきました, 岐阜大学総合情報メディアセンターの田中昌二先生をはじめ, 岐阜大学大学院自然科学研究科知能情報領域の井戸駿斗, 稲熊健太, 今泉圭一, 上野智輝, 児玉千紗, 柴田良輔, 田中颯太, 林英誉, 古川純也, 松田弘志郎, ならびに山岡稜各氏に感謝の意を表します.

　2018 年 9 月

原山美知子

目　　次

| 第Ⅰ部 | IP 通信 |

第1章　IP 通信の基礎　　　　2

1.1　インターネットへの接続　*2*

1.2　インターネットサービス　*4*

1.3　IP パケットの生成　*5*

1.4　フレームの生成　*6*

1.5　無線データリンク　*7*

1.6　ルーター　*8*

1.7　ケーブルデータリンク　*9*

1.8　IP ネットワーク　*10*

1.9　ルーティング　*11*

1.10　Web サーバー　*12*

1.11　TCP の通信制御　*13*

1.12　通信速度　*14*

1.13　通信プロトコルとパラメータの管理　*15*

キーワード　*18*

章末課題　*19*

参考図書・サイト　*19*

第2章　スイッチの技術　　　　20

2.1　スイッチング技術の進歩　*20*

2.2　スイッチ　*22*

　　2.2.1　スイッチの構造と基本処理　*22*

　　2.2.2　スイッチファブリックとスイッチの性能　*24*

2.3　スパニングツリープロトコル　*26*

　　2.3.1　L2 ネットワークとブロードキャストストーム　*26*

　　2.3.2　スパニングツリープロトコル：STP　*27*

2.4　VLAN　*30*

vi 目 次

       2.4.1　VLAN の必要性　*30*

       2.4.2　ポート VLAN　*31*

       2.4.3　タグ VLAN　*32*

  2.5　その他の L2 スイッチング技術　*34*

  2.6　MPLS　*36*

       2.6.1　MPLS ネットワークとパケットの配送　*36*

       2.6.2　ラベルの配布とラベルテーブルの生成　*40*

 キーワード　*42*

 章末課題　*42*

 参考図書・サイト　*43*

第 3 章　IPv6 アドレッシング　　　　　　　　　　　　　　　　　　　　　　　　*44*

  3.1　IPv6 アドレスの特徴　*44*

  3.2　IPv6 アドレス　*46*

       3.2.1　IPv6 アドレス空間のサイズ　*46*

       3.2.2　IPv6 アドレスの表記　*47*

       3.2.3　宛先による IPv6 アドレスの種類　*48*

  3.3　IPv6 ユニキャストアドレス　*50*

       3.3.1　IPv6 ユニキャストアドレスのスコープ　*50*

       3.3.2　IPv6 ユニキャストアドレスの構造　*51*

       3.3.3　インターフェイス ID と改 EUI-64 形式　*54*

  3.4　IPv6 マルチキャストアドレス　*55*

  3.5　IPv6 集約アドレス　*56*

 キーワード　*58*

 章末課題　*58*

 参考図書・サイト　*59*

 コラム 1　IoT と IP アドレス　*59*

第 4 章　IPv6 パケット配送　　　　　　　　　　　　　　　　　　　　　　　　　*60*

  4.1　IPv6 パケット配送の特徴　*60*

  4.2　IPv6 ヘッダーの構造　*62*

       4.2.1　基本ヘッダー　*62*

       4.2.2　IPv6 拡張ヘッダー　*64*

  4.3　IPv6 パケットの配送　*66*

       4.3.1　ICMPv6 と制御情報の交換　*66*

       4.3.2　IPv6 アドレスの生成と重複検出　*68*

       4.3.3　IPv6 パケット配送の概要　*70*

4.3.4 ネクストホップの決定　70

4.3.5 MAC アドレスの取得　71

4.3.6 経路 MTU 探索と IP フラグメンテーション　72

4.3.7 DNS　73

4.4 IPv4-IPv6 共存技術　74

キーワード　76

章末課題　76

参考図書・サイト　77

コラム 2　MAC アドレス解決とブロードキャスト　77

第Ⅱ部　マルチメディア通信

第5章　ストリーミング　78

5.1 マルチメディアと通信　78

5.2 リアルタイム通信のプロトコル　80

5.3 メディアデータの配送：RTP　82

5.4 通信状況の通知：RTCP　84

5.5 セッションの管理：RTSP　87

5.6 IP 電話：SIP と VoIP　88

キーワード　90

章末課題　90

参考図書・サイト　91

コラム 3　動画が人気　91

第6章　ネットワーク QoS　92

6.1 QoS：通信の品質　92

6.2 パケット通信と QoS　94

6.2.1 QoS と通信帯域　94

6.2.2 ベストエフォート　95

6.3 QoS の技術　96

6.3.1 通信理論と QoS のプロトコル　96

6.3.2 サービスクラス　98

6.3.3 伝送レートの制御モデル　100

6.3.4 キューイング方式　102

6.3.5 パケットの廃棄　104

6.4 QoS ネットワーク　106

6.4.1 DS ドメインと QoS ルーター　106

viii 目　次

   6.4.2　アドミッション制御　*107*

   6.4.3　トラフィック調整　*108*

   6.4.4　トラフィック制御　*110*

 キーワード　*112*

 章末課題　*112*

 参考図書・サイト　*113*

第7章　IPマルチキャスト　*114*

 7.1　IPマルチキャストの概要　*114*

 7.2　マルチキャストアドレス　*116*

 7.3　参加者の管理　*118*

 7.4　マルチキャスト配送ツリー　*120*

 7.5　マルチキャストパケットの配送　*122*

 7.6　マルチキャストルーティング　*124*

 7.7　IPv6マルチキャストの参加者の管理　*127*

 キーワード　*128*

 章末課題　*128*

 参考図書・サイト　*128*

 コラム4　ネットワーク技術の利用　*129*

第Ⅲ部　セキュアネットワーク

第8章　ネットワークの管理　*130*

 8.1　ネットワークの管理　*130*

 8.2　ネットワークの管理：SNMP　*132*

 8.3　パケットモニタリング　*136*

 8.4　時刻同期：NTP　*138*

 8.5　ユーザー管理　*142*

   8.5.1　ディレクトリサービス：LDAP　*143*

   8.5.2　パスワードによるユーザー認証　*145*

   8.5.3　シングルサインオン：ケルベロス認証　*147*

   8.5.4　ネットワークのユーザー認証　*148*

 8.6　クライアントシステムとVDI　*150*

 キーワード　*152*

 章末課題　*152*

 参考図書・サイト　*153*

目　次　　　ix

第9章　ネットワークセキュリティ　　　154

9.1　インターネットへの脅威　*154*

9.2　情報セキュリティ　*156*

　　9.2.1　情報セキュリティの要素　*156*

　　9.2.2　セキュアネットワーク　*158*

9.3　ファイアウォール　*160*

9.4　パケットフィルタリング型ファイアウォール　*161*

9.5　プロキシサーバー　*164*

9.6　侵入検知システム：IDS/IPS　*166*

9.7　その他のセキュリティ対策　*168*

キーワード　*170*

章末課題　*170*

参考図書・サイト　*171*

コラム5　セキュリティクラウド　*171*

第10章　暗号と認証 —原理—　　　172

10.1　通信データの保護　*172*

10.2　暗号と鍵の配送：AES, RSA, DH 鍵共有　*174*

　　10.2.1　共通鍵暗号：AES　*174*

　　10.2.2　公開鍵暗号：RSA 暗号　*176*

　　10.2.3　DH 鍵共有　*178*

10.3　メッセージ認証：SHA　*179*

10.4　デジタル署名　*182*

10.5　安全なデータ通信　*183*

10.6　公開鍵認証基盤：PKI　*184*

キーワード　*186*

章末課題　*186*

参考図書・サイト　*187*

コラム6　暗号と鍵　*187*

第11章　暗号と認証 —システム—　　　188

11.1　暗号と認証技術の応用　*188*

11.2　Web 通信の保護：SSL/TLS　*190*

11.3　IP 通信の保護：IPsec　*192*

11.4　IEEE802.11i(WPA2)　*196*

11.5　仮想プライベートネットワーク：VPN　*198*

　　11.5.1　VPN の活用　*198*

11.5.2　PPTP と L2TP　*200*

11.5.3　TLS-VPN　*201*

11.5.4　IPsec-VPN　*202*

キーワード　*204*

章末課題　*204*

参考図書・サイト　*205*

コラム 7　安全な通信　*205*

第 12 章　ネットワークの展開　　*206*

12.1　様々なネットワーキング　*206*

12.2　P2P 通信　*208*

12.2.1　P2P 通信の特徴　*208*

12.2.2　P2P 通信のタイプと Winny　*209*

12.2.3　BitTrent　*210*

12.3　分散ハッシュテーブル：DHT　*212*

12.4　クラウドとネットワーク　*214*

12.4.1　クラウドサービス　*214*

12.4.2　ソフトウェアデザインネットワーク：SDN　*215*

12.4.3　コンテンツ配信ネットワーク：CDN　*216*

12.5　移動通信ネットワークの進歩　*217*

キーワード　*220*

章末課題　*220*

参考図書・サイト *221*

コラム 8　その他のネットワーキング　*221*

章末課題 解答例　*222*

索引　*233*

第 I 部　IP 通信

第 1 章　IP 通信の基礎
第 2 章　スイッチの技術
第 3 章　IPv6 アドレッシング
第 4 章　IPv6 パケット配送

第 II 部　マルチメディア通信

第 5 章　ストリーミング
第 6 章　ネットワーク QoS
第 7 章　IP マルチキャスト

第 III 部　セキュアネットワーク

第 8 章　ネットワークの管理
第 9 章　ネットワークセキュリティ
第 10 章　暗号と認証 —原理—
第 11 章　暗号と認証 —システム—
第 12 章　ネットワークの展開

1 IP 通信の基礎

要約
第 I 部では，IP 通信の基礎の確認，スイッチの技術および IPv6 について学ぶ．第 1 章では，Web 通信の例に沿って基本的な仕組みと用語を提示することにより，基礎的な内容を復習する．

1.1 インターネットへの接続

　P さんは，親元を離れて一人暮らしを始めることになり，新しく住むマンションにインターネット環境を整えようとした．インターネットに接続するためには，電気通信事業者に**ケーブル**や**ルーター**を設置してもらい，**ISP**[1]（いわゆる**プロバイダ**）と契約して配布されたパラメータを PC に設定すればよい．

　マンションを探すとネット環境には 3 つのタイプがあった．(A)**無線 LAN** 完備でインターネットがすぐ使えるタイプ，(B)**光ケーブル**は部屋まで来ているが，ネットワーク環境は入居者各自で整えるタイプ，(C)ネットワーク環境がない，というものである．(A)では，マンションのオーナーが電気通信事業者に依頼してマンションまで光ケーブルを延ばし**アクセスルーター**を設置している．ISP との契約もしてくれているので，入居者はオーナーに教えてもらったパラメータを PC に設定すればインターネットに接続できる．費用は家賃に上乗せされている．(B)では，P さんが電気通信事業者と契約してアクセスルーターを設置し，ISP とも契約して PC の設定を行なう．(C)ではケーブルを敷設するのは難しいが **WiMAX** が使えるエリアであれば，P さん自身が業者と契約して WiMAX 対応の機器を設置し，インターネットに接続することができる．

---

[1] インターネットに接続したネットワークを運用し，顧客の PC や端末を自社のネットワークに接続させインターネットの利用環境を提供する業者．

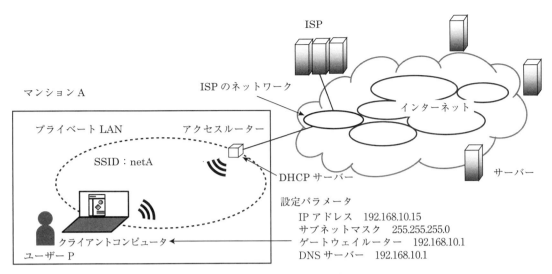

図 1.1 インターネットへの接続

Pさんは(A)タイプのマンションに入居することになった．オーナーは**SSID**[2]とパスワードを教えてくれた．SSID は，マンションのアクセスルーターの電波を識別する文字列である．**Wi-Fi**[3] の電波範囲は 100m にも及ぶため，周辺のビルや家庭に設置された**AP**[4]やアクセスルーターの電波がPさんの部屋まで届く．PC のネットワーク設定メニューを開くとたくさんの SSID が表示された．そこで教えてもらった SSID を選択しパスワードを入力すると，Pさんの PC はマンションが契約している ISP のネットワークに接続できた．図 1.1 に示すように，ISP のネットワークはインターネットを構成しているネットワークの 1 つであるため，Pさんの PC はインターネットに接続したといえる．インターネット側から見るとPさんの PC は，インターネットで情報の送信元であり宛先となる**ホスト**である．

PC のネットワーク設定を詳しく見ると，設定方式が**DHCP**[5]となっていたので，パラメータが自動的に設定されていることがわかった．**IP アドレス**[6]は 192.168.10.15 であった．これは**プライベート LAN** の IP アドレス範囲である．**サブネットマスク**は 255.255.255.0 であるから，接続している**サブネットのネットワーク IP アドレス**は 192.168.10.0 である．**デフォルトゲートウェイ** 192.168.10.1 は，通信データの出入り口であるアクセスルーターの IP アドレスを示している．**DNS** も 192.168.10.1 であるから，**名前解決**を担当する DNS サーバーはアクセスルーターが兼用していることがわかる．

---

[2] Service Set IDentifier，無線 LAN の電波を識別するコード．
[3] Wi-Fi アライアンスが IEEE802.11 b/g/a/n/ac への準拠を認定した機器．
[4] Access Point，無線ネットワークからケーブルネットワークへデータを転送するブリッジ．
[5] Dynamic Host Configuration Protocol，IP アドレス，サブネットマスクなど接続用パラメータを自動的に配布するプロトコル．
[6] Internet Protocol Address，IP 通信で用いるアドレス．

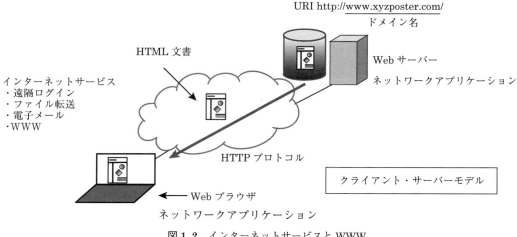

図 1.2　インターネットサービスと WWW

1.2　インターネットサービス

　P さんは部屋にポスターを貼ろうと思いついた．そこで，早速 **WWW** でポスターを検索した．WWW は**インターネットサービス**の 1 つで，**クライアント・サーバーモデル**[7]で構成された**ネットワークアプリケーション**が情報検索機能を提供している．

　P さんは **Web ブラウザ**を起動し，検索キーワード欄に "ポスター" と入力して画像検索を選び，ポスターのリストを表示した．Web ブラウザには**アプリケーションプロトコル HTTP のクライアントプログラム**が含まれている．キーワードを入力すると設定されている検索サイトへ HTTP リクエストが送信される．検索サイトでは日頃からインターネット上の Web ページを検索エンジンで収集しデータベースを作成している．図 1.2 に示すように，サーバーは，クライアントからリクエストが送られてくるとキーワードにマッチする Web ページから画像を取り出してクライアントに返送する．P さんの Web ブラウザに表示されているのは，その画像リストである．

　Web ブラウザに表示されているページのソースファイルは **HTML**[8] で書かれた**テキストデータ**である．ページ上でリンクが貼られている部分には **URI**[9] が記述されている．URI には他の Web サーバーの**ドメイン名**やソースファイルの名前が含まれており，P さんが画像をクリックするとリクエストが送信される．P さんはこうして**ハイパーリンク**をたどって検索し，気に入ったポスターの販売サイトを探しあてた．

---

[7]　クライアント PC からリクエストを送り，サーバーコンピュータが要求に応じたサービスを行ってリプライを返すというコンピュータ間の通信モデル．
[8]　Web ページを記述する言語．
[9]　Uniform Resource Identifier．URL（Location，所在）と URN（Name，名前）が統合された識別子．

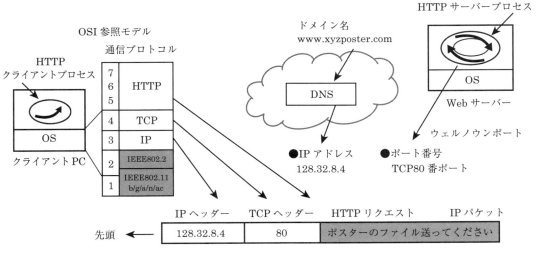

図 1.3　IP パケットの生成

1.3　IP パケットの生成

　P さんが販売元サイトでポスターをダウンロードするまでの通信処理を詳しく見ていこう．クリックすると Web ブラウザは **HTTP リクエスト**の送信を OS に依頼し，ここからは OS の処理になる．IP パケットの生成の様子を図 1.3 に示す．

　まず，**宛先ホスト**となる Web サーバーの IP アドレスを求める．OS が，URI から Web サーバーのドメイン名を取り出し P さんが設定した **DNS** サーバーに問い合わせると DNS サーバーは他の DNS サーバー群とやりとりして IP アドレス 128.32.8.4 を調べてくれる．これは**グローバル IP アドレス**で，インターネット上で唯一のアドレスである．

　インターネット通信を規定する通信プロトコルは **OSI 参照モデル**[10] で整理されている．HTTP は OSI5~7 層のプロトコルで，通信データにビットエラーや欠落がない**高信頼性通信**を行うため OSI4 層プロトコルとして TCP を使う．TCP は**コネクション型通信プロトコル**で，データ通信の前に宛先サーバーの OS と通信路の状態や送信できる最大サイズ **MSS** を確認する．HTTP リクエストの先頭には TCP ヘッダーが付けられ，宛先**ポート番号**として HTTP に定められている**ウェルノウンポート**[11]80 番が書き込まれる．

　次は OSI3 層の **IP プロトコル**の処理である．通信データの先頭すなわち TCP ヘッダーの外側に **IP ヘッダー**が付けられ，送信元や宛先ホストの IP アドレスが書き込まれる．これで HTTP リクエストを運ぶ **IP パケット**[12] が生成された．

---

[10] ISO が標準化した通信プロトコルの階層モデル．7 階層ある．
[11] このポート番号は通信データを渡すアプリケーションプロセスを特定するための番号で，Well-known Port はアプリケーションプロトコルに対して予め定められたポート番号である．
[12] 通信データ（大きければ分割する）にヘッダーやトレイラをつけたものをパケットと呼ぶ．

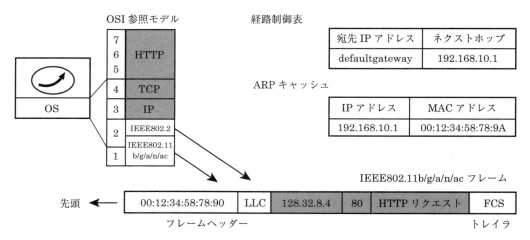

図 1.4　フレームの生成

1.4　フレームの生成

　IP ネットワークは，ホストとルーターで構成されるネットワークで，ルーター間の小さなネットワークを**サブネット**という．IP パケットは，ルーターからルーターへバケツリレーのように，Web サーバーに到達するまで送られていく．最初の次に送る**ネクストホップ**（次に送るルーターやホスト）は，P さんが設定したデフォルトゲートウェイ 192.168.10.1 である．

　IP パケットをネクストホップに送信するのは OSI2 層**データリンク通信**[13]であるため，ネクストホップの IP アドレスを **MAC アドレス**[14]に変換しなければならない．そのため OS は **ARP** パケットを定期的に送信してサブネット内のコンピュータやルーターの IP アドレスに対応する MAC アドレスを調べ，ARP キャッシュに保存している．これを **MAC アドレス解決**という．そこで，ARP キャッシュを検索すると，ネクストホップの IP アドレスから宛先 MAC アドレスが得られる．

　こうして準備が整ったので，OSI2 層の処理に移り**フレーム**[15]を生成する．P さんが使用している無線 LAN は，データリンク通信の規格，**IEEE802.11ac** である．この規格のフレームでは，IP パケットにフレームヘッダーとして，**IEEE802.2**[16]および IEEE802.11ac のヘッダーが付与される．宛先 MAC アドレスなどをフレームヘッダーに書き込み，フレームヘッダーのビットエラーをチェックする **FCS**[17]をトレイラに保存して，図 1.4 に示すようなフレームの完成である．

---

[13] 隣接したホスト，ルーター，スイッチ間の通信．
[14] Media Access Control Address，データリンク通信で使われるアドレス．
[15] データリンク通信で用いられるパケットのこと．
[16] データリンク通信の論理リンク制御(Logical Link Control)プロトコルの標準規格．
[17] Frame Check Sequence，巡回符号(CRC, Cyclic Redundancy Code)などのパリティ検査ビット列．

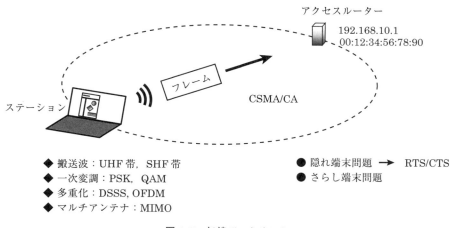

図 1.5 無線データリンク

1.5 無線データリンク

　生成されたフレームは，図 1.5 に示すように**データリンク**を通ってアクセスルーターに送信される．データリンク通信ではデータを送受信する機器を**ステーション**という．Wi-Fi の通信規格，IEEE802.11b/g/a/n/ac では，共通の通信方式として，**CSMA/CA**[18] が用いられている．CSMA/CAでは，まず電波が**コリジョン**（衝突）しないよう，アクセスルーターが通信中でないかどうか確認して送信し，ACK を受信して送信されたことを確認する．この方式では，基地局を挟んだ遠い端末どうしが基地局と通信しようとしたとき互いの電波を確認できずに衝突が発生してしまう，という**隠れ端末問題**があった．これは，**RTS/CTS 方式**[19] で解決した．RTS/CTS では，データ通信の前に RTS 信号を送り，受信した基地局が CTS 信号を発生して自身が通信中であることを近くの端末に知らせるというものである．しかし，CTS 信号が通信可能な端末どうしの通信を妨げる**さらし端末問題**が知られている．

　さて，ここまではデジタル，すなわち 0 と 1 の世界であるが，実際に信号を送るのは OSI1 層の処理である．IEEE802.11 b/g/a/n/ac はこの層の仕様もカバーしている．ac の場合 2 値のデジタルデータは 5GHz の**搬送波**[20] に **256QAM**[21] で一次変調され，**OFDM** で多重化される．さらにマルチアンテナ **MIMO** による無線伝送の高速化が図られている．PC には，**情報媒体**（電磁波や光）を送受信する **NIC**[22] が内蔵されており，フレームはここで電波に変換されてアクセスルーターに送信される．

---

[18] Carrier Sense Multiple Access / Collision Avoidance.
[19] Request to Send / Clear to Send 方式.
[20] 情報信号を運ぶ高周波数の電波．無線通信で電波減衰による情報信号の不達を防ぐ．
[21] Quadrature Amplitude Modulation．振幅変調と位相変調を組み合わせた一次変調方式．
[22] Network Interface Controller．ホストやルーターに組み込まれた通信モジュール．

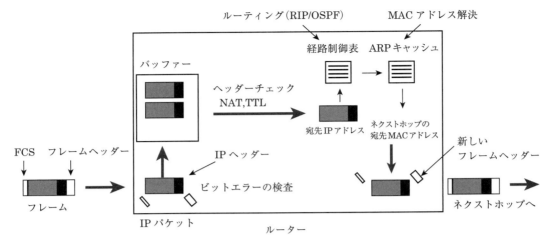

図 1.6 ルーターの働き

1.6 ルーター

　PさんのPCから発信された電波はアクセスルーターのNICで受信される(OSI1層)．ルーターは専用のOSが搭載されたIPパケットやフレームの処理をする機器である．図1.6に示すように，アクセスルーターは，無線データリンクとケーブルデータリンクを結ぶ**ルーター**で，FCSでビットエラーをチェックし，エラーが見つかればフレームを廃棄，問題なければフレームヘッダーを除去する(OSI2層)．さらに，**ヘッダーチェックサム**でIPヘッダーの誤りを，**TTL**[23]でパケットの寿命をチェックする．エラーや問題があればパケットを廃棄する(OSI3層)．

　このアクセスルーターは**NAT/NAPT**[24]機能をもっており，PさんのPCからIPパケットを受信するとヘッダーに書かれた**プライベートIPアドレス**[25]を外部のネットワークのアドレスに変換する．多くのISPでは，IPアドレス数とセキュリティの確保のためプライベートLANを多段に組んでいるのだが，ここでは簡単のため**グローバルIPアドレス**[26]のネットワークに接続するものとしよう．IPパケットの送信元IPアドレス192.168.10.15はアクセスルーターのもつグローバルIPアドレス/ポート番号に変換され，その対応が一時的に保存される．次に，アクセスルーターは，IPパケットの宛先IPアドレスから対応するネクストホップのIPアドレスを**経路制御表**[27]で調べる．また，ARPキャッシュを調べてネクストホップのIPアドレスをMACアドレス(図1.7のMAC1)に変換する．以上はOSI3層の処理である．

---

[23] Time to Live．IPパケットの寿命を制御するフラグ．
[24] Network Address Translation/Network Address Port Translation.
[25] プライベートLAN内部だけで通用するIPアドレス．
[26] インターネット全体に通用するIPアドレス．
[27] 宛先ホストのサブネットのネットワークIPアドレスとネクストホップのIPアドレスの対応表．ルーティングテーブルともいう．

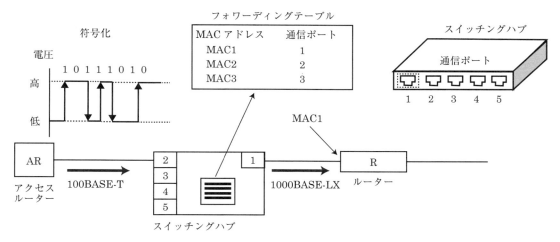

図 1.7 ケーブルデータリンク

1.7 ケーブルデータリンク

次に，アクセスルーターは，IP パケットをネクストホップ(次のルーター)へ送信するため OSI2 層の処理を行う．図 1.7 に示すようにアクセスルーターの外側のサブネットは**スイッチングハブ**[28]を介してケーブルデータリンクで結ばれている．アクセスルーターはフレームヘッダーとトレイラを付け替えてスイッチングハブに送信する．アクセスルーターからスイッチングハブまでのデータリンクの通信規格は **100BASE-T Ethernet** である．100BASE-T の 100 はこのデータリンクの**最大通信帯域**が 100Mbps であることを示し，T は，**UTP** ケーブル[29]と呼ばれる銅線のケーブルを表す．100BASE-T では，符号化方式 4B5B+MLT-3 によって情報信号をベースバンド信号[30]に変換して送信する．スイッチングハブはフレームを受け取って，**フォワーディングテーブル**[31]を調べ，宛先 MAC アドレスに対応する通信ポートから送出する．

スイッチングハブから次のルーターまでのデータリンクの通信規格は **1000BASE-LX** Ethernet である．1000BASE-LX は，ベースバンド信号をさらに光パルスに変換して光ケーブルで送信する．光ケーブルは 2 種類あって，**SMF**(Single-mode Optical Fiber)ケーブルは，**MMF**(Multi-mode Optical Fiber)ケーブルよりも拡散が少なく広帯域伝送に向いており，さらに，信号を増幅する**リピータ**[32]で接続することによって大陸間を結ぶ海底ケーブルに使われている．

---

[28] データ転送装置の一種，ルーティングは行わない．L2 スイッチ．
[29] Unshielded Twisted Pair，シールドなしのより対銅線でできたケーブル．
[30] 送信データを電圧強度のレベルで表した信号．
[31] MAC アドレスとスイッチングハブの通信ポートの対応表，MAC アドレステーブル．
[32] 信号を中継する装置，信号の増幅，分岐，メディア変換，ケーブル延長に使う．

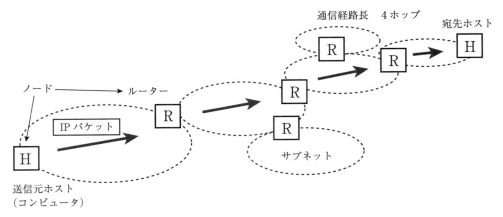

図 **1.8** IP ネットワーク

1.8 IP ネットワーク

　ここで，IP ネットワークを少し詳しく見ておこう．これまで説明したように，アプリケーションが生成した送信データに各階層のヘッダーがつけられて最終的にはフレームが生成され，さらにケーブルや無線の信号に変換されて送信される．しかし，IP ネットワークでは，OSI1,2 層すなわち物理層とデータリンク層の処理や装置を透過的に見て，OSI3,4 層だけに注目する．透過的というのは，スイッチングハブやリピータはないものとし，フレームや信号でなく，IP パケットが転送されていくと考えるということである．

　図 1.8 に示すように，IP ネットワークの世界では，ノート PC やサーバー，スマートフォンなど，アプリケーションの処理ができるコンピュータを**ホスト**と呼ぶ．また，経路を選択してデータを転送する機器を**ルーター**，さらにホストとルーターを**ノード**と総称する．したがって，IP ネットワークは，ノードで構成されたネットワークであるといえる．

　また，一番近いノードどうしを結ぶ小さなネットワークを**サブネット**という．送信元のホストからスタートして，宛先ホストまでルーターを通過順に並べたホストを**通信経路**という．サブネットを 1 つ超えるたびに 1 ホップと数えていき，通信経路の経路長は**ホップ数**で表される．

　P さんの HTTP リクエストを乗せた IP パケットは，送信元ホストである PC から，いくつものルーターを通って宛先ホストである Web サーバーまで運ばれていく．IP パケットは，IP ネットワーク内を送信元ホストから宛先ホストへ配送されたといえる．これを**ホスト間通信**といい，IP によるホスト間通信を **IP 通信**と呼んでいる．

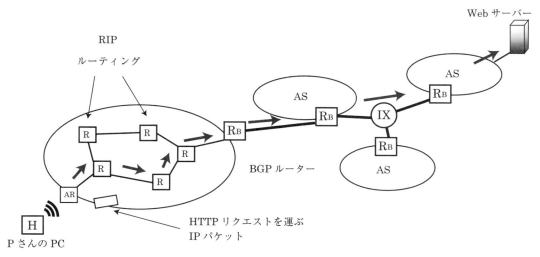

図 1.9 ルーティング

1.9 ルーティング

　IP ネットワークの各ノードは，IP パケットのネクストホップを経路制御表で調べている．経路制御表を生成することをルーティングといい，経路制御表を自動的に生成するプロトコルが**経路制御プロトコル（ルーティングプロトコル）**である．

　代表的な経路制御プロトコルである **RIP**[33] では，ノードどうしが定期的に RIP パケットを交換し，サブネットの IP アドレスと自ノードまでのホップ数を収集している．その中でホップ数が最も小さい RIP パケットを送ってきたルーターをネクストホップとして宛先サブネットに対応づけ，経路制御表に記述する．これは，**ベルマン＝フォードアルゴリズム**による距離ベクトル型ルーティングと呼ばれるものであるが，障害が発生した時の経路変更に時間がかかることや，様々な性能のルーターが混在するようなネットワークでは最小ホップルートが最適ルートといえないなどの問題があり，ISP のネットワークでは，ダイクストラ法を用いて最小コスト経路を求める **OSPF**[34] が用いられるようになっている．

　大きな組織や ISP のネットワークなど，自立的に運用されているネットワークは **AS**[35] と呼ばれる．P さんの IP パケットは，図 1.9 に示すように，契約している ISP の AS を出て，AS の境界ルーターのネットワークを通り，宛先ホストのある AS に到達する．境界ルーターの経路制御表は **BGP**[36] という経路制御プロトコルで生成される．RIP や OSPF が AS 内のプロトコルであるのに対し，BGP は AS 間のプロトコルである．AS 間は契約によって通信の可否を決めているため，BGP は**ポリシールーティング**を行う．

---

[33] Routing Information Protocol, リップ.
[34] Optimal Shortest Path First.
[35] Autonomous System, 自立システム.
[36] Border Gateway Protocol.

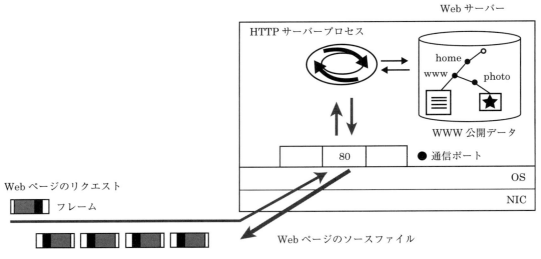

図 1.10　Web サーバーでの処理

1.10　Web サーバー

さて，P さんが送信した HTTP リクエストは，フレームとしてポスターの Web サーバーに到達した．Web サーバーの OS は，フレームヘッダー，IP ヘッダー，TCP ヘッダーをはずし，HTTP リクエストを取り出す．そして，80 番ポートにデータを届けると，そこで待っている Web サーバーのアプリケーションプロセスが HTTP リクエストを受け取る．

Web サーバープロセスは HTTP リクエストを見てファイルシステムからポスターの画像ファイルを取り出し，返信用の IP パケット，**HTTP レスポンス**を生成する．返信の IP パケットでは，宛先 IP アドレスはリクエストの送信元 IP アドレスで，宛先ポート番号はリクエストの送信元ポート番号である．HTTP リクエストを送信したのは P さんの PC であるが，アクセスルーターが IP アドレスを自身に変換して送っているため，Web サーバーが生成する HTTP レスポンスの宛先 IP アドレスはアクセスルーターである．

インターネットサービスは WWW だけでなく，**遠隔ログイン**[37]，**ファイル転送**[38]，**電子メール**[39] などがある．遠隔ログインは主にシステム管理で用いられ，通常は一般ユーザーには許可されない．また，ファイル転送や電子メールは HTTP プロトコルと組み合わせ，Web ブラウザを**ユーザーインターフェイス**にして使用するのが一般的になっている．

---

[37] ユーザー認証の上，遠隔地のコンピュータを操作すること．
[38] ユーザー認証の上，遠隔地のコンピュータのファイルシステムにアクセスし，アップロード，ダウンロードをはじめとするファイル操作を行うこと．
[39] ユーザー間で文章や添付ファイルを送受信すること．

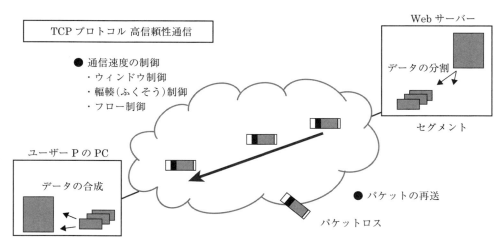

図 1.11　TCP 通信制御

1.11 TCP の通信制御

　画像ファイルは大きなもので，jpeg 圧縮後で 400M バイトであった．すでに **TCP コネクション**が張られており **MSS**[40] は 1460 オクテットであったため，画像データは複数の **TCP セグメント**に分割されて送信される．

　このとき，もしも UDP で送られると，**IP フラグメンテーション**が発生し，OSI3 層の処理でパケットの分割が発生する．なるべく再送回数を減らすため，**ICMP**[41] を用いて，**経路 MTU 探索**を行う．この方法では，とりあえず IP パケットを送り，**MTU**[42] が小さくて送れないルーターは ICMP パケットで MTU を送信元ホストに知らせる．しかし，IP フラグメンテーションはルーターに負荷をかける処理であるため，なるべく回避するほうがよい．

　TCP は，**高信頼性通信**[43] を行うため，**RTT**[44] を計測して通信路の状況を調べ，**ウィンドウサイズ**で通信速度を調節して**輻輳（ふくそう）制御**，**フロー制御**を行なう．ボトルネックのルーターで**パケットロス**が起こると，送信元からパケットを再送する．

　各パケットは，往路と逆のルートをたどってアクセスルーターに達し，アクセスルーターでプライベート IP アドレスに変換されて P さんの PC に到着する．P さんの PC では，TCP セグメントが合成されポスターの画像ファイルのダウンロードが完了する．

---

[40] Maximum Segment Size．最大セグメントサイズ．TCP が送信時に求める最大ペイロードサイズ．
[41] Internet Control Message Protocol．IP 通信の状況を通知するプロトコル．
[42] Maximum Transmission Unit．最大転送単位．Ethernet などのペイロード部分の最大サイズ．
[43] 通信データがビットの誤りや欠落なく宛先に送られる通信．
[44] Round Trip Time．パケットを送信してから宛先からの返信が返ってくるまでの時間．

通信速度の単位
　　bps(bit per second)
　　1秒間に送信されるビット数

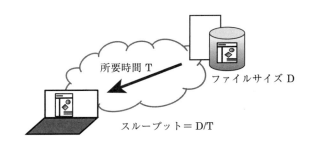

● 通信スループット

　　データ転送型通信で
　　　1秒間に送られるデータ量
　　　　　単位　bps, B/s(byte per second)

● 通信帯域

　　データリンクを1秒間あたりに流れるビット数
　　　　　単位　bps

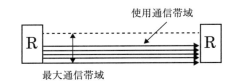

図 1.12　通信速度

1.12　通信速度

　PさんがWebブラウザでポスターのリンクをクリックしてからダウンロードが完了するまでにかかった時間は10分であった．画像のサイズは400Mバイトであるから，**スループット**[45]は約680kB/sになる．IEEE802.11acの**最大通信帯域**[46]やISPのネットワークの最大通信帯域も1Gbps以上あると聞いているのにスループットが低いとPさんは不審に思ったが，その理由の1つは，データリンクの通信帯域とスループットの概念の違いである．スループットはホスト間で単位時間あたりに受信したデータ量であるが，データリンクの通信帯域は各データリンクで単位時間に送信できる最大ビット数で，ネゴシエーションやヘッダーなどのビット数も含まれる．

　また，インターネットは共用ネットワークで通信経路上のルーターやスイッチは他のユーザーからの通信も同時に処理している．さらに**ベストエフォート通信**[47]であるため，パケットは無差別になるべく早く送信される．したがって，空いていれば速いが混んでくれば遅くなる．同様にWebサーバーも多くのリクエストを処理しているため，サーバーの性能と混雑度もスループットに影響する．これらの中で，最も大きく通信を阻害する要因がスループットを決定する．

---

[45] 単位時間あたりに送信できるデータ量．単位はB/s（バイト数/秒）あるいはbps（ビット数/秒）．B（バイト）の補助単位k, M, G, Tなどは1024倍ずつ増加する．1000倍と混同しないようにkiBやMiBのようにiを入れて表すことがIEEEによって推奨されている．
[46] 単位時間あたりにデータリンクを流れるビット数．
[47] 処理能力いっぱいで通信するが，通信速度は保証しない，という通信．

OSI 参照モデル		通信プロトコル		TCP/IP 階層モデル
OSI 7 層	アプリケーション	HTTP, SMTP, POP, IMAP SSH, FTP, MIME DNS, DHCP, SNMP, NTP RIP, BGP		アプリケーション
OSI 6 層	プレゼンテーション			
OSI 5 層	セッション			
OSI 4 層	トランスポート	TCP, UDP		トランスポート
OSI 3 層	ネットワーク	IP, ICMP, ARP	IPv6, ICMPv6	インターネット
OSI 2 層	データリンク	IEEE802.2		インターフェイス
OSI 1 層	物理（ハードウェア）	IEEE802.3 IEEE802.11b/g/a/n/ac	Ethernet	（ハードウェア）

図 1.13　通信プロトコルと階層

1.13　通信プロトコルとパラメータの管理

　インターネット全体を管理している組織はないが，IP 通信で用いられる **TCP/IP プロトコルス イーツ**[48] は **IETF**[49] が標準化しており，各プロトコルは **RFC 文書**[50] として公開され，ステイタスが 管理されている．また，**インターネットパラメータ**(IP アドレス，ポート番号，AS 番号)の配布と 管理は **IANA**[51] を中心とした階層的な組織で行なわれている．世界は 5 つの **RIR**[52] に分けられ，米 国は ARIN，ヨーロッパは RIPE NCC，アジアは APNIC，アフリカは AfriNIC，ラテンアメリカ は LACNIC が管理している．日本の組織は APNIC の下にあり，**JPNIC**[53] と呼ばれている．これ らの組織では，インターネットパラメータの配布業務のほか，インターネットの技術情報を提供し ている．その一方，データリンク通信の通信規格は **IEEE802 委員会**が標準化を行ない，関連する パラメータである **OUI**[54] の配布と管理も IEEE が行なっている．

　基本的な通信プロトコルとデータリンク通信規格を OSI 階層で整理したものを図 1.13 に示す． 広く用いられている TCP/IP プロトコルは TCP/IP 階層モデルに基づいて設計されているため， OSI5 層以上の各階層には対応していない．

---

[48] TCP と IP を中心とする IP 通信のプロトコルグループ．
[49] Internet Engineering Task Force，TCP/IP プロトコルの標準化と公開を行なっている．
[50] Request for Comments，定められたフォーマットで記述されたプロトコルの文書．
[51] Internet Assigned Numbers Authority.
[52] Regional Internet Registry，地域インターネットレジストリ．
[53] JaPan Network Information Center.
[54] Organizationally Unique Identifier，IEEE が管理しているベンダーの識別子．

第1章 IP通信の基礎

● 基本的な通信プロトコル

プロトコル	正式名称	RFC No.	主な下位プロトコル	ポート No.	内容
IP	Internet Protocol	791	L2	—	IP通信
ICMP	Internet Control Message Protocol	792	L2	—	IP通信の状況通知
ARP（アープ）	Address Resolution Protocol	826	L2	—	MACアドレス解決
UDP	User Data Protocol	768	IP	—	通信制御なし
TCP	Transmission Control Protocol	793	IP	—	高信頼性通信制御
DNS	Domain Name System	1034～1035	UDP	53	IPアドレス解決
RIP2（リップ）	Route Information Protocol	2543	UDP	520	AS内ルーティング
OSPF2	Open Shortest Path First	2328	—	—	AS内ルーティング
BGP4	Border Gateway Protocol	4271	TCP	179	AS間ルーティング
DHCP	Dynamic Host Configuration Protocol	2131	UDP	67	自動設定 サーバー
			UDP	68	自動設定 クライアント
NAT（ナット）	Network Address Translation	3022	—	—	IPアドレスの変換
NAPT（ナプト）	Network Address Port Translation				
TELNET（テルネット）	Teletype network	854	TCP	23	遠隔通信
SSH	Secured SHell	4253	TCP	22	暗号化 遠隔通信
FTP	File Transfer Protocol	959	TCP	21	ファイル転送（制御）
			TCP	20	ファイル転送（データ）
SMTP	Simple Mail Transfer Protocol	5321	TCP	25	電子メール送信
POP3（ポップ）	Post Office Protocol	1939	TCP	110	電子メールダウンロード
IMAP4（アイマップ）	Internet Message Access Protocol	3501	TCP	143	電子メール管理
MIME	Multipurpose Internet Message Extension	2045	—	—	マルチパート, 添付ファイル
HTTP/1.1	Hypertext Transfer Protocol	7230～7235	TCP	80	WWW通信
HTTPS	Hypertext Transfer Protocol Secure	2818	TCP	443	暗号化WWW通信

● MACアドレス   例） 00:12:34:56:78:9A   コロン区切り十六進表記

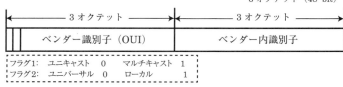

● Ethernetフレーム

● IEEE802.2/3 Ethernetフレーム

1.13 通信プロトコルとパラメータの管理

● IP アドレス　例) 192.168.12.34　　　　　　　　　　　ドット区切り十進表記

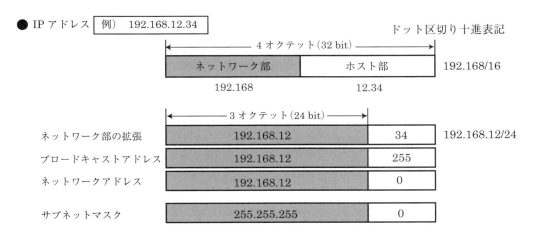

● プライベート IP アドレス　10/8, 172.20/12, 192.168/16

● IPパケット

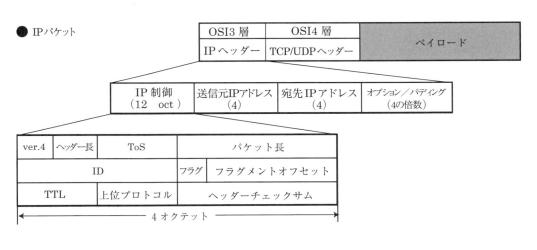

● UDP ヘッダー

● TCP ヘッダー

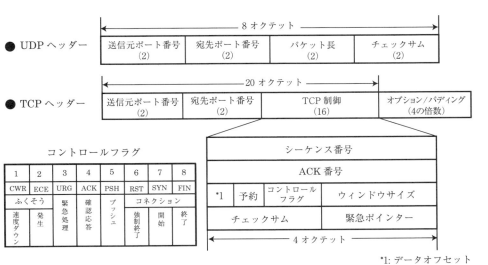

*1: データオフセット

キーワード

【ISP とプロトコル】

ISP（プロバイダ），電気通信事業者，通信プロトコル，IETF，RFC，IANA，JPNIC，EEE802 委員会，OSI 参照モデル，プロトコルスタック

【ネットワークの構造】

ホスト，NIC，情報媒体，ブリッジ，ルーター，スイッチングハブ，リピーター，ネットワークトポロジー，LAN，WAN，AS

【通信の基礎】

パケット通信，データリンク通信，IP 通信，ホスト間通信，ユニキャスト／ブロードキャスト／マルチキャスト，コネクション型通信／コネクションレス型通信，データ配送／ストリーミング，bps，スループット，通信帯域，ベストエフォート

【データリンク通信】

フレーム，ステーション，MAC アドレス，データリンク，FCS，MTU，Ethernet，IEEE802.2/3 Ethernet，100BASE-T，UTP ケーブル，SMF/MMF，ベースバンド伝送，Wi-Fi，SSID，IEEEE802.11b/g/a/n/ac，搬送波，QAM，CSMA/CA

【IP 通信】

IP ネットワーク，ノード，サブネット，IP アドレス，プライベート IP アドレス，ホップ数，TTL チェック，ヘッダーチェックサム，ARP，経路制御表，ICMP，IP フラグメンテーション，経路 MTU 探索，UDP，TCP，パケットロス，スライディングウィンドウ，MSS，ルーティング，RIP，OSPF，BGP，プライベート LAN，NAT/NAPT，DHCP，ポート番号，ドメイン名，DNS，名前解決，クライアント・サーバーモデル

【インターネットサービス】

ネットワークアプリケーション，ソケットプログラミング，遠隔ログイン，SSH，ファイル転送，FTP，電子メール，SMTP，電子メールアドレス，POP，IMAP，MIME，WWW HTTP，ハイパーリンク，URI，HTML，Webb ブラウザ，Web サーバー，プラグイン，CGI，PHP，Java スクリプト，Java 仮想マシン，クッキー，検索エンジン

章末課題

1.1 通信プロトコルの役割を述べなさい．また，なぜ，IETF は通信プロトコルをステイタスで管理するのか述べなさい．

1.2 送信元の PC から宛先のサーバーに到達するまでに，HTTP リクエストは，アクセスルーター 1 台，ルーター 20 台，スイッチングハブ 10 台，リピーター 200 台を通った．通信経路のホップ数を求めなさい．

1.3 データリンク通信と IP 通信の関係，および各アドレスの違いを述べなさい．

1.4 IP 配送における，MAC アドレス解決，経路選択，IP フラグメンテーションの問題点を述べなさい．

1.5 IP アドレスの不足はどのようにして補われているか述べなさい．

1.6 OSI4 層の役割，UDP と TCP の違い，TCP の通信制御について述べなさい．

1.7 RIP，BGP の各ルーティングプロトコルを比較しなさい．

1.8 DNS の役割と問題点を述べなさい．

1.9 ファイル転送，電子メール，WWW で取得するデータの違いをデータの所有者に着目して述べなさい．

1.10 次の問に答えなさい．ただし，IP および TCP のヘッダーオプションはないものとする．
   (1) HTTP リクエストのサイズが 100 バイトであったとき，生成される IP パケットのサイズを求めなさい．
   (2) Ethernet だけで構成されたネットワークで，1M バイトのデータを分割し UDP で配送したい．IP フラグメンテーションが発生しない最小パケット数を求めなさい．
   (3) 100M バイトのデータを送信するのに 1 分かかった．スループット(Mbps)を求めなさい．小数第三位を四捨五入すること．

参考図書・サイト

1. 竹下隆史 他,「マスタリング TCP/IP 入門編 第 5 版」，オーム社，2012

2. 井関文一 他,「ネットワークプロトコルとアプリケーション」，コロナ社，2010

3. 原山美知子,「インターネット工学」，共立出版，2014

4. JPNIC，https://www.nic.ad.jp/

2 スイッチの技術

要約

IP 通信では，多くのスイッチがデータを転送することによってホストからホストへの通信が成り立っている．本章では，まず，スイッチの構造と機能について述べ，L2 スイッチング技術としてスパニングツリー，VLAN，リンクアグリゲーション，L3 スイッチング技術として MPLS について取り上げる．

2.1 スイッチング技術の進歩

デジタルデータを受信して隣接したスイッチやホストに送信する装置を，**データ転送装置**という．コンピュータネットワークは，データ転送装置をケーブルや無線で接続し，コンピュータからコンピュータへデータを配送するネットワークである．このとき，隣接した装置間を結ぶネットワークをデータリンクという．本章では，ケーブル接続のデータリンクに着目し，スイッチとケーブルの進歩と主要な技術について述べる．

データ転送装置は，OSI2 層 (L2) のデータリンク通信処理までを行うブリッジと，OSI3 層 (L3) のホスト間通信処理まで行うルーターに分類される．しかし，現在はブリッジとルーターの動作を切り替えて動作させることができる装置が主流となり，**L2/L3 スイッチ**，**LAN スイッチ**あるいは単に**スイッチ**と呼ばれている．ただし，どちらの機能を用いているかを明確にしたいときは，ブリッジ (または L2 スイッチ) およびルーター (または L3 スイッチ) という用語が使われることが多い．

初期の 10BASE-T Ethernet は，同軸ケーブルを用いたメディア共有型ネットワークであった．メディア共有型ネットワークでは異なる通信の信号が衝突して通信ができなくなる場合がある．そのため，上下方向の通信を交互に行う半二重通信および **CSMA/CD** (Carrier Sense Multiple Access / Collision Detection) が信号の衝突対策として用いられていた．

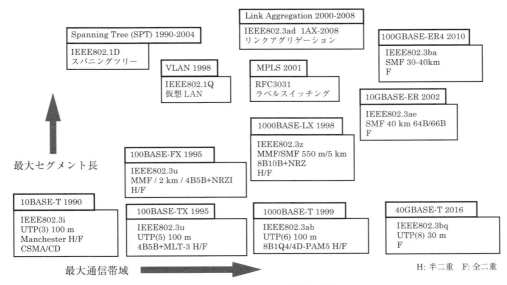

図 2.1 スイッチング技術の進歩

しかし，ツイストペアケーブルとスイッチングハブを用いたメディア非共有型ネットワークでは，全二重通信ができるだけではなく，CSMA/CDによるコリジョン対策が不要になり，通信帯域が向上した．図2.1は，1990年以降の主なケーブルEthernetの規格を示したものである．ここで，**最大セグメント長**というのは，隣接スイッチ間で通信可能な最大ケーブル長のことである．メタルケーブルの場合，通信中に発生するノイズがビットエラーの原因となり通信性能を低下させるが，符号化方式の改良によってエラーの軽減が図られてきた．さらに，光ケーブルによって通信帯域は大きく拡大した．特にSMF技術により最大セグメント長が増加し，光リピーターで連結することによって大陸間の通信が可能になった．

符号化方式やケーブルの進歩と同時に，データリンク通信には様々な通信技術が付加されてきた．**スパニングツリー**は冗長なL2ネットワークで通信路を定める技術で，これによりスイッチの故障時やメンテナンス時でも通信を継続することができる．**VLAN**(Virtual LAN)は，分散したL2ネットワークにサブネット(L3)を仮想的に構成する技術で，これによりネットワークの論理構成と関係なくスイッチが配置できるようになった．**リンクアグリゲーション**は，複数の通信ポートの回線を1つに束ねることにより最大通信帯域を拡大するもので，スイッチを効率的に使用することができる．また，**マルチ伝送速度**対応のスイッチを用いると新しい高性能なスイッチを既存のスイッチに接続することができ，既存のネットワークをスムーズに更新していくことができるようになった．

また，L3ネットワークではスイッチにおける経路選択が通信性能に影響する．**MPLS**(Multi-Protocol Label Switching)ではラベルを利用して経路選択を行うことによってホスト間通信を高速化する．本章では，スイッチの構造と処理について述べたあと，これらの技術について述べる．

2.2 スイッチ

2.2.1 スイッチの構造と基本処理

図2.2にシャーシ型スイッチの構造を示す．スイッチには多くの通信ポートがついており，信号の**受信ポート**と**送出ポート**(送信ポート)を兼ねている．ただし，ケーブルやポート内部では受信端子と送信端子に分かれているため，ここでは送受信ポートは別々のポートであるものとして説明する．スイッチの内部には，受信ポート毎に付随する**イングレス処理ユニット**と，送出ポート毎に付随する**イーグレス処理ユニット**，およびデータをイングレス処理ユニットから受け取ってイーグレス処理ユニットに送る**スイッチファブリック**によって構成されている．また，スイッチの動作中は，**フォワーディングテーブル**[1](Forwarding Table，FT)および**ルーティングテーブル**[2](Routing Table，RT)がメモリに記憶されている．さらに，交換待ちのフレームを一時保管するバッファーがある．基本的なスイッチングにおける各要素の基本処理を次に示す．

受信ポート

L1：信号を受信し，データに変換する．

フレームをイングレス処理ユニットに渡す．

イングレス処理ユニット(Ingress Processing Unit)

まず，宛先MACアドレスがスイッチ自身のMACアドレスと一致するか調べる．一致しなければ転送するためにL2処理のみ行う．一致した場合は，L3処理も行う．

L2-1：フォワーディングテーブルに送信元MACアドレスがなければ記録する．(MACアドレスの学習)

L2-2：宛先MACアドレスからFTで送出ポートを調べてフレームにマーキングする．なければアップリンクポートを送出ポートとする．

L3-1：経路制御表で宛先IPアドレスからネクストホップを検索する．

L3-2：ネクストホップのIPアドレスをMACアドレスに変換し[3]，フレームヘッダの宛先MACアドレスに書き換える．(イーグレスで行う場合もある．)

スイッチファブリック(Switch Fabric)

スイッチファブリックの役割はフレームをイーグレス処理ユニットに送ることであり，フレーム交換という．それに先立ってフレームを該当する送出ポートに渡すイーグレス処理ユニットに対応づける．具体的な方法についてはスイッチファブリックのタイプによって異なるため次項で述べる．

---

[1] フォワーディングDBまたはMACアドレステーブルとも呼ばれる．

[2] 経路制御表．

[3] IPアドレスとMACアドレスの対応はARPなどの仕組みで調べられる．その結果はキャッシュされる．

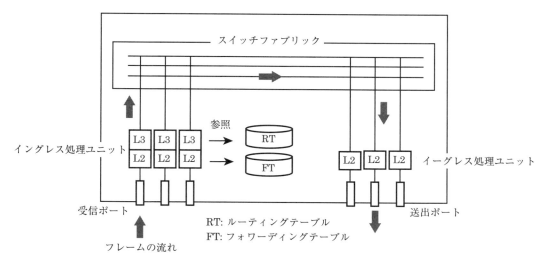

図 2.2　スイッチの構造と処理

イーグレス処理ユニット（Egress Processing Unit）

イーグレス処理ユニットの役割は，スイッチファブリックから転送されてきたフレームを送出ポートに渡すことである．1つのイーグレスが複数の送出ポートを受け持つ場合もある．

送出ポート

フレームをイーグレス処理ユニットから受け取る．
L1：データを信号に変換して送信する．

スイッチは，受信したフレームの宛先 MAC アドレスで，L2 スイッチとして働くか L3 スイッチとして働くか判断する．データを転送するとき，IP レイヤ(L3)ではネクストホップはルーターかホストであるため，フレームの宛先 MAC アドレスはルーターかホストの NIC の MAC アドレスになる．ブリッジにも MAC アドレスはあるが，宛先 MAC アドレスがブリッジの MAC アドレスになることはない．

そこで，フレームの宛先 MAC アドレスがスイッチの受信ポートの MAC アドレスと一致していれば，このスイッチがデータリンク通信の終点であり，L3 スイッチとしての機能が求められていることがわかる．そこで，ルーターとして処理を行う．しかし，一致していなければ，このフレームの終点は他のスイッチであるため，このスイッチは L2 処理だけを行えばよく L3 処理は不要である．そこで，スイッチは L2 スイッチ，言い換えるとブリッジとして処理を行う．このようにして，スイッチはデータ転送の役割を自動的に判断する．

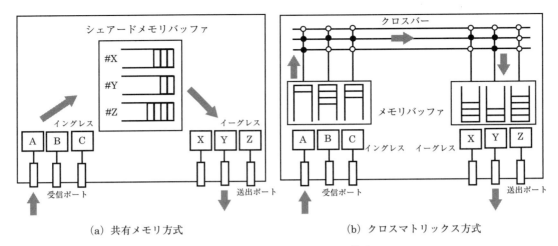

(a) 共有メモリ方式　　　　　(b) クロスマトリックス方式

図 2.3　スイッチファブリックの構造

2.2.2　スイッチファブリックとスイッチの性能

スイッチファブリックはフレームをイングレス処理ユニットからイーグレス処理ユニットに渡すのであるが，図 2.3 に示すように 2 つのタイプがある．(a) **共有メモリ（シェアドメモリ）方式**スイッチファブリックと (b) **クロスマトリックス（クロスバー）方式**スイッチファブリックである．特にクロスマトリックス方式では縦糸と横糸が織り込まれた布のように見えるため，このハードウェアを fabric（布，生地）と呼ぶ．

共有メモリ方式は高速メモリを用いたスイッチング方式で最も広く使われている．メモリには各イーグレスに対応したキューが準備されていて，イングレスは送出ポートに対応するイーグレスのキューにフレームを置く．各イーグレスは，送出準備が整い次第，順次キューからフレームを取り出して送出ポートに渡す．

一方，クロスマトリックス方式では，イングレス側の通信路とイーグレス側の通信路が格子状に交差しており，交差点（クロスポイント）を開閉することにより任意の組み合わせでイングレスからイーグレスへ通信路を作ることができるようになっている．イングレス側もイーグレス側もフレームを一時保存するバッファーをもっており，イングレスがフレームを渡すべきイーグレスへの通信路をリクエストすると通信路が形成され，フレームが転送される．各イーグレスはフレームを自分のキューから取り出して送出ポートに渡す．

このように，フレームをイーグレスに渡すとき，スイッチファブリック自身は判定などのソフトウェア処理は行わず，ハードウェア処理によるフレームの転送だけを行う．また，この 2 つの方式を組み合わせるとスケーラブルなフレーム交換が行える．

● バックプレーン容量　　　B bps 1 秒間に処理できるビット数

● スイッチング能力　　　P pps　1 秒間に処理できるパケット数

　　　　　　L2 の場合はフレーム数（サイズは通常 64 byte）

　　　　　　L bit のフレームの場合，バックプレーン容量は $(160+L)\,P$　bps 必要

● 全ポートが最大通信帯域で通信した場合のスイッチの性能

　　　　　　1 ポートの最大通信帯域　M bps，ポート数　n のとき　$2nM$　bps

例）スイッチ仕様　　　　　　　　　　スイッチング能力から計算した処理性能　B'

・バックプレーン容量　$B = 1$ Tbps　　　　$(160+L) \times P = (160+64 \times 8) \times 720 \times 10^6$　bps $\sim = 484 \times 10^9 = 484$ Gbps $< B$

・スイッチング能力　　　　　　　　　　ポートの最大通信帯域から計算した処理性能

　　$P = 720$ Mpps, $L = 64$ byte　　　　$2 \times 16 \times 10 \times 10^9 = 320 \times 10^9 = 320$ Gbps $< B' < B$

・10 Gbps 16 ポート　全二重　　　　　　したがって，このスイッチは全ポートが同時に最大通信帯域で通信できる．

図 2.4　スイッチの性能

スイッチの性能は，各ユニットの処理性能とスイッチファブリックの転送性能で決まる．スイッチファブリックの転送速度を**バックプレーン容量**[4] B(bps) という．

スイッチファブリックが共有メモリ方式であれば，メモリの読み書きの速度で決まる．yHz で駆動する b ビットのデータバスをもったメモリの場合，おおよそのメモリ帯域は yb(bps) であり，スイッチ全体の性能はこれより大きくはできない．

一方，**スイッチング能力** P pps は 1 秒間に処理できるフレーム数で，スイッチの L2 性能を表している．1 フレームを転送するときに処理しなければならないビット数は，フレーム L bit，プリアンブル 8 oct（octet，　= 8 bit）および IFG（フレーム間ギャップ）12 oct であるから，スイッチング能力が P の単位を bps に変換すると次の式のようになる．

$$B' = \{(12+8) \times 8 + L\} P \qquad\qquad (1)$$

このとき，$B' < B$ である．

このスイッチは n ポートをもち，各ポートの最大通信速度は M bps であるが，すべてのポートが同時に M bps で通信できるとは限らない．すべてのポートでデータを転送すると，イングレスの書き込み通信帯域もイーグレスの読み出し通信帯域も nM bps であるから，スイッチのスイッチング能力としては $2nM$ bps 以上が必要である．すなわち，$2nM < B'$ であれば，全ポートを同時使用したときも各ポートで最大通信速度 M を保証することができる．図 2.4 に 10Gbps 16 ポート全二重スイッチの計算の例を挙げる．

---

[4]　スイッチング容量，スイッチング性能ともいう．

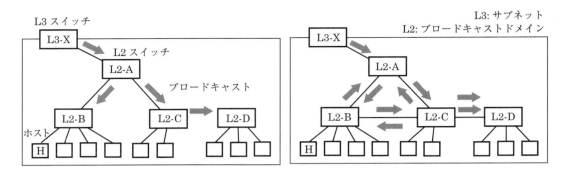

(a) ツリー構造のL2ネットワーク　　(b) ループ構造のあるL2ネットワークとブロードキャストストーム

図 2.5　L2ネットワークとブロードキャスト

2.3　スパニングツリープロトコル

2.3.1　L2ネットワークとブロードキャストストーム

IPv4通信(L3)では，ARPを用いてネクストホップのIPアドレスからMACアドレスを得る．送信元ノード[5]はMACアドレスを問い合わせるためにARPパケットをサブネット内にブロードキャスト[6]する．サブネットは，L2のブロードキャストドメインと一致している．1つのサブネット内にL2スイッチが複数あってもよく，送信元ステーションから送信されたフレームはブロードキャストドメイン内のすべてのステーションに送信される．図2.5(a)にL3からブロードキャスト通信が行われている様子を示す．

しかし，(b)のように，L2スイッチBとCが接続されていると，ブロードキャストをBから受け取ったCはAにも送信するため，A，B，Cの間でフレームが巡回するという現象が起こる．同様に逆順の巡回も発生する．L2スイッチングではL3のTTLのような処理は行わないため，ブロードキャストするたびにデータリンクの使用帯域が増えていく．これは**ブロードキャストストーム**と呼ばれ，可用帯域がなくなるとネットワークは**メルトダウン**すなわち通信不能に陥る．

(a)でブロードキャストストームが発生しない理由はネットワークがツリー状になっているためで，(b)ではL2スイッチA，B，Cがループを形成しているためにブロードキャストストームが発生する．この例に限らずL2ネットワークにループ構造(閉路)があるとブロードキャストストームが発生する．そこで，ブロードキャストドメイン内のL2スイッチのネットワークではループのない，すなわちツリー構造を保つ必要がある．

---

[5] ノードは，IP通信の通信主体の名称．コンピュータやL3スイッチのこと．
[6] ネットワークの全ノードに送信すること．**フラッディング**とも呼ばれている．

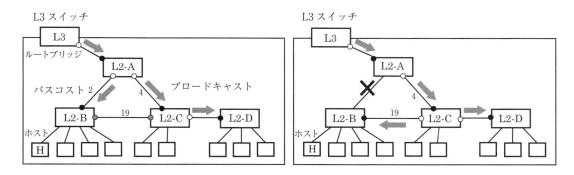

(a) STPによるツリートポロジーの構築　　(b) 障害時のツリートポロジーの再構成

図 2.6　STP の動作

2.3.2　スパニングツリープロトコル：STP

1つのスイッチに対して代替用のスイッチを用意しておき，スイッチに障害が発生したときすぐに代替スイッチに切り替えることができるようにすると障害に強い構成にすることができる．さらに経路に対して代替経路を用意してもよい．これらを**ネットワークの冗長化**という．しかし，単に冗長化するとループ構造が生成されるため，ブロードキャストストームが発生してしまう．そこで，L2 ネットワークでは，STP[7] を用いて，巡回を抑制しながら障害時には通信路を切り替えて通信状態を保っている．

STP では，まず，ブロードキャストドメイン内のスイッチの中から STP の起点となる**ルートブリッジ**を決めておく．"ブリッジ"と呼ぶのは STP が L2 技術のためであるが L3 スイッチは L2 機能を包含しているので L3 スイッチ（ルーター）でもよい．また，隣接する L2 スイッチ間のデータリンクに最大通信帯域に応じた**パスコスト**を付与し，ルートブリッジから各スイッチへの経路のパスコストの和を**ルートパスコスト**とする．STP は，各スイッチで，ルートパスコストが最小になる経路のポートに通信を許可し，そうでない経路の通信を禁止する．この動作を随時行うことによって，図 2.6(a) に示すように物理的に切断することなく，フレームの流れる通信経路を，ルートブリッジを中心としたツリートポロジー（**スパニングツリー**）に保つことができる．L2 スイッチ A と B の間に障害が発生するとトポロジーは再構成され，図 2.6(b) のように変化する．このとき，L2 スイッチ B と C の間の経路はバックアップとして働いている．

---

[7] Spanning Tree Protocol, IEEE802.1D-2004.

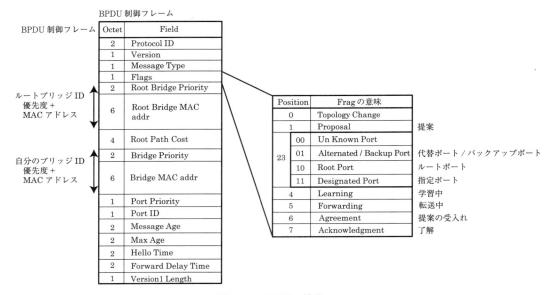

図 2.7　BPDU の構造

　STP の仕組みをもう少し詳しく述べよう．L2 スイッチは，制御フレーム **BPDU**（Bridge Protocol Data Unit）によって情報交換をし，ツリートポロジーの構築や更新を行っている．図 2.7 に BPDU の構造を示す．まず，各 L2 スイッチには**ブリッジ ID**[8] が付与されている．ブリッジ ID は 16 バイトの優先度と MAC アドレス 48 バイトを組み合わせた 64 バイトの ID である．BPDU には，送信元ブリッジのブリッジ ID の他，ルートブリッジのブリッジ ID，ポート ID，ルートパスコストの情報が含まれている．

　また，図 2.7 の Flags の詳細に示すように，BPDU フレームでは送出される通信ポートの役割と状態がフラグで表されている．ポートの役割は 3 つあり，**ルートポート**はルートブリッジの方向に向かってデータの送受信を行う通信ポートである．それに対して**指定ポート**（Designated Port，代表ポートとも呼ばれる）はルートブリッジと反対方向へ向かうデータの送受信を行うもので，各データリンクに 1 つ設定されている．この 2 つはデータの送受信を行う通信ポートである．ルートポートと指定ポート以外は通信を行わない．これらは**非指定ポート**（代替ポート/バックアップポート）と呼ばれる．

　ポートの役割は BPDU の情報交換で決定されていくため，状態が変化していく．状態は，ネゴシエーション中は Proposal（プロポーザル，提案）や Agreement（アグリーメント，了承）となり，データの送受信を実際行っているときは Forwarding（フォワーディング）となる．非指定ポートは常に待機中で，Frags 中にはないが，状態としては Blocking（ブロッキング）である．

---

[8] ブリッジは OSI 2 層のデータ転送装置の総称．スイッチングハブ，L2 スイッチもその一種である．

2.3 スパニングツリープロトコル

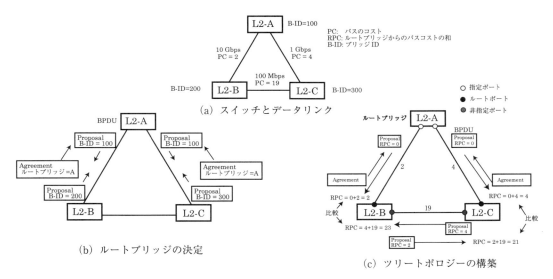

図 2.8 STP の原理

3つのブリッジがループ状に接続した L2 ネットワークを考えよう．図 2.8(a) には，各スイッチのブリッジ ID とデータリンクの最大通信帯域およびそのパスコストが示されている．このパスコストは，最大通信帯域が大きいほど小さくなるように IEEE が定めている．STP の動作は，図 2.8(b) に示すルートブリッジの決定と図 2.8(c) に示すツリートポロジーの構築からなる．

ルートブリッジの決定：スイッチは物理的に接続されると，まず自分自身をルートブリッジとし，すべてのポートを指定ポートとしてプロポーザル，すなわち，プロポーザルフラグを立てたBPDU フレームを送信する．自身より小さいブリッジ ID をルートブリッジとする BPDU を受信した場合，同期確立 (Synchronization) を行う．すなわち，ブリッジ ID 最小のルートブリッジを選び，自身の持つルートブリッジの情報を書き換える．これを繰り返すことによってそのブロードキャストドメイン内のルートブリッジが決定する．複数のポートから同じブリッジ ID を受け取った場合はポート ID の小さいほうをルートブリッジとする．

ツリートポロジーの構築：同じルートブリッジからの BPDU を複数受信した場合，BPDU 内に書かれたルートパスコストと BPDU が送信されてきたリンクのパスコストの和を計算する．これが最小となる BPDU を送信してきたスイッチにアグリーメントを送信し，受信ポートをフォワーディング状態のルートポートとする．他のポートはブロッキング状態の非指定ポートにする．さらに，他の指定ポートに新しいルート情報を格納してプロポーザルを送信し，アグリーメントを受信すると受信した指定ポートをフォワーディング状態にする．

BPDU は 2 秒程度の間隔で送信されており，回線の切断やスイッチの故障が発生すると，各スイッチはトポロジー状態の変化を周辺のスイッチに伝達する．ブロッキングされていた非指定ポートは直ちにルートポートとなりフォワーディング状態に遷移するため通信が継続できる．STP はこのようにしてフレームの巡回の回避と障害時の通信路の切り替えを高速に行っている．

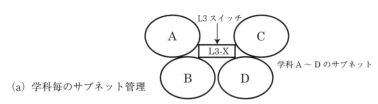
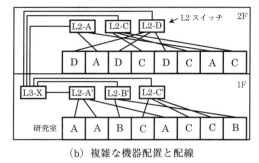
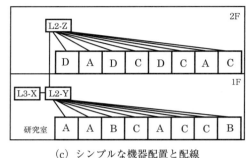

(a) 学科毎のサブネット管理　　(b) 複雑な機器配置と配線　　(c) シンプルな機器配置と配線

図 2.9　VLAN の効果

2.4　VLAN

2.4.1　VLAN の必要性

　ネットワークの敷設は，1つのサブネットの機器が空間的に1カ所に集まっていて，他のサブネットと混在していなければ比較的容易であるが，実際には図2.9のようになっていることが多い．この図はある大学の例で，大学では学科毎にサブネットを定めており，図2.9(a)のように4つの学科A〜Dがそれぞれサブネットを構成している．しかし，実際には各学科の研究室は1Fと2Fに広がっているため，L2スイッチを単純に設置しようとすると図2.9(b)のように合計6台のスイッチが必要になり，配線も複雑なものになる．

　各階1台のL2スイッチで図2.9(c)のように接続できればネットワークはシンプルになるのだが，そのためには2つの問題がある．1つは，本来，L3スイッチで分かれるべき複数のサブネットを1台のL2スイッチに集約するにはどのようにするかという問題である．もう1つは，AやC学科は1Fにも2Fにも研究室があるため，同じサブネットの配線が2つのL2スイッチに分かれてしまうのだが，これらを1つのサブネットとして扱うにはどうしたらよいかという問題である．

　この問題を解決する技術が **VLAN**[9]（Virtual LAN，仮想 LAN）である．VLAN 技術を用いると，図2.9(c)のように機器を配置することができる．VLAN はこのように機器の論理構成と物理的な配線を切り離す技術として開発されたのだが，1つの室内でも重要データを扱う端末を一般端末とは異なるサブネットに接続することにより，セキュリティを確保することができる．そのため，VLAN は，広域のネットワークでセキュリティ確保の目的で多用され，ネットワーク仮想化技術の1つと位置づけられている．

---

[9]　Virtual Local Area Network, IEEE802.1Q, ブイラン．

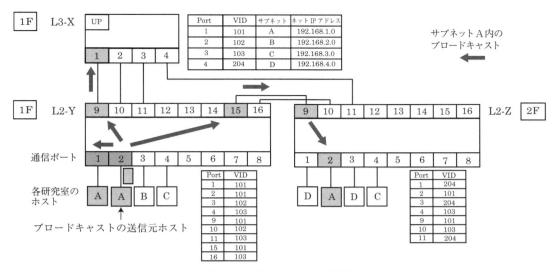

図 2.10 ポート VLAN の動作

2.4.2 ポート VLAN

ネットワークの意味での VLAN とは，**VID**（VLAN ID）で仮想的に構築された L3 のサブネットである．IEEE802.1Q では 2 つの VLAN 技術が標準化されている．1 つは**ポート VLAN** で，もう 1 つは次節で説明する**タグ VLAN** である．

ポート VLAN では，L2 スイッチの各ポートに VID を設定することにより複数のサブネットのホストを 1 台のスイッチに集約して接続することができる．図 2.10 では，各部屋に 1 台のホストがあり，各階の L2 スイッチのポートにケーブルで接続されているものとする．各スイッチの横に，ポートと VID 対応表を記述している．L3-X の表には，VID に対応するサブネットも記載している．また，各ポートに接続されたホストには所属するサブネットを記述している．

1F の A 学科の研究室から送信されたブロードキャストが，L2-Y の 2 番ポートから流入して 1F の A 学科の他のホストおよびアップリンクに送信されている様子が示されている．また，L2-Y の 15 番ポートと L2-Z の 9 番ポートが接続されており，サブネット A のフレーム送信の通路になっている．

ポート VLAN では，各ポートが 1 つの VLAN に対応づけられるため，アップリンクポートやスイッチ間を結ぶポートは，スイッチが扱うサブネット（VLAN）の数だけ必要になる．そのため，共用するサブネット数やスイッチ数が増えると接続数が増大し，ホストに割り当てできるポート数が減少してしまう．

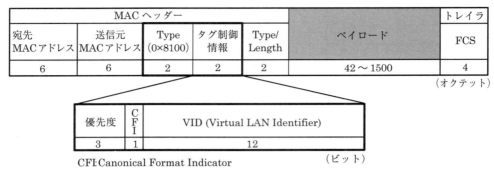

図 2.11　VLAN タグのある Ethernet フレームの構造

2.4.3　タグ VLAN

タグ VLAN は，VLAN の情報をフレームにも持たせて VLAN を形成する技術である．図 2.11 は VLAN タグを含む Ethernet フレームの構造を示したものである．VLAN タグは 4 オクテットで，MAC ヘッダーの送信元ヘッダーとタイプの間に置かれる．最初の 2 オクテットは Ether タイプと呼ばれるもので IEEE802.1Q tagged VLAN の場合は 0x8100 である．次の 3 ビットは優先度でスイッチングの優先制御に使うことができる．次の **CFI**（Canonical Format Identifier）は MAC アドレスが正規フォーマットであるかどうかの識別子で正規であれば 0，そうでなければ 1 である．Ethernet の場合 0 である．これに続く 12 ビットが **VID**（VLAN ID）で VLAN のネットワークセグメントの識別 ID である．ただし，0 は優先度のみの指定であることを示し，4095（全ビットが 1）は管理処理などに使用するため使用することはできない．

VID はスイッチのフォワーディングテーブルで管理しており，イングレスの L2 処理で受信したフレームから送信元 MAC アドレスとともに VID の情報を取り出してフォワーディングテーブルの当該受信ポートのレコードに記録する．フレームを送信するときは，宛先 MAC アドレスと VID を手掛かりに送信ポートを検索して送信する．これによってポート VLAN と同様に複数のサブネットを 1 つのスイッチに集約することができる．

GVRP[10] は VID を管理するプロトコルである．管理スイッチは GVRP の登録要求フレームを各スイッチに送って VID の情報を集め，各スイッチに設置されている VLAN を把握している．そこで，どこかのスイッチでブロードキャストが発生した場合，管理スイッチに問い合わせると他のスイッチの同じネットワークセグメントにもブロードキャストを流すことができる．このようにして，複数のスイッチにわたるサブネットを構成することができる．

---

[10] GARP VLAN Registration Protocol；GARP は，Gratitude ARP, RFC5227．

2.4 VLAN

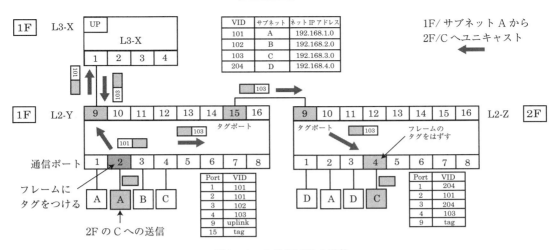

図 2.12 タグ VLAN の動作

　図 2.12 では，1F の A 学科の研究室から 2F の C 学科の研究室へユニキャスト通信が行なわれている．VLAN-A と VLAN-C は異なるサブネットであるから，VLAN-A から VLAN-C への転送は L3 スイッチ L3-X で行う．そこで，A から送信されたフレームは，L2-Y の 2 番ポートで受信されタグがつけられ，9 番ポートから L3-X へ送信される．L3-X ではルーティングを行い，フレームは MAC アドレスが付け替えられ，サブネット C すなわち VLAN-C へ送信するため，L2-Y へ戻される．L2-Y から L2-Z へは**タグポート**を通って転送される．タグポート間は異なる VLAN 宛てのフレームが通過することができるため，サブネット数が多くてもスイッチ間を接続するケーブルは 1 本でよい．L2-Z の 4 番ポートへ到達したフレームはタグが外される．

　なお，VLAN を使用している際の STP の動作であるが，トラフィックの流れが異なる VLAN は 1 つのスパニングツリーで扱うことはできない．そこで，スパニングツリーにインスタンスという概念を導入して，複数のインスタンスツリーを同じ L2 スイッチで機能できるようにし，インスタンス毎に STP を適用してトポロジー構築する．ただし，BPDU 数の増大を防ぐため，通信経路がほぼ同じ VLAN をグループ化して 1 つのインスタンスに割り当てている．

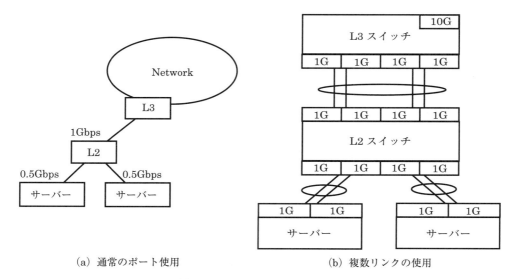

(a) 通常のポート使用　　　　　(b) 複数リンクの使用

図 2.13　リングアグリゲーション

2.5　その他のL2スイッチング技術

　各ポート1Gbpsの処理能力をもつ8ポートのスイッチがある．このスイッチは十分なバックプレーン容量があり，8Gbps（上下線を考慮すると16Gbps）の処理能力をもっている．しかし，図2.13(a)に示すようにサーバーを2台接続しようとした場合，アップリンクを入れて3ポートしか使用することができない．各ポートは1Gbpsであるため，同時に2台のサーバーから通信しようとすると，アップリンクが1Gbpsであるから各サーバーは0.5Gbpsでしか通信することができない．したがって，スイッチの性能の2/8すなわち25%しか実際には使用できないということになる．

　リンクアグリゲーション[11]は，1つの通信フローを複数のポートで送受信できるようにすることによって，実質的な最大通信帯域を増加する技術である．図2.13(b)に示すように4ポートを束ねてアップリンクに使用するとアップリンク側は4Gbpsまで通信できる．また，下流ポートに各2ポートを束ねて使うと，それぞれの最大通信帯域は2Gbpsになる．このようにすると2台のサーバーは各2Gbpsで通信することができ，スイッチの性能をフルに活用できる．また，2つのポートのうち1つのポートやそれに繋がる回線に障害が起こった場合，障害の起こっているポートの通信を解除すれば元の1Gbpsで通信できるため，冗長化による障害対策の一手法と捉えることもできる．

　このようにリンクアグリゲーションは，スイッチの活用と障害対策を行う技術である．ただし，リンクアグリゲーションでは，フレームの到着順を保持するため，束ねることができるデータリンクは，全二重かつすべて同じ伝送速度のリンクに制限されている．

---

[11] Link Aggregation Control Protocol, IEEE802.3ad.

送信速度に比べて受信ノードの処理性能が低い場合，通信中に受信側スイッチのバッファーが溢れ，データを正しく受信することができない．**フロー制御**は，このような場合に，受信側から送信側にバッファーの空き容量などを通知するなどして送信速度を低下させ，バッファー溢れを防ぐ制御である．例としては，TCP のフロー制御が挙げられる．

MAC 制御プロトコル[12] は，L2 でフロー制御を行うプロトコルである．受信側スイッチは，受信バッファーの空き容量が少なくなってくると，バッファー溢れを防ぐため，**ポーズフレーム**を送信側スイッチに送る．ポーズフレームは送信のストップを要請する制御フレームで，IEEE802.3 Ethernet フレームの MAC 副層内に停止通知および停止時間を挿入したものである．送信側通知はポーズフレームを受信すると指定された停止時間だけ送信を中断する．

流入するフローに対して受信スイッチの処理能力が十分大きければバッファー溢れは発生しないため，この制御はスイッチに対してトラフィックが大量に流れ込むようなネットワークで有用なプロトコルである．しかし，そのような場合は，高性能なスイッチへの置き換えやリンクアグリゲーションなどで最大通信帯域を増やす対策をとるのが一般的である．

その他の L2 レイヤのスイッチの技術としては，QoS 確保のための優先制御や帯域制御があるが，これについては第 6 章で述べる．

---

[12] MAC Control Protocol, IEEE802.3x.

2.6 MPLS

2.6.1　MPLSネットワークとパケットの配送

　IPパケットを配送するとき，ルーターでは，経路制御表を参照して次にパケットを転送するべきインターフェースを選択する．このとき，宛先IPアドレスを経路制御表で検索し，対応するネクストホップのIPアドレスを求める．しかし，インターネットの拡大に伴って宛先になるネットワークが増加し経路制御表が肥大化すると経路制御表の検索に時間がかかることが問題となった．

　経路制御表は，宛先ホストが属すサブネットのネットワークIPアドレスとネクストホップのIPアドレスの対応表である．宛先ホストが属するサブネットのネットワークIPアドレスは，宛先ホストのIPアドレスのホスト部を0で置き換えればよいのだが，IPv4アドレスはネットワーク部が不定長であるため，宛先ホストのIPアドレスだけからではサブネットのIPアドレスを導くことができない．そこで，経路制御表を検索するときには，最長一致検索を行わざるを得ず，検索に処理時間がかかるのである．

　そこで，IPアドレスの代わりに固定長のラベルを使ってネクストホップを求めることができるようにすれば，検索処理は単純になるため高速化できる．このような方式は**ラベルスイッチング**と呼ばれ，ここで紹介する**MPLS**[13]もその1つである．MPLSではIPパケットの外側にラベルを含むヘッダーをつけるため，この技術が位置づけられる階層はL2とL3の間である．

　現在，IPアドレスの経路制御表検索は，**TCAM**(Ternary Content Addressable Memory)によって高速化されているが，MPLSではラベルの付与によって通信路を自由に設定することができるため，経路選択処理の高速化だけでなく様々な通信コントロールに利用することができ，有用性が高い．ここでは，MPLS通信の概要を述べる．

---

[13] Multi-Protocol Label Switching, RFC3031.

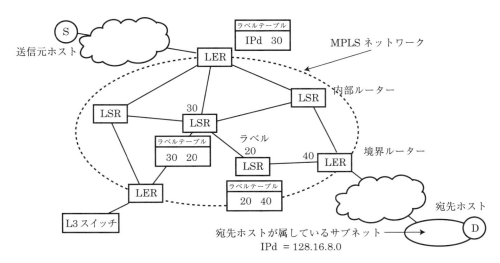

図 2.14　MPLS ネットワーク

　MPLS 通信のネットワーク構造を図 2.14 に示す．MPLS に対応した L3 スイッチを **LSR**（Label Switching Router）という．MPLS ネットワークは LSR で構成されているといえる．その中で，特に，通常の IP ネットワークとの境界に位置する LSR を **LER**（Label Edge Router）という．LSR の各通信ポートには 20 ビットの**ラベル**が付与されている．MPLS で LER を考慮するのは，MPLS 通信が現在運用されている通常のルーターのネットワークとの融合を図るためである．たとえば，送信元ホストから送出されたパケットは，MPLS ネットワークに入り，また MPLS ネットワークを出て通常の IP ネットワークにある宛先ホストに到達できる．このようにすると WAN で MPLS が使用でき，WAN 内を高速に通過できる．送受信元ホストが LER に接続していても差し支えない．

　MPLS ネットワーク内の各 LSR は経路制御表に相当する**ラベルテーブル**（Label Table）を持っている．IP の経路制御表は宛先とネクストホップの対応であるが，ラベルテーブルはスイッチの通信ポートに付与されたラベル同士の対応表である．しかし，LER では，ラベルテーブルは宛先ネットワーク IP アドレスとラベルの対応表になっており，パケットが MPLS ネットワークに入ってきたときは経路制御表と同じように宛先 IP アドレスから検索してネクストホップへのラベルを求める．MPLS ネットワークから出て行くときは，ラベルに対応づけられたネクストホップの IP アドレスを検索できる．
　このようにラベルテーブルは経路制御表とはまったく異なるものであるが，IP の経路制御表に基づいて生成されるため，生成される通信経路は同じである．ラベルテーブルの生成に関しては 2.6.2 項で述べる．

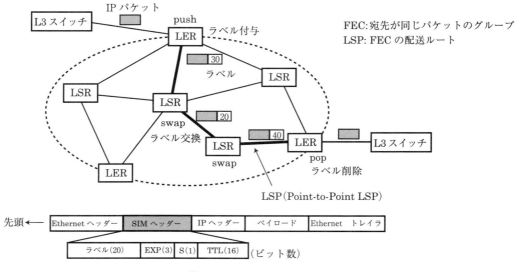

図 2.15　MPLS パケット配送

　それでは，IP パケットが MPLS ネットワークを通過する様子を見ていこう．図 2.15 に示すように，IP パケットは最初に到着した LER でラベルが付けられる．MPLS には **FEC**(Forwarding Equivalence Class) という概念がある．FEC は宛先 IP アドレスが同じパケットのグループを表している．LER は，到着した IP パケットの宛先 IP アドレスで FEC を識別し，FEC に従ってラベルを付与する (push)．

　データリンク層のプロトコルには，Ethernet のグループ以外にもいろいろなものがあり，ラベルとして使用できる識別データを持っているプロトコルもある．しかし，Ethernet 関連プロトコルにはそういったものがないため，**SIM ヘッダー**が Ethernet ヘッダーと IP ヘッダーの間に差し込まれる．SIM ヘッダーの先頭は 20 ビットのラベルである．その後，QoS などで用いられる EXP(Experimental)，S(スタックの一番上を表すフラグ)，TTL(Time To Live) が続く．SIM はクサビという意味である．なお，ラベルのうち 0〜15 番は予約されている．S については次のページで述べる．

　IP パケットは，付与されたラベルに該当する送出ポートから次の L3 スイッチに送信される．受信した LSR は，IP パケットのラベルをラベルテーブルで参照して次のラベルに交換し (swap)，パケットをネクストホップに送信する．このようにして，IP パケットは次々とホップしていく．出口の LER に到着するとラベルが除去され，ラベルテーブルに書かれたネクストホップに送信される．

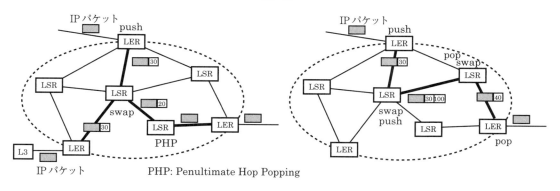

(a) Merge LSP　　　　　　　　(b) ラベルのスタック

図 2.16　いろいろな MPSL パケット配送動作

　IP パケットの通信経路は **LSP**(Label Switch Path)と呼ばれ，FEC に対して定まる．なお，同じ経路に見えても方向が逆になると異なる FEC とみなされる．図 2.16 の LSP は 1 つの FER と 1 つの FER を結ぶもので **Point-to-Point LSR** と呼ばれる．図 2.16(a) は 2 つの LSP が合体した **Merge LSP** を示している．入り口 LER が異なっても宛先 IP アドレスが同じで途中からは同じ経路になるのであれば，ラベルテーブルの同じエントリーを参照して転送すればよい．そこで，1 つの FEC として扱われる．なお，出口 LER ではラベルを参照しないため，1 つ前の LSR でラベルを除去することもある．このことは **PHP**(Penultimate Hop Popping)と呼ばれている．これは最後から 2 番目の LSR で取り除くという意味である．

　また，1 つのパケットに複数のラベルを付与することができ，**ラベルのスタック**と呼ばれている．図 2.16(b) では，入り口 LER で付与されたラベルの前に次の LSR がさらにラベルを付与している．次の LSR は外側すなわち新しく付けられたラベルを swap して転送する．ラベルのスタックを用いると，(a) のような通信路を (b) のように変更することができる．言い換えると，外側のラベルでカプセル化することによって内側の LSP をトンネリングすることができる．この仕組みはネットワークの仮想化や QoS やトラフィックのコントロールなどに利用することができる．なお，ラベルがスタックされた場合，最後のラベルであることを示すフラグが，図 2.15 に示した SIM ヘッダーの S である．

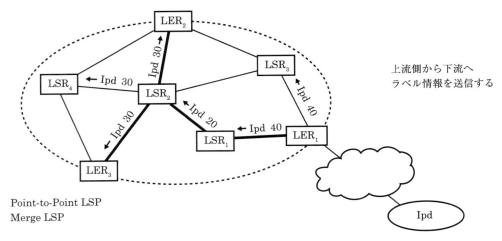

図 2.17 ラベルの配布：LDP (DU モード)

2.6.2 ラベルの配布とラベルテーブルの生成

それでは，各 LSR のラベルテーブルはどのようにして生成されるのだろうか．

その方法はラベルを配布する **LDP**[14] で規定されている．生成される基本的な LSP は，IGP すなわち RIP や OSPF など AS 内の動的ルーティングプロトコルが生成するものと同じである．図 2.17 に示す **DU (Downstream Unsolicited) モード**では，FEC 毎に宛先ホストへの出口 LER から下流側へラベル情報を伝搬させながら，ラベルテーブルにエントリーを付加していく．

図 2.17 の FEC の宛先 IP アドレスは IPd である．LER1 は接続している LSR に「IPd 宛はラベル 40」という情報を流す．この 40 は LER1 への送出ポートに付与すべきラベルを示している．受信した LSR は経路制御表に経路があれば，ラベルテーブルにエントリーを追加して下流側に新しいラベル，たとえば「IPd 宛はラベル 20」を下流に送信する．経路がなければ追加しない．このようにすると，LER2, LER3 から LER1 への merge LSP を導くラベルテーブルが生成される．FEC の LER が 2 つしかなければ Point-to-Point LSP になる．

---

[14] Label Distribution Protocol, RFC3036.

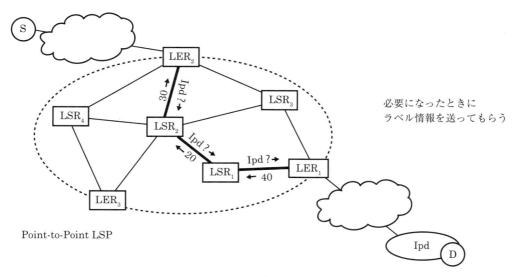

図 2.18　ラベルの配布：LDP(DoD モード)

　一方，図 2.18 の **DoD**(Downstream-on-Demand)モードでは問い合わせたときにラベルを配布し，Point-to-Point LSR に沿ったラベルテーブルが生成される．図 2.18 では，LER_2 が経路制御表に沿って問い合わせを行なっている．それに対して LSR や LER1 がラベルを配布し，ラベルテーブルにエントリーが付加される．

　LDP でラベルを配布すると IGP のアルゴリズムに従った LSP となるが，通信帯域を確保するために，RSVP-TE(RSVP Traffic Engineering)や CR-LDP(Constraint Routed LDP)が標準化されている．これらを用いると DoD モードで，明示的な LSP の指定や帯域幅の予約を行うことができる．

　ラベルテーブルを用いた経路選択は，経路制御表の検索に比べて処理の手間が大きく低減するだけでなく，ラベルテーブルを操作することによって自由に通信経路を設定できるため，L3 レベルの仮想ネットワークを設定することができる．そこで，MPLS は第 11 章で述べるクローズド VPN を構成する技術として用いられている．

42 第 2 章　スイッチの技術

キーワード

【スイッチング】

スイッチ，イングレス処理ユニット，イーグレス処理ユニット，フォワーディングテーブル，ルーティングテーブル，スイッチファブリック，クロスマトリックス方式，共有メモリ方式，バックプレーン容量，スイッチング能力

【スパニングツリープロトコル】

ブロードキャストストーム，スパニングツリー，パスコスト，ルートパスコスト，BPDU，ブリッジ ID，ルートブリッジ，ルートポート，指定ポート

【VLAN】

VLAN，VID，ポート VLAN，タグ VLAN，IEEE802.1Q，CFI，GVRP，タグポート

【その他のスイッチング技術】

リンクアグリゲーション，MAC 制御プロトコル

【MPLS】

ラベルスイッチング，MPLS，LSR/LER，SIM ヘッダー，Point-to-Point LSP，Merge LSP，FEC，DU モード，DoD モード

章末課題

2.1　スイッチが L3 処理と L2 処理を自動的に判別する仕組みを説明しなさい．

2.2　**スイッチの性能**

　　　各ポートの通信帯域 1Gbps の 24 ポート全二重のスイッチがある．

　　　(1)すべてのポートが同時にフル性能で送受信できるために最低必要なバックプレーン容量(bps)とスイッチング能力(pps)を求めなさい．

　　　(2)いくつかのポートに 10Gbps の変換器をつけて最大通信帯域を増加したい．バックプレーン容量が 200Gbps であったとき何ポートまで増設可能か．

　　　スイッチング能力は十分あるものとしなさい．

2.3　**スパニングツリー**

　　　次ページのような A〜F の L2 スイッチで構成されるネットワークがある．各スイッチの P はプライオリティで，データリンクに書かれた数値は最大通信帯域である．ルートブリッジはプライオリティのみで決まり，パスコスト PC は図 2.8(a)のように定められる．ルートからのパスコストの和をルートパスコストとして，次の問に答えなさい．

　　　(1)ルートブリッジはどれか．

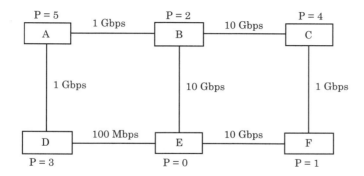

(2) スパニングツリーのトポロジーを示し，B のルートパスコストを求めなさい．

(3) リンク BE が切断された場合に移行するスパニングツリーのトポロジーを示し，このときの B のルートパスコストを求めなさい．

2.4 VLAN

3 階建てのビルに A〜D の 4 つの VLAN を配置する．各階には部屋が 8 室あり，各室に設置された情報コンセントにケーブルを配線してネットワークを構成したい．また，各 VLAN に属す部屋はそれぞれ各階ともに 2 室であった．各階に L2 スイッチ 1 台を置き，1F にゲートウェイルーターを 1 台置いてネットワークを構成する．ゲートウェイルーターと 1F の L2 スイッチ，1F と 2F および 2F と 3F の L2 スイッチのみ接続しているとして，次の問に答えなさい．

(1) ポート VLAN の場合，各階の L2 スイッチの最低必要なポート数を求めなさい．

(2) タグ VLAN の場合，各階の L2 スイッチに最低必要なポート数を求めなさい．

2.5 MPLS

(1) 経路制御表とラベルテーブルの本質的な違いを説明しなさい．

(2) Merge LSP の利点を説明しなさい．

(3) MPLS の利用例を調べなさい．

参考図書・サイト

1. Gene・作本和則,「ルーティング＆スイッチング標準ハンドブック」, SB クリエイティブ, 2015
2. 友近剛史・池尻雄一・白崎泰弘,「インターネットルーティング入門 第 3 版」, 翔泳社, 2014
3. C. E. Spurgeon・J. Zimmerman(三浦史光 監修, 豊沢聡 翻訳),「詳説 イーサネット 第 2 版」, オライリージャパン, 2015

3 IPv6 アドレッシング

要約

IP 通信で広く用いられている IP アドレスは，IP プロトコル ver.4 で定められたアドレスであるが，インターネットが広まるにつれ IPv4 だけでは対応することができなくなってきた．そこで，標準化されたのが IPv6 である．IPv6 ではアドレス空間の拡大だけでなくアドレス体系と IP の配送方式全体が見直されている．第 3 章では IPv6 アドレスについて述べ，第 4 章では配送方式について述べる．

3.1 IPv6 アドレスの特徴

IP[1](Internet Protocol)はインターネット通信の中核をなすプロトコルで，ホスト間のパケット通信を規定している．現在，広く用いられている IP は **IPv4**(IP version 4)であるが，インターネットが発展するにつれ，多くの問題があることが明らかになってきた．最も大きな問題はアドレス空間のサイズである．IPv4 アドレスの長さは 4 オクテットで，アドレス空間のサイズは $2^{4\times8} = 2^{32}$ である．当初，これを 4 つのクラスに分類して配布したのだが，クラスによる配布は無駄が大きいものだった．そこでクラスレスアドレスを導入して配布方法を変更したが間に合わず，2011 年 4 月 IANA では IPv4 アドレスを新しく割り振ることができなくなった．それから，ほどなくして各 **RIR** から IP アドレスの枯渇宣言が出された．ユーザーの IP アドレスは，プライベート IP アドレスを階層的に使用することによって賄われているものの，AS 数の増加に伴いグローバル IP アドレスの不足が深刻となっている．**IPv6**(IP version 6)は，IPv4 の課題を解決する形で設計された後継プロトコルである．

---

[1]　Internet Protocol, version 4: RFC791, version 6: RFC2460, 3513.

IPv6 の基本的な RFC は 2460 であるが，ユニキャストアドレスについて記述した RFC3513 など，多くの RFC が追加された．IPv6 仕様については現在も議論が継続されており，仕様の変更や追加が今後も発生する可能性があるため，IETF や JPNIC などで動向に注意されたい．ここでは現状の主な内容を述べる．

IPv4 アドレスと比較した IPv6 アドレスの特徴は次の通りである．

(1) アドレス空間の拡大

IPv6 のアドレス長は 4 オクテットから 16 オクテットに拡張された．この長さはインターネットのすべての端末にグローバル IP アドレスを付与できることを目標に設計されたもので，アドレス空間のサイズは IPv4 に比べ非常に大きな数である．IPv6 のアドレス空間については 3.2.1 項で述べる．

(2) アドレスの構造化

郵便物を出すときに書く住所は，国，都道府県，市町村と物理的に絞られていくような構成になっている．これに従って郵便物を配送していくとスムーズに宛先に届くようになっている．IP パケットを郵便物とすれば IP アドレスは住所氏名に相当する．IPv4 アドレスではネットワーク部が住所，ホスト部が氏名ということになる．しかし，このネットワーク部は住所のような階層構造を持っていない．住所が市町村名からしか書いていない国際郵便のようなものである．さらに，IPv4 はネットワークアドレス部が不定長であるため，検索に手間がかかる．これらの理由で，インターネットの拡大に伴ってネットワーク IP アドレスの数が増大すると，ルーターの経路選択処理が非常に時間のかかる処理になっていた．

そこで，IPv6 では，IPv4 アドレスのネットワーク部に相当するアドレス部分を細かく階層化し，ルーターの経路制御表を階層に基づいて集約できるようにした．これによって経路制御表をコンパクトにすることができ，ルーターの負荷を大幅に軽減できると考えられた．

(3) アドレスの自動付与

IPv4 のプライベート LAN では，DHCP を用いて IP アドレスを自動的に割り振っている．これによって，ユーザーは毎回パラメータ設定をしてなくても，ケーブルを挿すあるいは電波をキャッチすればインターネットを使うことができる．これを**プラグアンドプレイ**機能という．IPv6 では，このような自動割り当ての機能が IPv6 プロトコル自身に含まれており，すべてのアドレスが自動割り当てを前提として設計されている．

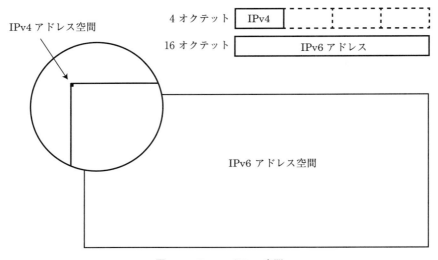

図 3.1 IPv6 アドレス空間

3.2 IPv6 アドレス

3.2.1 IPv6 アドレス空間のサイズ

図 3.1 に示すように IPv6 のアドレス長は 16 オクテットすなわち 128 ビットである．IPv4 アドレスは 4 オクテットすなわち 32 ビットであるから，IPv6 は IPv4 アドレスの 4 倍の長さをもつ．

アドレス長のビット列のパターンの個数を**アドレス空間のサイズ**といい，配布できるアドレス数を把握するために用いられる．IPv6 アドレスは 16 オクテットであるから，アドレス空間のサイズは，

$$2^{16 \times 8} = 2^{128}$$

である．この数を十進法で表したときの桁数を求めてみよう．

$$\log_{10} 2^{128} = 128 \log_{10} 2 \sim = 128 \times 0.3010 \sim = 38.5$$

したがって，IPv6 のアドレス空間のサイズは 39 桁の数である．実際，およそ 3.40×10^{38} 個である．IPv4 のアドレス空間と比較すると $2^{128}/2^{32} = 2^{96}$ 倍，倍数の桁数でさえ 29 桁にもなる．

大きさを実感するための例としてよく挙げられるのは，地球の表面に IPv6 アドレスを均質に散布した場合の 1 平方センチメートルに含まれるアドレス数であるが，もう少し広めにとって 1 平方メートルに含まれるアドレス数を考えると化学のアボガドロ定数に匹敵する**巨大数**の一種であって，不足することはないと考えられている．

● IPv6 アドレス：128 bit のビット列

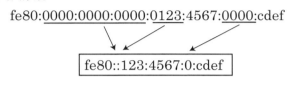

図 3.2　IPv6 アドレスの表記

3.2.2　IPv6 アドレスの表記

　IPv4 アドレスは人が機器に設定することを前提にしているため，32 ビットを 8 ビットずつ"."で区切り，最大 3 桁の十進数 4 個で表現している．しかし，IPv6 アドレスは IPv4 アドレスの 4 倍も長さがあるため，この方法では 16 個の十進数，すなわち最大 48 個の数字が並ぶ．そこで，図 3.2 に示すように 128 ビットを 16 ビットずつコロンで区切り，各区切りを **16 ビットフィールド**と呼ぶ．IPv6 アドレスは 8 個の 16 ビットフィールドで構成されている．そして，それぞれの 16 ビットフィールドを十六進で表記する．十六進表記では 4 ビットを 1 桁で表すことができるため，各区切りは 4 桁の十六進数で表される．したがって，IPv6 アドレスは 32 個の十六進数で表記される．

　また，IPv6 アドレスは，設計上，0 が多く含まれる．そこで，0 が連続する場合は省略表記できる．0 の省略表記のルールは下記の通りである．

(1) 16 ビットフィールド内の上位ビットの 0 の連続は省略する．0123 →　123
(2) 16 ビットフィールド内がすべて 0 であった場合は 0 にする．:0000: →　:0:
(3) :0: が 2 個以上連続する場合は :: で省略する．:0:0:0: →　::
(4) :0: が 2 個以上連続する箇所が複数あった場合は，1 箇所のみ :: で省略する．省略箇所は，最も長い箇所を優先し，同じ長さの場合は前方を省略する．
(5) アルファベットは小文字で表記する．

なお，図 3.2 に挙げた IPv6 アドレスは表記方法を示すためだけの例で，実際のアドレスとは関係ない．

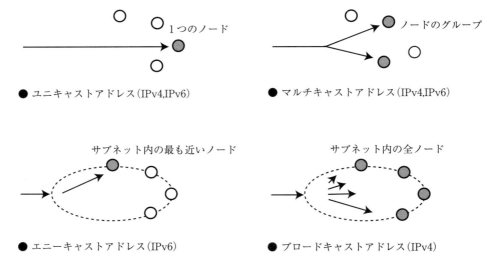

図 3.3　宛先による IP アドレスの種類

3.2.3　宛先による IPv6 アドレスの種類

　通信は，送信元と宛先の対応関係で形態を分類することができる．IPv4 では，ユニキャスト通信，マルチキャスト通信，ブロードキャスト通信が規定されている．ユニキャスト通信とは 1 つの送信元ノードから 1 つの宛先ノードへの通信で，基本的な通信形態である．マルチキャスト通信は，1 つの送信元ノードから予め定めた複数のノードに対して同じデータを送信するもので，仕組みについては第 7 章で解説する．ブロードキャスト通信は 1 つの送信元ノードからサブネットに含まれる全ノードに対して同じデータを送信するものである．

　通信の宛先を表すアドレスは，これらの通信形態によって種類が異なる．この様子を図 3.3 に示す．ユニキャスト通信のアドレスは 1 つのノード，厳密にいうと 1 つの NIC を識別するものでユニキャストアドレスと呼ばれる．それに対して，マルチキャスト通信で用いるマルチキャストアドレスは各ノードを示すものではなく，ノードのグループに付与されるアドレスである．マルチキャストアドレスには参加ノードのユニキャストアドレスのリストが対応づけられており，パケットをマルチキャストアドレスに送信すると最終的にはすべての参加ノードに届く．

　ブロードキャストアドレスはブロードキャスト通信の宛先サブネットを識別するアドレスである．IPv4 ではブロードキャストアドレスが規定されており，MAC アドレス解決でブロードキャスト通信を使っている．しかしブロードキャスト通信は無駄な通信を発生させる．そこで，IPv6 ではブロードキャスト通信の代わりにマルチキャスト通信を用い，ブロードキャストアドレスは規定されていない．

　その一方で，新たにエニーキャスト通信が規定されている．エニーキャスト通信では，送信元ノードはサブネットに対して送信すると，そのときのルーティングプロトコルのアルゴリズムで，サブネットの中で最も送信元に近いノードが応答する．**エニーキャストアドレス**はエニーキャスト通信の宛先となるサブネットに対応している．

3.2 IPv6アドレス

IPv6アドレスの種類は，**フォーマットプレフィックス**（FP）と呼ばれる先頭の数ビットで識別できるようになっている．主なアドレス種類のFPを表3.1に示す．図中，FPのスラッシュ以降の数字は，FPのビットの数を表している．

一番上の**ループバックアドレス**は自分自身を表すアドレスであり，右端のビットが1である以外はすべて0のアドレスである．すべてのビットが定められているため，スラッシュ以降の数字は128になる．すべてのビットが0であるアドレスもFPが128ビットのアドレスであるが，こちらは未定義とされており，使用することができない．

ユニキャストアドレスには，グローバルユニキャストアドレス，ユニークローカルユニキャストアドレス（ユニークローカルアドレス），リンクローカルユニキャストアドレス（リンクローカルアドレス）の3種類があり，マルチキャストアドレスも含めてそれぞれ異なる長さのFPが定められている．

エニーキャスト通信ではサブネットを宛先とするため，エニーキャストアドレスに固有なFPはない．これについては3.3.2項で述べる．その他，第4章で述べるIPv4-IPv6共存用のアドレスなどがある．

表3.1　フォーマットプレフィックス

アドレスの種類	フォーマットプレフィックス（FP）	FPのビット数
ループバックアドレス	::1 /128	128
ユニキャストアドレス		
グローバルユニキャストアドレス	001 /3	3
ユニークローカルユニキャストアドレス	1111 110 /7	7
リンクローカルユニキャストアドレス	1111 1110 10 /10	10
マルチキャストアドレス	1111 1111 /8	8
エニーキャストアドレス	（インターフェイス ID=0）	-
未定義	:: /128	128

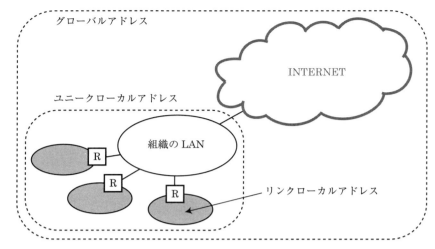

図 3.4　IPv6 ユニキャストアドレスのスコープ

3.3　IPv6 ユニキャストアドレス

3.3.1　IPv6 ユニキャストアドレスのスコープ

　IPv6 のユニキャストアドレスにはスコープが異なる 3 種類のアドレスがある．**アドレスのスコープ**とはアドレスが通用する範囲のことである．この様子を図 3.4 に示す．

　グローバルユニキャストアドレスはインターネット全体で通用するアドレスである．グローバルユニキャストアドレスが付与されたホストには，インターネットのどこからでもアクセスできる．IPv4 では Web サーバーや DNS サーバーのような公開サーバーにのみグローバルユニキャストアドレスが付与されているが，IPv6 ではそれ以外のホストにもグローバルユニキャストアドレスを付与しようと考えられた．

　ユニークローカルアドレスは 1 つのサイト内だけで通用するアドレスで，IPv4 のプライベート IP アドレスのようなアドレススコープである．ただし，3.3.2 項で述べるように IPv4 アドレスのネットワーク部に相当する部分は共通ではない．なお，このアドレスは，以前，定義されていたサイトローカルユニキャストアドレスの廃止に伴って新たに定義されたため，このような名称になっている．

　リンクローカルアドレスは 1 つのサブネット内だけで通用するアドレスである．リンクローカルのリンクは IP ネットワークのサブネットを指しており，ルーターは送信元や宛先がリンクローカルアドレスであるパケットは他のサブネットへ転送しない．すなわちルーターを超えない範囲で通用するアドレスであるという言い方ができる．

　IPv6 では，ノードの 1 つの NIC がこれらの IPv6 アドレスをすべて持つことが可能である．

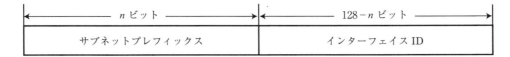

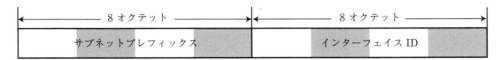

図 3.5 IPv6 ユニキャストアドレスの基本構造

3.3.2 IPv6 ユニキャストアドレスの構造

図 3.5 に，IPv6 ユニキャストアドレスの基本構造を示す．IPv6 ユニキャストアドレスは，2 つの部分に分けられる．前半はサブネットのネットワーク上の位置を特定するもので**サブネットプレフィックス**と呼ばれる．prefix（プレフィックス）というのは英単語の接頭辞という意味で，たとえば，internet の inter- が挙げられる．ユニキャストアドレスの後半は各ノードの NIC を表す**インターフェイス ID** で，サブネットの中のノードを識別するためのものである．

サブネットプレフィックスとインターフェイス ID の長さは，000 から始まるグローバルユニキャストアドレスの場合，サブネットプレフィックスの長さを n ビットとするとインターフェイス ID の長さは $128-n$ ビットであるが，その他のユニキャストアドレスの場合は両方とも 8 オクテットすなわち 64 ビットである．図 3.5 以降の図では 16 ビットフィールドを濃淡で表している．

インターフェイス ID は NIC のデータリンク層アドレスから生成される．イーサネットのデータリンク層アドレスは MAC アドレスであるから，インターフェイス ID は MAC アドレスから生成される．ただし，MAC アドレスは本来 6 オクテットであるため，**改 EUI-64 形式**（Modified Extended Unique Identifier-64 Format）の 8 オクテットのビット列にする．MAC アドレスから改 EUI-64 形式を求める手順については 3.3.3 項で述べるが，インターフェイス ID は MAC アドレスだけから生成できる．

● グローバルユニキャストアドレス　　　　　　　　　　　　　GRP: Global Routing Prefix

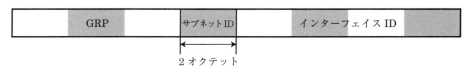

● ユニークローカルユニキャストアドレス

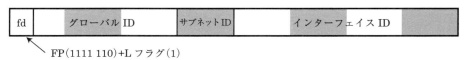

● リンクローカルユニキャストアドレス

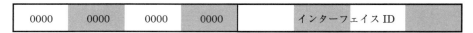

図 3.6　IPv6 ユニキャストアドレスの構造

　グローバルユニキャストアドレスのサブネットプレフィックスは，**グローバルルーティングプレフィックス**（GRP）と**サブネット ID** からなっている．そのフォーマットを図 3.6 の上段に示す．GRP には先頭に FP の 001 が含まれている．GRP はインターネットパラメータの配布組織から申請に従って各組織に配布されるもので，サブネット ID は，GRP を配布された組織が自ネットワークの各サブネットに割り当てる ID である．また，プロトコル上では，GRP やサブネット ID の長さも柔軟に設定できるが，現在の IPv6 ネットワークでは，GRP 6 オクテット，サブネット ID 2 オクテット，インターフェイス ID 8 オクテットが用いられている．

　ただし，改 EUI-64 形式の識別子を用いてインターフェイス ID を定めるとインターフェイスの MAC アドレスを推定できる可能性がある．グローバルユニキャストアドレスはインターネット全体で用いられるいわば公開アドレスであるため，セキュリティ上 MAC アドレスを非公開としたい場合は，乱数を生成して一時的なインターフェイス ID を割り当てる．また，グローバルユニキャストアドレスの GRP はさらに細かい階層をもち，集約可能な性質をもつ．これについては，3.5 節で述べる．

　図 3.6 の中段に示すように**ユニークローカルアドレス**のサブネットプレフィックスは，7 ビットの FP，1 ビットの L フラグ，**グローバル ID** およびサブネット ID で構成されている．ユニークローカルアドレスの L フラグは 1 であるが，これはグローバル ID がインターネット全体で唯一（ユニーク）であることを表している．

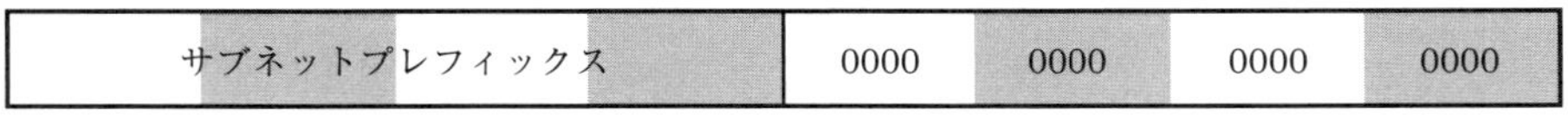

サブネットプレフィックス	0000	0000	0000	0000

図 3.7 IPv6 エニーキャストアドレスの構造

ネットワークを使用する業務は多いが必ずしもインターネットに接続する必要があるとは限らない．セキュリティ上は，インターネットに接続する必要がなければ組織内だけで運用するべきである．ユニークローカルアドレスはこのような場合の使用が想定されており，その場合は，ユニークローカルアドレスの L フラグは 0 とする．

しかし，ユニークローカルアドレスを設定した上で NAT やプロキシサーバー（第 9 章）を使って外部と通信するようなネットワーク設計が考えられる．組織内だけで使うのであれば，IPv4 のプライベートアドレスのように，グローバル ID は固定値でも良さそうであるが，たとえば，企業の合併などがあると，元は別々のネットワークが同じネットワークとして運用されるようになることがある．そのとき，グローバル ID が同じであると内部アドレスが重複する可能性があるため，グローバル ID は異なっていたほうがよい．

このような理由で，ユニークローカルアドレスではグローバル ID を組織の 1 つ 1 つでなるべく異なるように定めている．しかし，グローバル ID は配布を受けるのではなくネットワークの運用組織で定める ID であるため，ID を決定するのに乱数を使って確率的に重複を回避している．グローバル ID は 40 ビットであるため，ランダムに ID を選んだ場合，ある ID が選択される確率は $1/2^{40}$ である．ネットワークの運用組織は，さらに自ネットワークの各サブネットにサブネット ID を割り当てる．

図 3.6 の下段に示したのは，リンクローカルアドレスである．リンクローカルアドレスは，サブネット内だけで通用するアドレスであるため，サブネットプレフィックスは固定で，fe80:: に定められている．

図 3.7 に IPv6 エニーキャストアドレスの構造を示す．エニーキャストアドレスはインターフェイス ID のビットがすべて 0 であるようなアドレスである．IPv6 ではサブネットプレフィックスによってサブネットが特定されるため，そのサブネットに対するエニーキャスト通信の宛先である．このアドレスは，エニーキャスト通信の宛先アドレスとして用いられるだけでなく，経路制御表の宛先アドレスとしても用いられる．また，この表記は，IP アドレスの配布やネットワークの設計時にアドレスの範囲の表記するためにも用いられる．

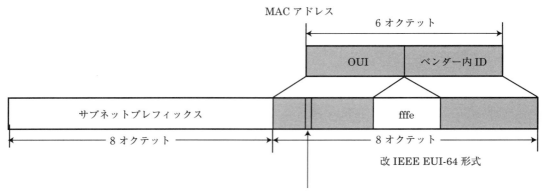

図 3.8　インターフェイス ID

3.3.3　インターフェイス ID と改 EUI-64 形式

　IPv4 ではアドレスは設定するものだったが，IPv6 アドレスはホスト自身が自動的に生成する．これを**ステートレスアドレス自動生成**という．IPv4 のアドレス自動生成で行われているように，DHCPv6 サーバーによる設定も可能で，こちらはステートフルアドレス自動生成である．どちらの場合も，サブネットプレフィックスは，3.3.2 項で述べたようにアドレスのスコープに応じて定められる．

　ステートレスアドレス自動生成で生成するインターフェイス ID は MAC アドレスの**改 EUI-64 形式**である．MAC アドレスの長さは 6 オクテットであるが，図 3.8 に示すように左右 3 オクテットに分け，fffe (2 オクテット) を中に挟むことによって 8 オクテット版 MAC アドレスを生成できる．これを改 EUI-64 といい，IPv6 ではこれをインターフェイス ID として用いる．ただし，MAC アドレスの先頭 2 ビットはフラグで，第 1 ビットはユニキャスト (0)/マルチキャスト (1) の区別を示し，第 2 ビットはユニバーサル (0)/ローカル (1) の区別を示している．そのため，リンクローカルアドレスでは第 2 フラグを 1 にしなければならない．イーサネットでは，バイト内のビットの処理順がリトルエンディアンであり第 2 フラグは 7 番目のビットになるため，7 番目のビットを 1 とする．

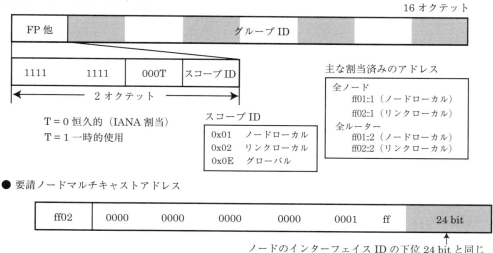

図 3.9 IPv6 マルチキャストアドレス

3.4　IPv6 マルチキャストアドレス

図 3.9 に示すように IPv6 のマルチキャストアドレスは，フォーマットプレフィックスが ff で，その後に T フラグとスコープ ID が続く．T フラグによって恒久的なアドレスと一時的に割り当て可能なアドレスの別が明示されている．また，スコープもスコープ ID によって明示されており，多くの恒久的なアドレスが割り当てられている．

IPv6 では，制御情報を交換する際にブロードキャストの代わりにマルチキャストが用いられる．そこでは，特にサブネット内のノード全体を宛先とする ff02::1 と，サブネット内のルーター全体を宛先にする ff02::2 が重要な役割を果たす．すべてのノードは当初から ff02::1 に参加している．

また，**要請ノードマルチキャストアドレス**[2] というものが定義されており，ff02:0:0:0:0:1:ff/104 にユニキャストアドレスの下位 3 オクテットを組み合わせて生成する．この生成方法から，このアドレスが指すマルチキャストグループには通常 1 つのノードだけが含まれる．そこで，アドレス自動生成における重複チェックや MAC アドレスの取得に用いられる．その仕組みについては 4.3 節で述べる．すべてのノードは当初からそれぞれの要請ノードマルチキャストアドレスに参加している．

---

[2] Solicited-Node Multicast Address．

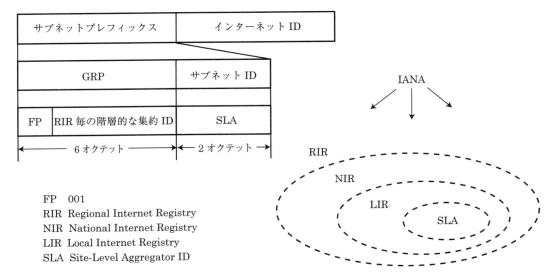

図 3.10　グローバルユニキャストアドレスの詳細構造

3.5 IPv6 集約アドレス

　IPv6 では，経路制御表の増大を抑え，ルーターで効率的な経路選択が行えることを目指し，グローバルユニキャストアドレスが**集約**(Aggregation)可能になるように設計されている．まず，グローバルユニキャストアドレスの詳細構造を図 3.10 に示す．グローバルユニキャストアドレスの GRP はさらに細分化されている．先頭 3 ビットはフォーマットプレフィックスで 001 である．その後は，当初，TLA-NLA-SLA と，階層的な集約 ID が並ぶように設計されていたが，現在は，詳細構造の設計は RIR に任され，TLA-NLA の呼称も廃止されているようである．ただし，RIR はさらに NIR，LIR の階層的な管理構造をもっているため，それを反映した階層的な構造となっていると考えられる．SLA はサイトレベルの集約 ID でこれがサブネット ID に相当する．

　経路集約の例として，図 3.11 のネットワークを考えよう．ここでは，サブネットプレフィックスは TLA-NLA-SLA の 3 階層で設計されているものとする．X，Y，A，B，C，D はルーターを 1 台しかもたない ISP とする．S_1，S_2 は A，B，C，D のもつサブネットである．X と Y は相互接続をしている上位プロバイダーで，それぞれに TLA が配布されている．A，B は X と契約をしていて X と同じ TLA をもつ．同様に Y と契約を結んでいる C，D の TLA は Y と同じである．

3.5 IPv6集約アドレス

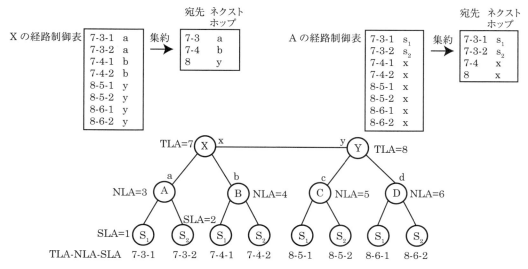

図 3.11 グローバルユニキャストアドレスの集約

また，同じISPに属すサブネットのサブネットIDすなわちSLAはISPが配布しておりGRPは共通である．図中では，各サブネットのプレフィックスがTLA-NLA-SLAの形式で書かれている．このときルーターXおよびAの経路制御表の集約の様子が図3.11に示されている．まったく集約しない場合，経路制御表にはサブネットの数だけレコードが必要であるが，下位の共通部分を省略することによって大幅にレコード数が減少できることがわかる．

しかし，この集約方法はISPの階層的な接続構造が前提になっており，たとえば，マルチホームや相互接続で，下位のISPが複数の上位ISPと接続しているような場合，単純な集約アルゴリズムは使えず，また集約の効果は減少する．

このようにIPv6はIPv4と比較してアドレス長だけでなく集約などの機能があるため，従来のルーティングプロトコルはIPv6が扱えるように拡張されている．RIPはRIPng，OSPFはOSPF for IPv6，BGP4はBGP4+とそれぞれ変更されている．

キーワード

【IPv6 アドレス】

アドレス空間, 16 ビットフィールド, エニーキャストアドレス, フォーマットプレフィックス, ループバックアドレス

【IPv6 ユニキャストアドレス】

アドレスのスコープ, サブネットプレフィックス, インターフェイス ID, グローバルユニキャストアドレス, 改 EUI-64 形式, グローバルルーティングプレフィックス, サブネット ID, ユニークローカル(ユニキャスト)アドレス, グローバル ID, リンクローカル(ユニキャスト)アドレス, ステートレスアドレス自動生成

【IPv6 マルチキャストアドレス】

要請ノードマルチキャストアドレス

【IPv6 集約アドレス】

アドレスの集約, RIPng, OSPF for IPv6, BGP4+

章末課題

3.1 アドレス空間のサイズ

地球を大円の円周長が 4 万キロメートルの球とする. 地球の表面に IPv6 アドレスを均質に散布した場合の 1 平方センチメートルに含まれるアドレス数を求めなさい. ただし, 有効桁数を 3 桁とする.

3.2 IPv6 アドレスの表記, 種類, 構造

下記の IPv6 アドレスについて問に答えなさい.

　fd00:0000:1234:0002:0000:0000:0000:0001

(1) 上記 IP アドレスを省略表記しなさい.

(2) アドレスの種類を述べなさい.

(3) アドレスの構造を解析しなさい.

3.3 ユニークローカルユニキャストアドレス

ユニークローカルアドレスのグローバル ID の取りうるビットパターンの数を m とし, ユニークローカルアドレスを運用するサイトを n として, それぞれのサイトがランダムにグローバル ID を決定したとき, すべての ID が異なる確率 $P(n, m)$ を求めなさい. ユニークローカルアドレスを運用するサイト数がそれぞれランダムにグローバル ID を決定したとき, グローバル ID が重複する確率を求めなさい. また, $n = 1000, 2^{20}$ として, 重複する確率の概算を求めなさい.

3.4 リンクローカルアドレスとマルチキャストアドレス

自分の使用している PC やスマートフォンの MAC アドレスを調べ, 次の問に答えなさい.

(1) 改 EUI-64 形式を用いて IPv6 リンクローカルアドレスを求め, 機器に設定された IPv6 アドレスと比較しなさい. (ISP の運用によって異なる場合がある)

（2）要請ノードマルチキャストアドレスを求めなさい.

（3）当初から参加しているリンクローカルマルチキャストアドレスは何か.

3.5 IPv6 集約アドレス

図 3.11 で A, B, C, D がすべて相互接続していた場合, A の経路制御表はどのようになるか, また, 相互接続と集約度の変化を考察しなさい.

参考図書・サイト

1. 志田 智 他, 「マスタリング TCP/IP IPv6 編 第 2 版」, オーム社, 2015

2. IETF, https://www.ietf.org/

3. JPNIC, https://www.nic.ad.jp/ja/ip/ipv6/

コラム❶ IoT と IP アドレス

インターネットの道のりを概観すると, 1970 年代にインターネットの通信技術である TCP/IP が標準化され, 1980 年代にはネットワークが拡大していきました. 1990 年代は WWW のコンテンツが充実し, 2000 年代にはインターネットサービスが社会活動を支えるようになりました. それと同時にモバイル環境やクラウドサービスが整い, 2010 年代には誰もが自由にインターネットを利用できるようになりました. さらに, 人が端末を使用するというインターネットの利用形態の枠が取り去られ, あらゆるモノをインターネットに接続しようという IoT(Internet of Things, モノのインターネット)が広まりました. IPv6 の検討では, 広大なアドレス空間を使ってすべてのネットワーク機器にグローバル IP を付与して End-to-End サービスを提供しようと考えられていましたが, IoT の普及によって生じる膨大な機器に対してグローバル IP アドレスの付与が実現するのか危ぶまれています.

4 IPv6 パケット配送

要約

IPv6 はアドレス空間の拡大だけでなく通信方式についても IPv4 から大幅に改良されている．本章では，IPv6 パケットの構造と配送方式について述べる．また，IPv4 と IPv6 の共存技術についても取り上げる．

4.1 IPv6 パケット配送の特徴

IPv6 で，パケット配送方式に関して IP4 から改良された点には次のようなものがある．

(1) パケットヘッダーの簡略化，構造化

パケットヘッダーには配送に必要な制御情報が格納されているため，配送方法とパケットヘッダーには密接な関係がある．IPv6 ではパケットの配送方式とともにパケットヘッダーが大幅に見直された．たとえば，IP ヘッダーは IPv4 では 1 つで可変長であったが，IPv6 では固定長の基本ヘッダーと拡張ヘッダーに分けている．通信に必須な情報は基本ヘッダーに格納し，IP フラグメンテーションのような付加的な処理の情報は拡張ヘッダーに格納される．

また，IPv4 ではヘッダーのビット誤りをチェックする機構があったが，上位層でもチェックされるため IP レベルでのチェックを止め，不要になったヘッダーチェックサムが除かれている．

(2) パケット配送に関わるプロトコルの統合

IP パケット配送は，IP だけでなく複数のプロトコルが連携して行われる．IPv4 では，ICMP と ARP が連携して配送していたが，IPv6 では，ARP の機能は ICMPv6 に統合された．また，IPv4 では ARP の問合せにブロードキャストが用いられていたが，ブロードキャストはネットワーク内の無関係なノードにもパケットが配送され，不用な通信負荷が発生する．そこで，IPv6 では，ブロードキャストの代わりにマルチキャストを用いている．マルチキャストを用いるにはマルチキャストメンバーの管理が必要である．この機能は，IPv4 ではマルチキャスト通信向けのプロトコル IGMP が持っていたが，IPv6 ではこのプロトコルも ICMPv6 に統合された．IPv6 マルチキャストのメンバー管理については 7.7 節で述べる．

（3）経路 MTU 探索

IP フラグメンテーションすなわちパケットを分割することは負荷の大きい処理であるが，データリンクの MTU の制約があるため，対応せざるをえない．経路 MTU 探索はルーターでの IP フラグメンテーションを避けるため IPv4 に追加された機能であるが，IPv6 では一部改良され必須の処理として含まれている．

（4）セキュリティ機能

IPv4 が発表された 1980 年代の初めは，現在とは異なりセキュリティに対する認識が高くなかった．そのため，データの保護はアプリケーションプロトコルに委ねられ，IP パケットは保護されることなく配送されていた．1990 年代の IPv6 の検討の中で IP パケットの偽造防止，盗聴防止のため IPsec が発表された．IPsec は，IP パケットにメッセージ認証機能を付加し暗号化送信をするためのプロトコルである．その後，IPsec は IPv4 パケットの保護にも用いられるようになり，VPN の構築などで利用されている．IPsec に関しては第 11 章で述べる．

（5）モバイル IP 機能（Mobile IPv6）

この機能は，ユーザが端末をもって広域を移動する場合もアドレスの設定を変えずにネットワークに接続できる仕組みであるが，本書では省略する．

（6）IPv4-IPv6 共存技術

これは改良点ではないが重要な技術である．当然ながら IPv6 は，IPv4 の後から標準化されているため，IPv6 を試験運用されたときにはすでに IPv4 によるネットワークが広まっていた．しかし，説明してきたように IPv4 は多くの問題を抱えているため，IPv4 はいずれ廃止され IPv6 になるだろうと考えられた．しかし，同階層の通信技術であるため，IPv4 と IPv6 のネットワークを構成すると別々のネットワークにならざるを得ない．そこで，IPv4 が IPv6 へ移行するまでの間，IPv4 ネットワークと IPv6 ネットワークをインターネットとして統合された 1 つのネットワークとして運用する仕組みが検討され，IPv4-IPv6 移行技術と呼ばれた．しかし，現在では，IPv4 ネットワークが広く普及し情報基盤として活用されている．問題点を克服する技術も付加され，将来的にも使われていく様相を見せている．そこで，この技術は IPv4-IPv6 共存技術と呼ばれるようになっている．

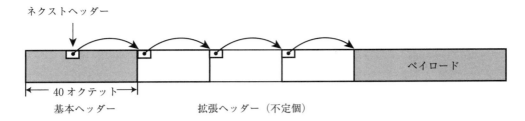

図 4.1　IPv6 パケットの構造

4.2 IPv6 ヘッダーの構造

図 4.1 に IPv6 パケットの構造の概要を示す．ヘッダーの後にペイロードが続く形式は IPv4 パケットと同じだが，IPv6 のヘッダーは単一の構造ではなく，**基本ヘッダー**と**拡張ヘッダー**で構成されている．

IPv4 のヘッダーにはオプション部分があって可変長であったのに対し，IPv6 ヘッダーの基本ヘッダーは固定長である．基本ヘッダーが固定長であるとヘッダー長の判定処理などが不要になり，ルーターの負荷が軽減できる．

拡張ヘッダーには6つの種類があり，付与する順番が決まっている．基本ヘッダーの後に続く拡張ヘッダーは，**ネクストヘッダー**というフィールドで指定されている．拡張ヘッダー自身もネクストヘッダーフィールドをもっており，次に続く拡張ヘッダーを指定する．このようにネクストヘッダーでヘッダーを次々とリンクさせることによって，不特定数の拡張ヘッダーを追加することができる．

なお，64bit マシンで高速に処理するため，ヘッダーやオプションはすべて8オクテット単位に構成されている．

4.2.1 基本ヘッダー

IPv6 の基本ヘッダーを図 4.2 に示す．最初の8オクテットには IP 制御情報が格納されており，その後に送信元 IPv6 アドレスと宛先 IPv6 アドレスが続く．IPv4 ヘッダー（オプションなし）と比較してみよう．IPv4 では IP 制御情報を格納する部分は 12 オクテットあり，IP フラグメンテーション関係のデータを格納する部分が4オクテット含まれていたが，これは IPv6 の基本ヘッダーには含まれないため，制御情報の格納部分は8オクテットに減少している．

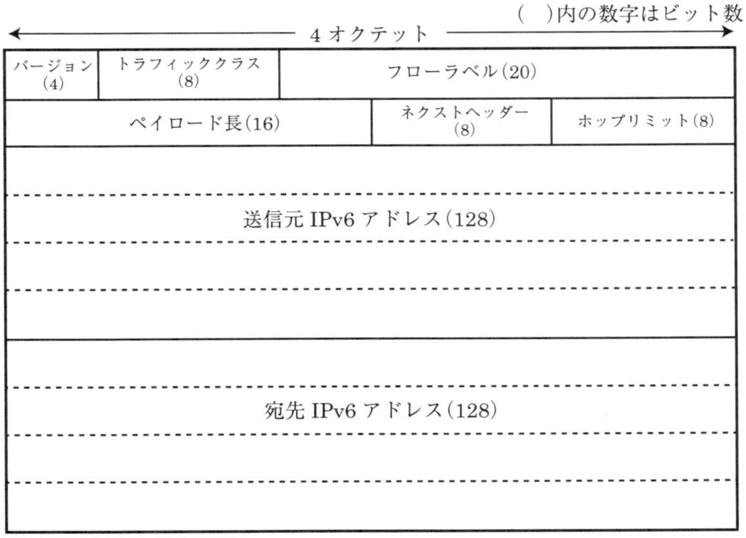

4.2 IPv6 ヘッダーの構造

（　）内の数字はビット数

バージョン (4)	トラフィッククラス (8)	フローラベル (20)	
ペイロード長 (16)		ネクストヘッダー (8)	ホップリミット (8)
送信元 IPv6 アドレス (128)			
宛先 IPv6 アドレス (128)			

◄──────── 4 オクテット ────────►

図 4.2 IPv6 基本ヘッダー

　その一方，IPv4 アドレスは 4 オクテットであるのに対し，IPv6 アドレスは 16 オクテットであるため，送信元と宛先の 2 つのアドレスを格納する部分は 8 オクテットから 32 オクテットに増加している．制御情報とアドレス情報の部分を合計すると，IPv4 ヘッダー（オプションなし）は 20 オクテットに対し，IPv6 の基本ヘッダーは 40 オクテットと 20 オクテット増加している．

　IPv6 の基本ヘッダーの制御情報は次のようなものである．

バージョン：IP のバージョン．IPv6 では 6 である．

トラフィッククラス：フローを分類したクラス．QoS 制御（第 6 章）での利用が検討されている．

フローラベル：フローにつけられるラベル．QoS 制御での利用が検討されている．

ペイロード長：ペイロード長と拡張ヘッダー長の合計サイズ．言い換えると IPv6 パケットから基本ヘッダーを除いた部分である．

ネクストヘッダー：拡張ヘッダーがなければ上位プロトコルの番号で，拡張ヘッダーがある場合は次に続く拡張ヘッダーのプロトコル番号である．

ホップリミット：パケットの寿命を表す数値で IPv4 では TTL と呼んでいたものである．送信元ノードで初期値が設定され，ルーターを超えるたびに 1 減らされていき，0 になったパケットは廃棄される．

4.2.2　IPv6 拡張ヘッダー

IPv6 の通信オプションすなわち付加的な制御情報は**拡張ヘッダー**に格納される．図 4.3 に拡張ヘッダーの構造と種類を示す．どの種類の拡張ヘッダーも先頭 2 オクテットは共通しており，ネクストヘッダーと拡張ヘッダー長が入る．その後のフィールドは各拡張ヘッダーによって異なる．このような構造によって拡張ヘッダーを次々と連結していくことができる．しかし，処理の順番が変わると全体の動作が変わる可能性があるため，拡張ヘッダーの種類によって付加する順番が推奨されている．

IPv6 拡張ヘッダーを推奨付加順に挙げる．

(1)ホップバイホップオプションヘッダー

宛先ノードを含む経路上の各ノードで処理されるオプションの制御情報を運ぶヘッダーである．ホップバイホップオプションの例として**ジャンボグラム(ジャンボペイロード)**オプションが挙げられる．基本ヘッダーのペイロード長フィールドは 2 オクテットであるため，約 64kB 以上のペイロード長は表せない．ジャンボグラムとはこのような大きなパケットのことである．しかし，IPv6 では，約 4GB までのサイズのパケットを作ることができ，データリンクの MTU が大きければ 1 つのパケットで送信することができる．そのようなとき，ペイロードサイズをジャンボペイロードオプションに格納して送信する．ホップバイホップオプションは QoS を確保する場合にも用いられる．

(2)終点オプションヘッダー

宛先ノードで処理されるオプションのヘッダーで，Mobile IPv6 で用いられている．なお，終点オプションヘッダーは拡張ヘッダーの最後に置かれる場合がある．

(3)経路制御ヘッダー

送信元ノードが，宛先ノードに到達するまでに立ち寄るノードを指定することができる．これは送信元で通信経路を指定するソースルーティングを行うためのヘッダーである．しかし，ここに特定の 2 ノードを交互に書き込んだ多数のパケットを送信すると，その 2 ノード間の通信帯域が圧迫され，通信が妨害される．そのため立ち寄るノード数は限定されている．

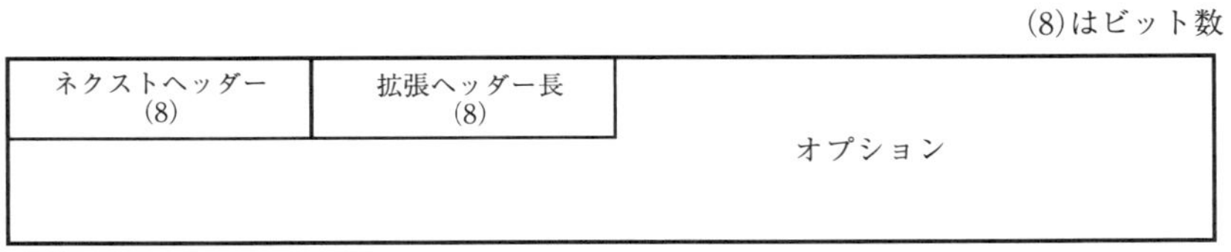

4.2 IPv6 ヘッダーの構造   65

(8)はビット数

ネクストヘッダー (8)	拡張ヘッダー長 (8)	オプション

拡張ヘッダー	記号	No.	内 容
ホップバイホップオプションヘッダー	HOPOPT	0	各ノードで処理される
終点オプションヘッダー	IPv6-Opts	60	宛先ノードで処理される
経路制御オプションヘッダー	IPv6-Route	43	立寄りノードの指定
フラグメントヘッダー	IPv6-Frag	44	フラグメントオフセット
認証ヘッダー	AH	51	認証情報
暗号化ペイロード	ESP	50	暗号化されたペイロード

図 4.3　IPv6 拡張ヘッダーの構造と種類

(4) フラグメントヘッダー

　パケットが，パス MTU すなわち通信路の各データリンクの最小 MTU よりも大きいとき，IP フラグメンテーションによってペイロードは分割送信される．このとき，分割されたペイロードをフラグメント（断片）といい，フラグメントヘッダーにはオフセットすなわち復元するときの位置が格納されている．

(5) IPsec 関連ヘッダー

　IPsec は，IP パケットにメッセージ認証機能を付加し，暗号化する技術である．メッセージ認証では認証コードを生成してメッセージと一緒に送信する必要がある．AH の主な目的はパケットの認証で，ESP はペイロードやパケット全体の暗号化である．AH の主な内容は，SPI（Security Parameter Index），シーケンス番号および認証データで，ESP は暗号化データを含む．詳細については，第 11 章で述べる．

タイプ		内容
1	宛先到達不能	0 経路がない　1 禁止　3 アドレス到達不能　4 ポート到達不能
2	パケットサイズ過大	MTU（経路 MTU 探索と IP フラグメンテーション）
3	時間超過	0 ホップリミット超過　1 フラグメントの再構成時間超過
4	パラメータ問題	0 ヘッダー不正　1 ネクストヘッダー不正　2 オプション不正
128/129	エコー要求／応答	到達チェック，RTT 計測
130~132	マルチキャストリスナー	130 リスナー問合せ　131 リスナー報告　132 リスナー終了
133/134	ルーター要請／広告	IP アドレス自動生成，ネクストホップ探索
135/136	ネイバー要請／広告	MAC アドレス取得，IP アドレス重複チェック
137	リダイレクト	宛先に対するネクストホップを送信元に通知
138	ルーターリナンバリング	IP アドレスの更新

図 4.4　ICMPv6 パケットの構造

4.3　IPv6 パケットの配送

4.3.1　ICMPv6 と制御情報の交換

　IPv6 の制御情報の交換は ICMPv6 で行われる．ICMPv6 パケットの構造を図 4.4 に示す．ICMPv6 は IPv6 パケットの 1 つで IP ヘッダーの後にメッセージの意味を表すタイプと情報コードが格納される．タイプによってはメッセージボディを持つものもある．

　IPv4 通信では，ICMP は主にデータパケットの配送状況を送信元ホストに知らせる役割をもっていた．この機能は ICMPv6 も継承しており，次の 4 つのタイプのメッセージによって現象，情報コードによってその理由を送信元ノードに通知する．

　宛先到達不能メッセージは，宛先ノードに到達できなかったとき通知されるものである．経路がないというのはネクストホップが見つからないことを示している．1 はファイアウォールなどで通信禁止されている場合で，3 はサブネットまでは到達したが IP アドレスに該当するホストがない，4 は，ホストは見つかったがポートが閉じられているなどの理由で配送できなかったことを表している．

　パケットサイズ過大メッセージは，経路 MTU 探索で用いられるもので，ノードは MTU を超えるパケットが到達するとパケットを破棄し，このメッセージで MTU を送信元ノードに通知する．

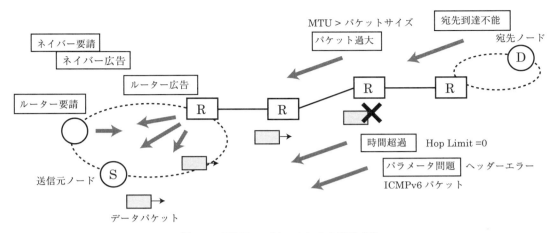

図 4.5 ICMPv6 パケットによる情報交換

時間超過メッセージは，ノードがホップリミット 0 または 1 のパケットを受信した時，パケットを破棄してその旨を送信元に通知する．また，IP フラグメンテーションが発生したが，フラグメントからペイロードを時間内に復元できない場合もこのメッセージで送信元ノードに通知する．

パラメータ問題メッセージは，ノードがチェックサムなどでヘッダーに問題を発見した時，エラーの検出場所を送信元ノードに通知する．

以上のメッセージは，1280 オクテットを超えない範囲で原因となったパケットも返信する．また，**エコー要求**，**エコー応答**各メッセージは，到達チェックや計測に用いるメッセージで，ping6 コマンドや traceroute6 コマンドがある．

図 4.5 に ICMPv6 パケットによる情報交換のイメージを示す．ICMPv6 関連用語では，サブネットのことをリンクとも呼ぶ．"同じサブネット内"のことを**オンリンク**といい，オンリンクのノードを**ネイバー(neighbor node，近隣ノード)** という．IP アドレスの自動生成やパケット配送をする際には，近隣ノードの情報交換が重要であるが，IPv6 ではこの情報交換を ICMPv6 の**ルーター要請/ルーター広告**と**ネイバー要請/ネイバー広告**というメッセージを用いて行なっている．要請(Solicitate)は情報を求めるメッセージで，広告(Advertise)は情報を通知するメッセージである．要請メッセージをリンク内にマルチキャストで送信すると，受信ノードが広告メッセージをマルチキャストで応答する仕組みになっている．ルーターなどが広告メッセージを能動的に送信する場合もある．

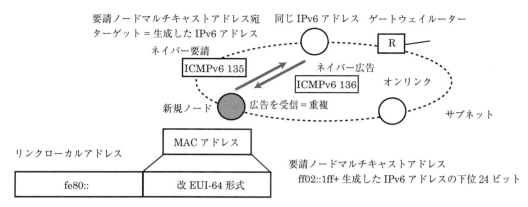

図 4.6 リンクローカルアドレスと重複検出

4.3.2 IPv6 アドレスの生成と重複検出

IPv6 のネットワークにノードが接続されると，図 4.6 に示すように IPv6 アドレスが自動生成される．これは次のような手順で行われる．

(1) リンクローカルアドレスの生成

インターフェイス ID は第 3 章で述べた改 EUI-64 形式の ID によって決定される．リンクローカルアドレスのサブネットプレフィックス fe80:: をインターフェイス ID と組み合わせることにより，リンクローカルアドレスが自動生成される．

(2) **DAD**（Duplicated Address Detection，アドレスの重複検出）

次に生成したリンクローカルアドレスが他のノードですでに使用されていないかどうか調べる．すべてのノードは要請ノードマルチキャストアドレスに参加していることを思い出そう．要請ノードマルチキャストアドレスには自分だけが参加しているはずであるが，もし，他に同じアドレスのノードがあれば，そのノードもこの要請ノードマルチキャストアドレスに含まれている．そこで，要請ノードマルチキャストアドレスに ICMPv6 ネイバー要請メッセージを送信する．もし，ネイバー広告メッセージが返ってくれば，返してきたのは同じアドレスのノードであるからアドレスが重複していることがわかる．返ってこなければ重複していない．要請ノードマルチキャストアドレスによる重複チェックは，厳密にいえば，MAC アドレスのベンダー内 ID に由来する部分が重複するかどうかを調べている．

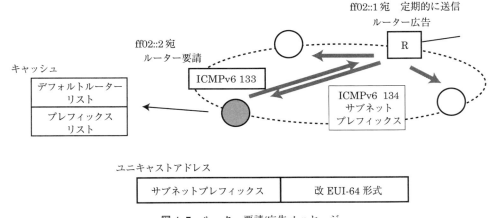

図 4.7 ルーター要請/広告メッセージ

(3) ユニークローカルアドレスやグローバルユニキャストアドレスの生成

どのようなユニキャストアドレスでも，同じサブネットにある近隣ノードは同じサブネットプレフィックスをもつ．そこで，図 4.7 に示すように，これを同じサブネットすなわちオンリンクのルーターから取得する．ルーターは，ICMPv6 の**ルーター広告メッセージ**のオプションにサブネットプレフィックスを格納して，定期的に全ノードマルチキャストアドレスに送信している．オンリンクの，すなわちサブネットに接続したすべてのノードはこのメッセージを受信するため，サブネットプレフィックスを取得することができる．取得したサブネットプレフィックスは**プレフィックスリスト**に登録する．各ノードは，ルーター広告メッセージの送信元ルーターを**デフォルトルーターリスト**に登録しておき，再利用する．

プレフィックスリストには有効期限があるため，プレフィックスリストからサブネットプレフィックスを取得できない場合は，ルーターに**ルーター要請メッセージ**を送信してルーター広告を促すことができる．

ノードは，こうして取得したサブネットプレフィックスを，改 EUI-64 形式で生成したインターフェイス ID と組み合わせて IPv6 アドレスを完成する．

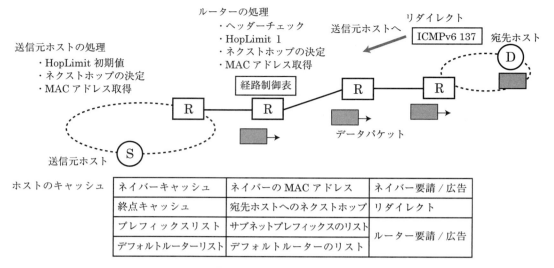

図 4.8 IPv6 パケット配送

4.3.3 IPv6 パケット配送の概要

IPv6 パケットの配送手順の概要は IPv4 とほぼ同じである．

送信元ノードは，上位層からデータと宛先 IP アドレスを受け取ると，IPv6 ヘッダーを付与して IPv6 パケットを生成する．次にネクストホップを決定し，ネクストホップの IPv6 アドレスを取得する．さらにその IPv6 アドレスを持つノードの MAC アドレスを取得し，データリンク層に送信を依頼する．

ルーターでは，パケットを受信した後，IPv6 ヘッダーのホップリミットを確認して，0 か 1 であればパケットを破棄し，ICMPv6 パケットで通知する．そうでなければホップリミットを 1 減らす．次に経路制御表を参照してネクストホップを決定し，ネクストホップの IPv6 アドレスから MAC アドレスを取得して送信する．パケットを送信できない場合はパケットを破棄し，送信元ホストに理由や付随する情報を ICMPv6 パケットで通知する．

宛先ノードでは，パケットを受信して IPv6 ヘッダーを取り去り上位層へ渡す．

また，IPv6 パケット配送の過程では，経路 MTU 探索を伴う IP フラグメンテーションを行う．これについては 4.3.6 項で述べる．

4.3.4 ネクストホップの決定

送信元ノードでは次のキャッシュを参照してネクストホップを決定する．
 (1) 終点キャッシュ：宛先ノード IPv6 アドレスとネクストホップ
 (2) プレフィックスリスト：同一リンク上にあるとみなせるプレフィックス
 (3) デフォルトルーターリスト：デフォルトルーターのアドレス

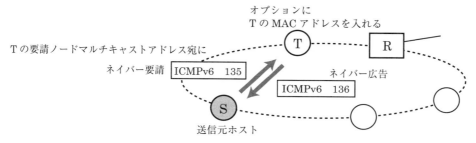

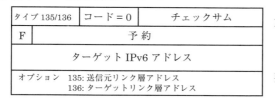

図 4.9 MAC アドレスの取得

IPv6 では，一度通信が行われると，ルーターは宛先ノードへのネクストホップの情報を**リダイレクトメッセージ**で送信元ノードに通知する．そこで送信元ノードは宛先ノードとネクストホップのプレフィックスを**終点キャッシュ**に一時保存する．そこで，パケットを送信するとき，まず終点キャッシュを参照して宛先ノードの該当があればネクストホップを取り出す．終点キャッシュになければ，プレフィックスリストを参照する．宛先ノードのプレフィックスがリストにあれば，送信ノードと宛先ノードは同一リンクにある（**オンリンク判定**）．なければ，ルーターから外部へ送信しなければならないため，**デフォルトルーターリスト**の中からネクストホップとなるルーターを選定する．このようにしてネクストホップの IPv6 アドレスを得る．なお，ルーターはデフォルトルーターリストを持たないため，経路制御表を検索してネクストホップを求める．

4.3.5 MAC アドレスの取得

図 4.9 に示すように，送信元ノードは，まず，以前に取得した MAC アドレスが格納された**ネイバーキャッシュ**を参照する．なければ，**ネイバー要請メッセージ**をネクストホップの要請ノードマルチキャストアドレスに送信する．このとき，ネイバー要請メッセージのターゲット IPv6 アドレスフィールドにネクストホップの IPv6 アドレスが書き込まれ，送信元リンク層オプションには送信元の MAC アドレスが格納されている．受信したノードは送信元ノードに対して**ネイバー広告メッセージ**を返信する．ネイバー広告メッセージの**ターゲットリンク層アドレスオプション**にはネクストホップの MAC アドレスが格納されている．こうして，送信元ノードはネクストホップの MAC アドレスを取得する．要請ノードマルチキャストアドレスを使用することで不必要な通信の発生が避けられる．

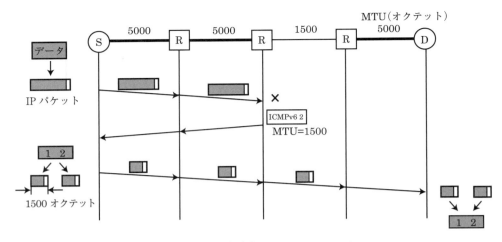

図 4.10 経路 MTU 探索と IP フラグメンテーション

4.3.6 経路 MTU 探索と IP フラグメンテーション

MTU はデータリンクが送信できるパケットの最大サイズである．そのため，経路上の最小 MTU より大きいデータは分割しなければ送信できない．送信元は，最初のデータリンクの MTU しかわからないため，その値で分割して送信する．図 4.10 に示すようにパケットが通信経路をホップしていく途中でより小さい MTU をもつデータリンクに遭遇すると，その手前のルーターが ICMPv6 の**パケット過大メッセージ**を送信元に送り MTU を通知する．それを繰り返すと宛先ノードに到達でき，送信元が通知された最後の MTU は経路上の最小値すなわち**経路 MTU** となっている．このようにして送信しながら経路 MTU を発見する方法を**経路 MTU 探索**といい，IPv4 でも用いられている．経路 MTU は送信元の宛先キャッシュに一時保存され再利用される．なお，ペイロードがフラグメントに分割された場合，オフセットの位置などの分割情報は拡張ヘッダーに格納される．

一方，IPv6 ではデータリンクが 1,280 オクテット以上の MTU をもつことを前提としているため，送信するパケットサイズが 1,280 オクテット以下であれば，送信元では経路 MTU 探索や MTU キャッシュがスキップされる．ただし，暗号化などのためカプセル化されるとパケットサイズが大きくなって IP フラグメンテーションが発生する可能性があるため，MTU の調整が可能なデータリンクでは 1500 オクテット以上の値を設定することが推奨されている．

IP フラグメンテーションが起こらないパケットでは IP フラグメンテーションは不要である．IP フラグメンテーションはルーターに負荷をかけるため，インターネットサービスの主な通信である TCP 通信ではトランスポート層レイヤーで分割を行う．また，音声や動画像を送る場合はアプリケーション層で分割して送信するため，IP フラグメンテーションは発生しない．

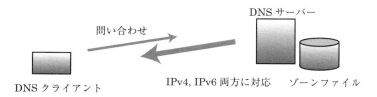

```
正引きゾーンファイルの記述
  earth.abc-u.ac.jp.    IN    A      123.45.67.89
  gliese.xyz.com.       IN    AAAA   abcd:ef01:2345:6789:abcd:ef01:2345:6789

逆引きゾーンファイルの記述
  89.67.45.123.in-addr.arpa                                          IN  PTR   earth.abc-u.ac.jp.
  9.8.7.6.5.4.3.2.1.0.f.e.d.c.b.a.9.8.7.6.5.4.3.2.1.0.f.e.d.c.b.a.ip6.arpa.  IN  PTR   gliese.xyz.com.
```

図 4.11　DNS と IPv6

4.3.7　DNS

DNS は，名前解決，すなわちドメイン名と IP アドレスの変換（トランスポート）をする仕組みである．IPv4 と IPv6 は異なる IP ネットワークであるが，次節で述べるように共存が図られている．そこで，既存の DNS に **IPv6 トランスポート対応** を行い両方の IP に対応できるようにしている．IPv4 も IPv6 も同じゾーンファイルのリソースレコードで取り扱う．これを図 4.11 に示す．

AAAA レコード[1]：IPv4 ではドメイン名から IP アドレスへの対応付けを正引きゾーンファイルの A レコードで行っていた．IPv6 では AAAA レコードで行う．第 3 章で述べた省略表記が可能である．

A6 レコード：IPv6 はアドレス自動設定機能によって変化してしまうことがあるが，ゾーンファイルの更新を容易にするため，サブネットプレフィックス部分とインターフェイス ID を別々に取り扱う．

DNAME レコード：CNAME はホストの別名をつけるレコードであるが，DNAME はドメイン名の一部を読み換えるレコードである．

PTR レコード：逆引きの場合，IPv4 では，IP アドレスを 1 オクテットごとに逆順にして最後に .arpa. をつけていたが，IPv6 では，4 ビットごとに逆順にし，最後に .ip6.arpa. をつける．

---

[1] クアトロ A レコード．

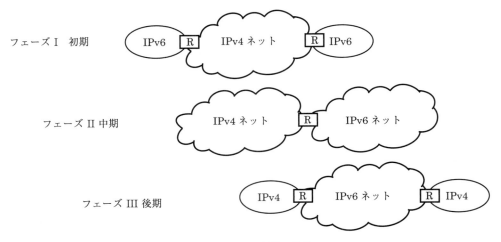

図 4.12 IPv6 移行の段階

4.4 IPv4-IPv6 共存技術

IPv6 が検討された初期の頃，IPv4 から IPv6 への移行については図 4.12 のように考えられていた．移行の初期では，IPv4 のネットワークの中で IPv6 ネットワークが点在しており，IPv4 ネットワークを挟んで IPv6 のネットワーク同士が IPv4 を挟んで通信する形態や IPv6 から IPv4 のコンテンツにアクセスする通信が中心となる．移行が進むと IPv4 から IPv6 へのアクセスが増え，終期には少数派となった IPv4 ネットワークが IPv6 を挟んで通信するようになる．移行の要素技術としては，デュアルスタック，トンネリング，トランスレーションが挙げられる．

現在は，IPv4 の利用が深く浸透しているため，移行というより共存という考え方に変わっているが，移行の要素技術は共存でも用いられるため，図 4.13 では共存技術としている．

図 4.13(a) に示す**デュアルスタック**とは，IPv4 にも IPv6 にも対応できるノードのことで，相手が IPv4 なら IPv4 で，相手が IPv6 なら IPv6 で対応するというものである．移行の準備としてデュアルスタックの機器を導入しておくと，IPv4 通信を行いながら状況を見て IPv6 へ速やかに移行することができる．日本や欧米では主に IPv4 ネットワークが使われているが，コンピュータやスイッチはほとんどデュアルスタック化されている．

4.4 IPv4-IPv6 共存技術

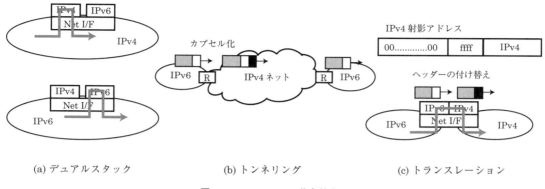

(a) デュアルスタック　　(b) トンネリング　　(c) トランスレーション

図 4.13　IPv4-IPv6 共存技術

(b)の**トンネリング**は，IPv4 ネットワークを挟んだ IPv6 ネットワーク間で通信するとき，IPv6 パケットに IPv4 ネットワーク内を通過させる技術である．パケットが IPv6 ネットワークを出て IPv4 のネットワークに入るとき，ゲートウェイルーターで IPv4 のヘッダーがつけられ，宛先ノードが属する IPv6 ネットワークのゲートウェイルーターに送られる．IPv6 のネットワークに入る時，このヘッダーは取りはずされる．このようにヘッダーをつけてネットワークを通過させることを**カプセル化**という．逆に，IPv6 ネットワークを挟んだ IPv4 ネットワーク間で通信するときは IPv4 パケットをカプセル化して IPv6 ネットワーク内を通過させる．カプセル化は第 11 章で述べる VPN でも用いられている．

(c)の**トランスレーション**は，IPv4-IPv6 ネットワーク間での通信で，ゲートウェイルーターでアドレスの変換を行う．**IPv4 射影アドレス**は，トランスレーションで IPv4 のアドレスを IPv6 ネットワークで扱うためのアドレスである．

なお，IPv4-IPv6 共存の技術は活発に検討されており，変化していく可能性が高い．

キーワード

【IPv6 ヘッダーの構造】

基本ヘッダー，拡張ヘッダー，トラフィッククラス，フローラベル，ネクストヘッダー，ホップリミット，ホップバイホップションヘッダー，ジャンボグラム，終点オプションヘッダー，経路制御ヘッダー，フラグメントヘッダー

【IPv6 パケットの配送】

宛先到達不能メッセージ，パケットサイズ過大メッセージ，時間超過メッセージ，パラメータ問題メッセージ，エコー要求メッセージ，エコー応答メッセージ，オンリンク，ネイバー，ルーター要請/ルーター広告メッセージ，ネイバー要請/ネイバー広告メッセージ，DAD，プレフィックスリスト，デフォルトルーターリスト，リダイレクト，ネイバーキャッシュ，ターゲットリンク層アドレスオプション，AAAA レコード，DNAME レコード，PTR レコード

【IPv4-IPv6 共存技術】

デュアルスタック，トンネリング，トランスレーション，IPv4 射影アドレス

章末課題

4.1　IPv6 パケットの構造
IPv6 でヘッダーを基本ヘッダーと拡張ヘッダーに分けるメリットを述べなさい．また，基本ヘッダーと拡張ヘッダーに格納される制御情報の例を挙げなさい．

4.2　IPv6 パケットのサイズ
Ethernet に 5MB のデータを UDP で送信したとき，IPv6 で送信した場合のパケット数を IPv4 の場合と比較しなさい．また，IP パケット全体のデータ量を比較しなさい．ただし，以下を仮定して計算しなさい．
- ・B（バイト）の補助単位は 1024 倍毎に増加する．
- ・Ethernet の MTU は 1500oct である．
- ・IPv4 で送信する場合，ヘッダーオプションはない．
- ・IPv6 で送信する場合，拡張ヘッダーのフラグメントオフセットオプションは 2oct である．

4.3　IPv6 アドレスの自動取得
ユニキャストアドレスの取得の仕組みをまとめなさい．

4.4　MAC アドレス解決
IPv4 におけるブロードキャストの問題を，IPv6 ではどのように解決したか説明しなさい．

4.5　経路選択
IPv4 の経路選択の問題を IPv6 ではどのように解決しようとしているか説明しなさい．また，第 2 章で述べた MPLS，TCAM の解決方法と比較しなさい．

4.6　経路 MTU 探索と IP フラグメンテーション
IPv6 における経路 MTU 探索と IP フラグメテーションで，IPv4 から変更された点をリストアップしなさい．

4.7 研究課題 IPv4 と IPv6 の共存

IPv6 の普及状況とどのような共存技術が用いられているか調べなさい.

参考図書・サイト

1. 志田 智 他,「マスタリング TCP/IP IPv6 編 第 2 版」, オーム社, 2015
2. IETF, https://www.ietf.org/
3. JPNIC, https://www.nic.ad.jp/ja/ip/ipv6/

コラム❷ MAC アドレス解決とブロードキャスト

　ホスト間通信は IP 通信ですが, 隣接ノード間の通信はデータリンク通信であるため, パケットを送信するには宛先の MAC アドレスが必要です. MAC アドレスを取得するには送信したい隣接ノード, すなわち宛先ステーションに聞いてみればよいのですが, 宛先ステーションの MAC アドレスがわからなければ問い合わせの通信もできません. そこで, どうやって MAC アドレスを取得するのかというのが問題の出発点です.

　全員に聞いてみればいいというのが, IPv4 のブロードキャストによる MAC アドレス解決です. IPv4 が策定された頃はバス型のメディア共有型ケーブルデータリンクが主流でした. メディア共有型ではフレームをデータリンクに送信すると, すべてのステーションに信号が届きます. すなわちブロードキャストは極めて自然な通信です. しかし, メディア共有型のデータリンクにはパケット同士の衝突(コリジョン)という問題があるため, 現在はスター型のメディア非共有型のスイッチが主流になっています. メディア非共有型のスイッチでブロードキャスト通信をするには各ステーションそれぞれにフレームを送信しなければなりません. しかし, MAC アドレス解決でフレームを届けたいのは 1 ステーションだけなのです. そこで考案されたのが IPv6 の要請ノードマルチキャストアドレスです. 要請ノードマルチキャストアドレスは新しいノードがネットワークに接続されたとき生成され, そのノードしか登録されていません. 第 7 章で述べるようにマルチキャストアドレスはラストホップルーターがリスナーを管理しており, マルチキャストアドレス宛てのパケットを登録されているリスナーだけに送信します. そこで, MAC アドレス解決をするとき要請ノードマルチキャストアドレスに送れば, ラストホップルーターであるスイッチが受け取って該当するノードだけに送信してくれるのです.

5 ストリーミング

要約

第Ⅱ部では，マルチメディア通信に関連した技術について学ぶ．高精細なマルチメディアのライブ配信やビデオ会議は，リアルタイム通信をベースにしたストリーミングの技術が用いられており，関連する主なプロトコルは，データ伝送を行う RTP/RTCP とセッションを管理する RTSP および SIP である．本章では，マルチメディアのストリーミングおよびこれらのプロトコルについて述べる．

5.1 マルチメディアと通信

マルチメディアは"複数種類が合体した情報伝達の媒体"といった意味であるが，実際には主にコンピュータで扱われる音声付きの動画を指している．この音声付きの動画を本書では**メディアデータ**と呼ぼう．マルチメディア通信の例としては，オンデマンド視聴が挙げられる．**オンデマンド視聴**とは，メディアデータをサーバーに蓄え，ユーザーが選択して視聴することである．図 5.1 (a) に示すように，ローカル PC や TV から映画や音楽の配信サイトにアクセスし，ユーザーがコンテンツを選択して HTTP や FTP でダウンロードし，視聴する．

一方，コンサートやスポーツなどのライブ配信では公演や試合の模様が進行と同時に多数の視聴者に配信され再生される．再生されたデータがローカルホストに保存されることはない．各瞬間の映像と音声が，ビデオカメラでキャプチャー（取り込むこと）され，圧縮，配信，再生，廃棄と，連続的に処理されていく．この様子を小川の流れに例えて**ストリーム**といい，このようなメディアデータの通信方式を**ストリーミング**という．この様子を図 5.1 (b) に示す．

オンデマンド視聴やストリーミングを行うための通信方式として，**プログレッシブダウンロード**が広く用いられている．プログレッシブダウンロードでは，メディアデータを HTTP や FTP でダウンロードするが，ダウンロードの完了を待たずにデータの再生を始める．それにより，ダウンロードが完了してから再生するよりも小さい待ち時間で視聴が開始できる．

5.1 マルチメディアと通信

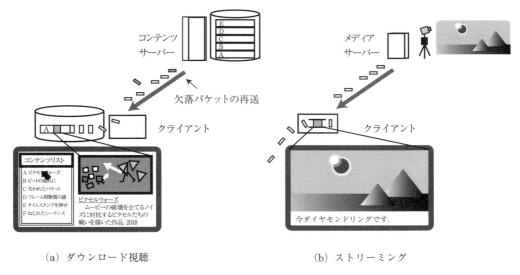

(a) ダウンロード視聴　　　　(b) ストリーミング

図 5.1　ダウンロード視聴とストリーミング

　また，ダウンロードはクライアント側にデータが保存されることを意味しているが，映画や音楽データの著作権を守るためにはデータは保存できないほうが都合がよい．そこで，プログレッシブダウンロードでは取得したデータをハードディスクでなくキャッシュに一時保存し，再生後すぐにデータを廃棄する．また，ダウンロードに用いる HTTP や FTP プロトコルは TCP を用いて高信頼性データ転送を行うため通信中に画質や音質が劣化することはなく，送信元の画質や音声品質を忠実に再生することができる．しかし，高信頼性通信ではパケットの到着の間隔の揺らぎ(**ジッター**)やパケットの再送による遅延が発生し，キャプチャー速度と受信側の再生速度を合わせる**等時性**確保の仕組みもない．そこで，プログレッシブダウンロードでは，再生の開始を一定時間遅らせることによって揺らぎや遅延を吸収し等時性を確保している．

　しかし，さらに高品質なストリーミングを行うためには時間を管理する機能をもった**リアルタイム通信プロトコル**を用いる必要があり，そのプロトコルを用いた通信が本来のストリーミング通信である．これに対してプログレッシブダウンロードは**擬似ストリーミング**と呼ばれているが，システムの構成が容易なため，オンデマンド視聴やストリーミングタイプの通信に広く用いられ，高速化が図られている．

　ところで，音声や映像はアナログ情報であるため，キャプチャー直後に**圧縮符号化**という方法でデジタルデータが生成される．また再生するときはデジタルデータからアナログ情報に戻さなければならない．これを**復号化**という．音声や動画の圧縮符号化と復号化は**コーデック**（CODEC）[1] というソフトウェアや装置で行われる．本書では，CODEC によって生成された音声データや動画データの送受信を扱い，圧縮符号化や復号化については省略するが，これらの仕組みを学んでおくことを推奨する．

---

[1] CODEC は符号器(encoder)と復号器(decoder)を合体した造語である．

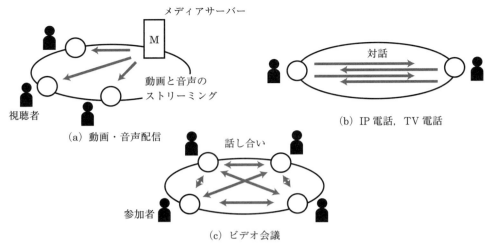

図 5.2 マルチメディア通信の形態

5.2 リアルタイム通信のプロトコル

ストリーミングを用いたマルチメディア通信を実際の利用状況から考えると3つのタイプに分けられる．これを図5.2に示す．

(a)は，いわゆるストリーミング配信で，TV放送の視聴のように1つの送信元が同じデータを複数の参加者に対して同時に送信し，参加者がほぼ同時に視聴するものである．インターネット経由であるため，インフラ部分はケーブルネットワークである．配信元からの距離によって異なる通信遅延が発生するが，等時性が保たれていれば各参加者は違和感なく視聴することができる．また，動画の場合，多少のパケットロスは視聴に影響しない．音声は動画よりも影響を受けやすいが，まったく許容できないわけではない．また，符号化の補完技術によってカバーされる．

(b)は対話型のマルチメディア通信である．IP電話やTV電話を使って2人で話しているような状況である．この場合は，双方が送信者であると同時に受信者である．このような相互の通信を**インタラクティブな通信**という．インタラクティブ通信で通信遅延が大きいと，話している声や映像が相手側で遅れて再生されるため，応答するのに時間がかかりスムーズに会話を行うことができない．そこで，通信には**低遅延性**が求められる．

(c)は参加者が3人以上のビデオ会議である．この場合は，各参加者が配信元となるストリーミング配信が同時に発生しているとみることができる．参加者間で会話が成り立つためには，それぞれのストリーミングに対して(b)と同様に低遅延性が求められ，システムやネットワークに対する要請は(b)よりも厳しい．

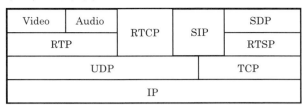

図 5.3 マルチメディア通信のプロトコル

　図 5.3 にはマルチメディア通信のプロトコルスタック[2]が示されている．マルチメディア通信はデータに注目した呼び名であるが，通信の特性としてはデータの欠落より低遅延性が重要であるため，これらのプロトコルはリアルタイム通信のプロトコルと呼ばれる．

　RTP はメディアデータのストリーミング伝送を規定し，RTCP はそれをサポートする情報交換を規定している．**RTP** と **RTCP**[3] は同じ RFC で規定されているプロトコルである．文字すなわちテキストデータは文字コード表に対応づけられたビット列であるため，ビットエラーやビットの欠落があるとまったく復元できない可能性が高い．しかし，メディアデータはアナログ量をサンプリングした値であるため周囲のビットで補完することができ，多少のパケットロスは視聴に差し支えない．非可逆圧縮によってデータ量を削減できるのもそのためである．しかし，時間軸に対する要請は厳しく，再生の等時性が保たれなければ動画も音声も認識できない．そのため，データの流れや時間の整合性をとる必要がある．そこで，RTP/RTCP は下位プロトコルを UDP とし**シーケンス**(パケット順序)と**時間の管理**の機能を持っている．

　また，マルチメディア通信は送受信を行う参加者が複数で，出入りがある．RTP はホスト間というよりも参加者間の通信であり，RTCP で参加者情報も含めて交換される．マルチメディア通信の開始から終了までをセッションというが，**RTSP**，**SDP** はストリーミング配信，**SIP** は IP 電話で，それぞれ，セッションへの参加退出管理を行うプロトコルである．これらの下位プロトコルは TCP である．

　高精細ストリーミングは，これらのプロトコルの他，第 6 章で述べるネットワーク QoS および第 7 章で述べる IP マルチキャストによって実現される．

---

[2] プロトコルスタックとは，階層の上下で組み合わせ可能なプロトコルのことである．
[3] Real-time Transport Protocol，Real-time Transport Control Protocol，RFC3550．

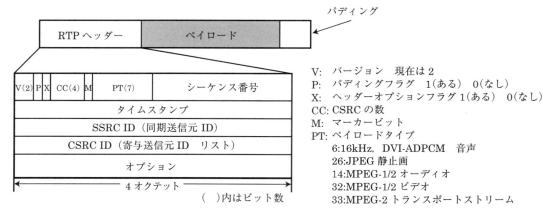

図 5.4 RTP パケットの構造

5.3 メディアデータの配送：RTP

図 5.4 にメディアデータを運ぶ RTP パケットの構造を示す．ここで，ペイロードは送りたいメディアデータである．パディング[4](padding)を付加してパケット全体が 4 オクテットの倍数になるようにしている．RTP ヘッダーは次のようなフィールドで構成されている．

(1) ペイロードタイプ

メディアの種類と圧縮符号化方式の組をペイロードフォーマットといい，ペイロードフォーマットに対応する番号が定められている．静止画/JPEG は 26，音声/16 ビット DVI は 6，ビデオ/MPEG-2 は 32，そのトランスポートストリームは 33 などである．送信側は RTP ヘッダーのペイロードタイプにその番号を記述して送信し，受信側はそれを参照して適切なデコーダで復元する．

(2) シーケンス番号

シーケンス番号はパケットの送出順を表す番号でパケットの到着が前後したことやパケットロスの発生を受信側が把握できる．

(3) タイムスタンプ

ペイロードのメディアデータの最初のオクテットがサンプリングされた時刻を 32 ビットの符号なし整数で表したものである．

---

[4] padding は詰め物という意味で，サイズを合わせるために付け加える 0 ビットのことである．IPv4 などのヘッダーでも使われているが，このようにしておくと長さを判定することなしに 4 オクテット毎に読み込むことができるため処理を高速化できる．

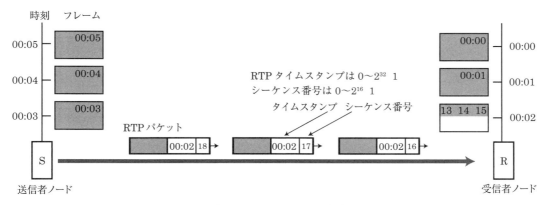

図 5.5 RTPパケットの配送

（4）送信者の情報

SSRC ID はメディアデータの送信者である．通信中にデータの合成が発生した場合は，SSRC ID は合成データの送信者に変わり，元データの送信者は **CSRC ID** に記述される．

その他，オプションの有無を示すフラグ，重要なイベントにつけられるマーカーなどのフィールドがある．

図 5.5 に RTP によるリアルタイム通信の流れを示す．送信者ノードでは，まず，動画がキャプチャーされコーデックによってエンコード（圧縮符号化）される．この動画は**フレーム**と呼ばれる静止画の連続で，各フレームにはキャプチャー時刻を表す**メディアクロック**がつけられている．メディアクロックは 1 つのセッションで一貫している．通常 1 つのフレームは 1 パケットのデータが経路 MTU 以下かもっと小さくなるように分割される．そのため，複数のパケットに同じメディアクロックがついている場合がある．

RTP パケットの生成では，まず，ペイロードからメディアクロックを取得してタイムスタンプをつける．このタイムスタンプは数値の増加割合はメディアクロックと同じである．次にパケットにシーケンス番号を割り当てる．さらにペイロードタイプと送信者情報を含む RTP ヘッダーがペイロードに付与される．RTP パケットには，さらに UDP および IP ヘッダーが付与され，受信者ホストに向けて送信される．

受信側では，パケットから UDP および IP ヘッダーを外し，シーケンス番号順に整列しながらバッファーに書き込んでいく．これに少し遅れて，アプリケーションはバッファーからパケットを取り出し，フレームをデコード（復元）してタイムスタンプの時間間隔にしたがって再生する．この遅延を**プレイアウト遅延**といい，これによって通信中のジッターが吸収され等時性を保った再生が行われる．

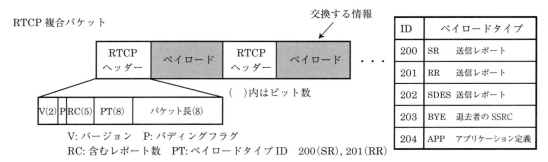

図 5.6 RTCP パケットの構造

5.4 通信状況の通知：RTCP

RTP パケットの送信中，送信者ホストと受信者ホストは定期的に RTCP パケットで制御情報を交換している．RTCP パケットのペイロードには図 5.6 に示すような 5 種類がある．**送信者レポート**（Sender Report, SR）は，送信者が送信する送信記録で，**受信者レポート**（Receiver Report, RR）は，データの受信者が送信する受信状況の記録である．

また，参加者は **SSRC**（Synchronization Source）ID という 4 オクテットの ID で識別され，**ソース記述**（Source Description, SDES）と**退去者リスト**（BYE）で参加者情報を通知している．さらに上位アプリケーションが定義して使えるように**アプリケーション定義**（APP）というタイプが用意されている．これらのパケット種類にはパケットタイプ ID が定められている．

RTCP のパケットヘッダーには，バージョン，パディングフラグ，レポート数，ペイロードタイプ ID，パケット長が書き込まれている．RTCP パケットは複数のパケットをまとめて 1 つのパケットとして送信することができる．また，レポート自体もそれぞれ内部に複数の情報ブロックを含むことができるようになっている．RTCP パケットを交換することによって各ホストは参加者や通信状況を把握することができる．

図 5.7 に示すように送信者レポート SR には，まず，レポートを送出した時刻が **RTP タイムスタンプ**に記録される．また，RTP タイムスタンプに対応する NTP 時刻[5]が **NTP タイムスタンプ**に記述される．

---

[5] コンピュータで用いられている時刻表現で，詳細は 8.4 節で述べる．

5.4 通信状況の通知：RTCP

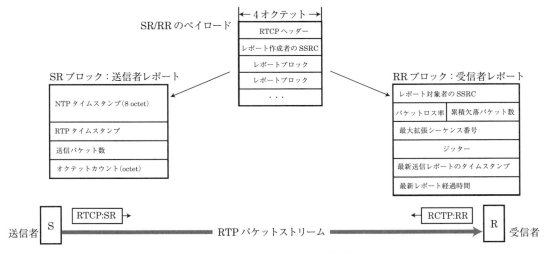

図 5.7 送信者レポートと受信者レポート

ストリーミングの1つのセッションを詳しく見ると，音声と動画の2つのメディアストリームが別々に送信されている．RTPのタイムスタンプはそれぞれのメディア内の時刻カウンタによって刻まれるものであるが，NTPタイムスタンプはメディアによらない共通のタイムカウンタであるため，NTPタイムスタンプを利用して動画と音声のタイミングを合わせる．これを**リップシンク**という．また，参加ノード間のタイミングを合わせたりするときもNTPタイムカウンタが用いられる．

送信者レポートの**送信パケット数**はセッションの開始以降に送信されたパケット数で，**オクテットカウント**はそれらのパケットに含まれるデータ量の合計をオクテット単位で表したものである．オクテットカウントをパケット数で割ると平均パケットサイズが計算できる．

$$平均パケットサイズ(oct) = オクテットカウント(oct)/送信パケット数$$

セッションの開始時のNTPタイムスタンプがわかっている場合，レポートのNTPタイムスタンプとの差をとるとセッションの開始からの経過時間がわかる．そこで，オクテットカウントを経過時間で割ると送信側から見た平均スループットが求められる．

$$平均スループット(B/s) = オクテットカウント(oct)/経過時間(sec)$$

受信者レポート RR は，受信したメディアデータの通信状況を送信者に通知するものである．**レポート作成者**はデータの受信者の SSRC ID で，**レポート対象者**は，データの送信者の SSRC ID である．RTP 送信パケットにつけられるシーケンス番号のカウンタは 2 オクテットであるが，マルチメディアストリーミングでは送信されるパケット数が多いため，容易に一巡してカウンタがクリアされてしまう．そこで，参加者ノードで上位の桁を保存しており，計算するときは 4 オクテットで扱う．これを**拡張シーケンス番号**という．

シーケンス番号はパケットに送信順につけられていくため，パケットの順番が変わらなければ最新のシーケンス番号は最大のはずである．RR レポートの**最大拡張シーケンス番号**は直近に到着したパケットのシーケンス番号になる．そこで，最大シーケンス番号から最初に受信したシーケンス番号を引いて 1 を足すと受信側から見た送信パケット数を求めることができる．実際は，パケットの到着が前後することがあるため誤差が出ることがある．

$$受信側から見た送信パケット数＝最大拡張シーケンス番号－最初に受信した拡張シーケンス番号＋1$$

累積欠落パケット数は，受信側から見た送信パケット数から実際に受信したパケット数を引いたものである．また，**パケットロス率**は送信パケット数に対する累積欠落パケット数の割合であるが，フィールド長 1 オクテット内に納めるため，256 分率で表した数値の整数部分が書き込まれている．欠落パケット数やパケットロスが 0 に近いほど，通信による画質や音質の劣化が小さいといえる．

$$累積欠落パケット数＝受信側から見た送信パケット数－実際に受信したパケット数$$
$$パケットロス率＝（累積欠落パケット数／受信側から見た送信パケット数）×256$$

さらに，**ジッター**はパケットが送出されてから到着するまでの時刻を相対時間とし，連続して到着した 2 つのパケットの相対時間の変動の移動平均をとったもので，パケットの到着間隔の揺らぎを表す．ジッターは 0 に近いほど通信速度が安定していることを示す．

$$相対時間＝パケットの到着時刻－パケットの送出時刻$$

ジッターを吸収するための**プレイアウト遅延**はなるべく小さいほうがよい．しかし，この遅延が小さすぎると吸収の効果が小さくなってしまう．そこで，プリフェッチといって，受信側でデータを先読みする方法などがとられている．

なお，シーケンス番号も RTP タイムスタンプもセキュリティ確保のためランダム性を持たせて初期値を設定しているため，処理系ではカウンタがクリアされることを考慮する必要がある．また，パケットが欠落した場合，ストリームの再生のタイミングを維持するために代替パケットで補完する．さらに，画質や音質を高めるため，**前方誤り訂正**（Forwarding Error Correction, FEC）という手法があり，パケットが再送される場合もある．

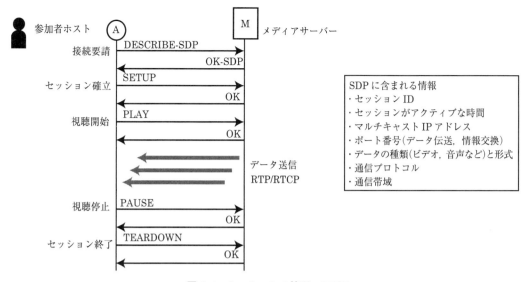

図 5.8 セッションの管理：RTSP

5.5 セッションの管理：RTSP

RTSP[6] は，RTP/RTCP と同時期に策定されたストリーミングセッションを管理するプロトコルである．図 5.8 は，RTSP のセッション管理の様子を示している．RTSP はクライアントサーバーモデルを用いており，サーバーは，メディアデータの配信を兼ねた**メディアサーバー**である．クライアントは参加者の PC である．RTSP は，TCP 上でテキストコマンドをやりとりすることによって，接続の準備，セッション確立，セッションの終了を行う．

ストリーミング配信を視聴する流れは次のようである．メディアサーバーは，予め，配信の準備をして待機している．参加者が RTSP クライアントからセッションへの参加希望を RTSP サーバーに送信する．すると，メディアサーバーは資源確保を行い，参加者に通信帯域を割り当て，SDP（セッション記述プロトコル）でセッションの情報を参加者に送信する．ストリーミング配信は複数のクライアントが参加するため，ルーティング方式としては IP マルチキャスト[7] が想定されている．そのため SDP には，マルチキャスト IP アドレスが含まれている．

さらに参加者からの視聴開始要請を受け取ると配信を開始し，DVD やコーデックで圧縮されたライブ映像などを RTP/RTCP でクライアントに送信し，参加者は視聴が開始する．ライブの場合は，配信中に新たな参加者の配信要請を受け取るとその時点のデータから配信を開始する．退出要請を受け取ると配信を停止する．

---

[6] Real-time Transfer Streaming Protocol, RFC2326.
[7] 特定の複数ノードを宛先とする送信形態．IP マルチキャストについては第 7 章で解説する．

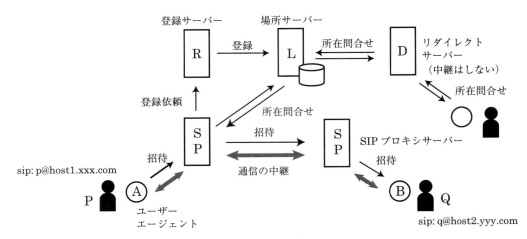

図 5.9　セッションの管理：SIP

5.6　IP 電話：SIP と VoIP

SIP[8] は RTSP から数年ほど遅れ，ITU-T の H.323 に代わるものとして IETF が策定したセッション管理のプロトコルである．たとえば，音声通話つまり電話をすることを考えよう．まず，相手の電話番号を入力して開始をタップすると呼出音が聞こえ，相手が電話に出ると話ができる．話が終わって終了をタップすると電話が切れる．このような電話の呼出しの制御を**呼制御**(**call**)というが，SIP は電話の呼制御に相当する**対話制御**を IP 通信で行うプロトコルである．

図 5.9 に SIP のシステム概念を示す．各ユーザーの端末は**ユーザーエージェント**(User Agent, UA)と呼ばれる．図 5.9 では P の UA は A，Q の UA は B である．A，B は，PC でもよいしスマートフォンでもよい．単純な電話器は UA に接続されている．

ここで，**SIP プロキシサーバー**が通信の中継を行う．参加者のアドレスは URI フォーマットで扱われるが，IP アドレス解決は DNS でなく SIP が行う．SIP では**場所サーバー**に，所在つまり IP アドレスのデータベースが置かれている．SIP プロキシサーバーは**登録サーバー**経由で場所サーバーに UA の IP アドレスを登録する．セッションを確立するときは，SIP プロキシサーバーが場所サーバーに問い合わせて宛先 IP アドレスを得るとともに，通信の中継も行う．**リダイレクトサーバー**を使って所在の問い合わせだけを行うこともできる．SIP は 3 人以上の参加者にも対応できるため，ビデオ会議のセッション管理にも用いられている．なお，SIP は TCP/UDP どちらのプロトコルでも動作する．

VoIP[9] は，対話制御に SIP，音声送信に RTP/RTCP を用いた音声通話プロトコルである．音声通話の通信は，以前は専用の電話網で行われていたが，このプロトコルによって IP ネットワークで音声通話ができるようになった．

---

[8]　Session Initiation Protocol, RFC3261，シップ．
[9]　Voice over Internet Protocol, RFC6405，ボイプ．

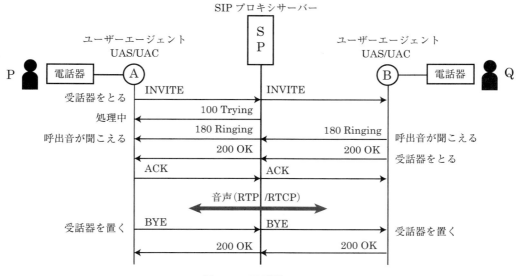

図 5.10　IP 電話：VoIP

　図 5.10 では，ユーザー P と Q が 1 台の SIP プロキシサーバー SP を経由して電話をするシーケンスが示されている．この UA は，送受信のやり取りで要求を出すクライアント (C) としても，要求に答えるサーバー (S) としても動作するため，図 5.10 の中では UAS/UAC と記述している．
　A が受話器をとると INVITE が SP に送られる．SP は，A からの要請で B を呼出し，セッションを開始する．その際に，データの圧縮法，再生速度，チャネル数など，送受信するデータの情報を交換し，A と B との間の通信の準備を行う．3 者以上の通話や途中からの参加にも対応できる．セッションを確立したあと，マルチメディアデータを送信するのは RTP/RTCP の役割である．ここで P と Q は音声通話を行う．セッションをクローズする場合は，また，SIP プロトコルでクローズするのだが，このときは SIP プロキシサーバーを通さずに UA 間のやりとりで終了する．
　VoIP の音声符号化は，ITU-T G.711 が広く用いられている．ITU-T G.711 の符号化方式は，人間の聴覚特性に合わせた非線形 PCM[10]（標本化周波数 8kHz，64kbps）である．20ms 毎に 1 パケット分がサンプリングされ，160B のデータに符号化される．RTP は UDP 通信であるから，ビットエラーが発生するとパケットが廃棄され音声の品質が低下する．人の聴覚はパケットロスやパケットの到着間隔のゆらぎなど敏感であるため，パケットサイズを小さくすることによって，ビットエラー確率を減らしパケットの遅延を小さくする工夫がされている．

---

[10] Pulse Code Modulation，パルス符号変調．

キーワード

【マルチメディアと通信】

マルチメディア，オンデマンド視聴，ストリーム，ストリーミング，プログレッシブダウンロード，リアルタイム通信プロトコル，擬似ストリーミング，圧縮符号化，コーデック

【メディアデータの配送：RTP】

RTP，ペイロードタイプ，シーケンス番号，タイムスタンプ，SSRC ID，CSRC ID，フレーム，メディアクロック

【通信状況の通知：RTCP】

RTCP，送信者レポート，受信者レポート，SSRC，SDES，BYE，APP，RTP タイムスタンプ，NTP タイムスタンプ，リップシンク，オクテットカウント，拡張シーケンス番号，累積欠落パケット数，パケットロス率，ジッター，プレイアウト遅延，前方誤り訂正

【セッションの管理：RTSP】

RTSP，SDP，メディアサーバー

【IP 電話：SIP と VoIP】

SIP，呼制御，ユーザーエージェント，SIP プロキシサーバー，場所サーバー，登録サーバー，リダイレクトサーバー，VoIP

章末課題

5.1 マルチメディアと通信

マルチメディア通信，ストリーミング，擬似ストリーミング，リアルタイム通信，RTP/RTCP の違いと関連を説明しなさい．

5.2 RTP/RTCP

(1)RTP/RTCP の主な役割を挙げ，UDP を下位プロトコルとしている理由を述べなさい．

(2)RTP/RTCP のセキュリティ確保について述べなさい．

5.3 RTP/RTCP

(1)RR の最大拡張シーケンス番号が 87,000，最初に到達したパケットのシーケンス番号が 23,001 であったとき，送信パケット数はいくらか．

(2)(1)で，1 パケット内のデータを 480 オクテットとすると，オクテットカウントはいくらになるか？

(3)(1)の累積欠落パケット数が 5,000 であったとき，パケットロス率は何％か．
また，RR のパケットロス率を二進表記で表しなさい．

5.4 SIP/VoIP

(1)SIP のアドレス解決の仕組みを DNS の仕組みと比較しなさい．

(2)　研究課題　IP 電話の特徴を旧来のアナログ電話と比較しなさい．

参考図書・サイト

1. C. Perkins(小川晃通 監訳),「マスタリング TCP/IP RTP 編」,オーム社,2004
2. 千村保文・阪口克彦 監修,「次世代 SIP 教科書」,インプレス R&D,2010

コラム**3** 動画が人気

　人は動画が好きなようで,スマートフォンの動画サイトは大人気です.皆がアップした面白い動画がたくさんあって,ちょっとした待ち時間に楽しめます.珍しい自然現象やトリック動画,芸術,スポーツ,料理などのハウツー,英会話,社会情勢や歴史,書籍を解説したものまであります.

　ところが,必ずしも映像と音声が必要なものばかりではないようです.画面に文章を流すだけというものがあります.自分でスクロールしなくても見ているだけで読めるし,音声に変換して読んでくれるものなら聞いていればよい.

　ネットワークエンジニアの立場では,文字と動画ではデータ量に雲泥の差がありますから,文章は文字,音声だけならせめてネットラジオを使い,わざわざ動画にしてデータ量を増大させることはないじゃないか,と思ったりしますが,ユーザーは気にしません.今は,スイッチの高性能化で乗り切っていますが,上位層の無理難題に答えるためにはネットワーク技術をますます進化させていかなければならないでしょう.

6 ネットワーク QoS

要約

マルチメディアストリーミングで高精細な音声や映像を遅延なく受信するためにはネットワークの
QoS 技術が必要である．ここでは，各種通信と QoS の関係，パケットのスケジューリングやキュー
イングなどの QoS 要素技術，DiffServ による QoS ネットワークについて述べる．

6.1　QoS：通信の品質

　一般に，QoS（Quality of Service, サービス品質）とは，目的あるいはニーズに対するサービス
の適合性や有用性のことで，ネットワーク QoS は通信のサービス品質を指している．具体的にど
のようなものか説明するためにインターネットアプリケーションサービスを考えてみよう．表 6.1
に挙げたのは，基本的な 4 つのデータ転送サービスと第 5 章で述べたマルチメディア通信サービ
スである．データ転送サービスでは，ビットエラーやパケットロスがあると宛先ホストでデータを
復元できないため，高信頼性，すなわちデータに間違いがないことが求められる．一方，マルチメ
ディア通信では，等時性，すなわちフレームのキャプチャタイミングと再生のタイミングが合っ
ていることが必要である．さらに IP 電話やビデオ会議のようなメディアデータのインタラクティ
ブな通信では低遅延性，すなわち通信の遅れが小さいことが重要である．これらの要件は，満たせ
なければ通信サービスとして成立しないため必須要件といえる．

　それに対して，通信サービスができないというわけではないが，サービスの良し悪しに影響する
要件がある．たとえば，データ転送では高速性，すなわちスループットが大きいことは必須ではな
い．しかし，小さいよりは大きいに越したことはなく，高速であればあるほどよいデータ転送サー
ビスであるといえる．このような条件は期待要件としよう．マルチメディア通信では，データの性
質上，高信頼性が必須ではないが，ビットエラーやパケットロスがなければ視聴する動画は高精細
なものとなり音声はクリアになる．したがって，期待条件は高信頼性である．一方向のストリーミ
ングではインタラクティブ通信のように低遅延性が厳しく要求されるわけではないが，低遅延であ
れば臨場感が高まるため低遅延性も期待要件に挙げられる．

6.1 QoS：通信の品質

表 6.1 通信サービスと QoS

通信サービス	データ	通信タイプ	相互性	必須要件	期待要件
遠隔ログイン	テキスト	データ転送	（インタラクティブ）	信頼性	高速性
ファイル転送	テキスト / バイナリ	データ転送	一方向	信頼性	高速性
電子メール	テキスト	データ転送	一方向	信頼性	高速性
WWW	テキスト / バイナリ	データ転送	一方向	信頼性	高速性
動画・音声配信	マルチメディア	ストリーミング	一方向	等時性	低遅延性 / 信頼性
IP 電話	マルチメディア	ストリーミング	インタラクティブ	等時性 / 低遅延性	信頼性
ビデオ会議	マルチメディア	ストリーミング	インタラクティブ	等時性 / 低遅延性	信頼性

　次に，これらの要件の尺度を考える．表 6.2 に挙げたものは QoS の尺度であると同時にフローのトラフィック特徴を示している．データ転送タイプの通信では，送信時間とスループットが挙げられる．**送信時間**は，S が最初のパケットを送信してから D が最後のパケットを受信するまでの時間で，**スループット**は，送信したデータ量を送信時間で割った値である．送信時間は小さいほど，スループットは大きいほど品質は高い．マルチメディア通信では，まず，**遅延時間**はパケットが送信されてから宛先に届くまでの時間である．小さいほど品質は高い．**伝送レート（伝送速度，ビットレート）**は単位時間にノードが転送処理したデータ量を指し，大きいほど品質が高い．1 パケットのデータ量をパケットの転送間隔で割った値でもある．**ジッター**は揺らぎともいわれ通信速度の変動を表す量である．パケットの到着間隔の時間の最大と最小の差で表され，小さいほど等時性が高い．また，**パケットロス率**は，通信の途中で失われたパケット数を送信したパケット数で割った値で，小さいほど画質は高精細に音声はクリアになる．

表 6.2 QoS の尺度

通信のタイプ	データ	関連要件	QoS 量	定　義（単位）
データ転送	テキスト バイナリー	高速性	送信時間	データの送信にかかる時間（sec）
			スループット	送信データ量 / 送信時間（bps）
ストリーミング	マルチメディア	低遅延性	遅延時間 （平均，最大）	パケットが宛先に届くまでの時間 （sec）
		高速性	伝送レート （平均，最大）	パケットサイズ / パケット到着間隔 （bps）
		等時性	ジッター	パケット到着間隔の 　　最大値 － 最小値（sec）
		信頼性	パケットロス率	欠落パケット数 / 送信パケット数

6.2 パケット通信と QoS

6.2.1 QoS と通信帯域

通常のパケット通信システムでは，どの程度 QoS を向上させることができるのだろうか．図 6.1 では，ホスト S から D へ 3 つのルーターを介してパケット通信が行われている．各ノードはバッファーを持っており，パケットを一時的に溜めておくことができる．各パケットにはシーケンス番号がついていて，D で正しい順番がわかるようになっている．S から D へのひとまとまりの通信をフローという．データ転送(ユニキャスト)の場合は送信データを送り始めてから送り終わるまでを指し，ストリーミングの場合は 1 つの宛先に対して送信を開始してから停止するまでのパケットの流れである．

さて，TCP によるデータ転送中に通信路のどこかでパケットが失われてしまったとしよう．D はシーケンス番号が跳んでいるのでパケットロスを発見することができる．D はパケットロスを S に通知し，S から再送してもらう．したがって，データの信頼性はパケットの**再送**でカバーできる．ただし，再送されるパケットは後から届くため大きく遅延する．データ転送はすべてのデータが届くまで完了できないため，データ全体が再送パケットの到着まで待たされることになる．パケットロスを起こさせないように送信元からの送信速度を下げる方法もある．そうするとパケットは全体的に遅延するが，失われたパケットを再送するよりは送信時間を短くできる．

RTP/RTCP によるストリーミングでは，到着したパケットをシーケンス番号順に再生していく．D で再生するとき，各パケットの通信遅延がまったく同じなら再生スピードも同じになるため等時性が保たれるが，通常は通信遅延に大小があるため D は再生のスタートを一定時間遅らせる．そうするとその間に D のバッファーにパケットが溜まるため，キャプチャーしたスピードで再生することができ等時性が確保できる．しかし，遅延はより大きくなる．このようにパケット通信では信頼性と等時性が低遅延性とのバーターになっている．

もし，各フローが使える通信帯域が十分大きくバッファーも十分あれば，パケットロスは発生しにくいため遅延は小さくでき，等時性も保ちやすい．そこで，現在，電気通信事業者は，予想される通信ニーズよりも大きな通信帯域のネットワークを構築して通信品質を保っている．これを**オーバープロビジョニング**という．

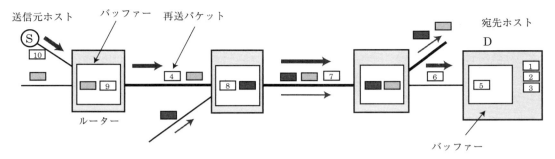

図 6.1 パケット通信と QoS

6.2.2 ベストエフォート

IP によるホスト間通信には 2 つの特徴がある．1 つ目は，複数のフローが通信媒体を共用するということである．これによって通信機器が効率的に使用できる．もう 1 つは，いつでもフローの送信が許可されていることである．ユーザーは通信したいと思ったときに送信を始められる．この 2 つの特徴はパケット通信システムの利点であるが，QoS の確保は難しくなる．たとえ通信路を構成するデータリンクの最大帯域がすべてわかっていたとしても，通信しようとしたときにすでに多くのフローが通信路を流れていると，通信することができないかもしれない．通信の途中でフローが増えて通信できなくなる可能性もある．このように流入するフローが増えてネットワークが混雑することを**輻輳**（ふくそう）というが，IP 通信は通信経路のどこかで輻輳が発生する可能性があり，輻輳が発生すると急激に通信性能が低下するという特徴がある．

そこで，ネットワークのホストやルーターは到着したパケットを"できる限り早く送信する"という方策をとる．そうすると，ネットワークが空いていれば遅延は小さくなり良い通信品質が得られるが，輻輳が発生すれば通信性能を保つことはできない．フローがどの程度の品質で送信されるかは送信してみないとわからない．このような通信品質を**ベストエフォート**という．

オーバープロビジョニングすなわちノードの処理性能を十分に高くすれば，ベストエフォートでも良い品質になるのであるが，ノードの性能やバッファーのサイズには限りがあり無制限に設備拡充はできない．そこに随時流入する複数のフローに対してどのように高品質なサービスを提供できるか，という課題へのチャレンジが QoS 技術である．

6.3 QoS の技術

6.3.1 通信理論と QoS のプロトコル

私たちは買い物や手続きのためにお店や窓口にいくことが多いが，すぐに対応してもらえるとは限らない．行列に並んで待たなければならないことも多い．大勢の人がやってきてサービスが間に合わないのである．この現象を抽象的にいうと，1つの資源に複数の利用要求がきて競合が発生している状態といえる．どれだけ待てばサービスしてもらえるのか，皆を待たせないためにはどのようにサービスをすればよいのだろうか．これらに答えるため，確率を用いた数学モデルで行列現象を表し解析するのが**キューイング理論**（Queuing Theory，**待ち行列理論**）である．そして，この理論を回線交換時代の電話の通信に応用したものが，**トラフィック理論**（Traffic Theory）である．ここでのトラフィックは通信量を指し，トラフィック理論は電話がかかってくる頻度や通話時間から電話網の性能を設計し通信品質を向上するために用いられてきた．ただし，回線交換がベースであるため，直接パケット通信システムに応用することはできない．しかし，パケットもバッファーの中で並んで処理を待つわけであるからキューイング理論が適用できる．そこで，パケット通信システムに関してキューイング理論の研究が行われた結果，パケットの伝送レート制御とスケジューリングによってパケット通信でも最大遅延を保証できることが示され，QoS技術の発展の契機になった．

ルーターに到着したパケットは，いったんバッファーに溜められ，取り出されて処理される．その過程で，パケットの伝送レートの制御とスケジューリングが行われる．図6.2はその様子を示している．通常，ノードに到着するパケットの伝送レートは変動しており，一度に複数のパケットがノードに到着する**バースト**という現象も起こる．そこで，バーストを制限してピークレートをならし伝送レートを一定にする．伝送レートの制御については6.3.3項で述べる．

次に，パケットはキューに送られ，改めて取り出されて送出処理に進む．このとき，キューからパケットを取り出すスケジュールを決める方式を**キューイング方式**という．キューが1つなら，**FIFO**（First In First Out），すなわち先に入ったパケットを先に取り出すのが自然な取り出し方であるが，複数のフローをそれぞれのサービス品質にあうように送出することはできない．そのためには，複数のキューを用いる場合のキューイング方式が必要で，6.3.4項で述べるような様々な方式がある．

さらに，バッファサイズを超えるたくさんのパケットが到着した場合はパケットを廃棄しなければならない．パケットの廃棄によって生じるパケットロスは通信品質に大きな影響を及ぼすため，6.3.5項で述べるように廃棄の方法に工夫が必要である．

これらの3つの技術，パケットの伝送レート制御，キューイング，およびパケット廃棄がQoSの要素技術である

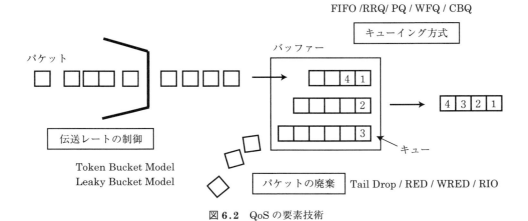

図 6.2 QoS の要素技術

　最初に開発された QoS プロトコルは **IntServ**[1] である．IntServ は，**RSVP**[2] によってフロー毎に通信路上のルーターの通信帯域やバッファーをエンドエンド間で予約する．フローに対して，いわば仮想的に専用線サービスを提供する．IntServ にはさらに 2 種類のサービスがあり，フローに対して最大通信帯域と最大遅延を保証する**品質保証型サービス**（Guaranteed Service）と，保証はしないが目標値を設定する**負荷制御型サービス**（Controlled Load Service）がある．

　しかしながら，データリンク通信の技術進歩により最大通信帯域が拡大し，情報媒体を大量のフローが流れるようになると，IntServ による QoS サービスは困難になった．フロー毎の QoS サービスはフロー数の増加に伴って QoS 処理の負荷が高くなる，つまりスケーラビリティに問題があるためであった．そこで，フローをクラスに分類し，クラス毎に QoS サービスを行う **DiffServ**[3] が考案され，現在は DiffServ が用いられている．これ以降では主に DiffServ について述べる．

---

[1] Integrated Services, RFC 1633．イントサーブ．
[2] Resource Reservation Protocol 資源予約プロトコル，RFC 2205．
[3] Differentiated Services, RFC2472．ディフサーブ．

6.3.2 サービスクラス

フローをクラスに分類するとして，どのようなクラスを設定すればよいだろうか．データリンク通信技術の1つに**ATM**[4]がある．1990年代に電話通信網とコンピュータネットワークをシームレスに接続することを目指してITUが標準化したもので，一時期，広域ネットワークやキャンパスLANの基幹ネットワークで用いられたことがある．電話が送受信するデータは音声であるから，ストリーミング通信用のパケット通信技術であるといえる．

ATMはデータリンク層通信としてTCP/IP通信など上位層のパケットを運ぶため，AAL(ATM Adaptation Layer)を持っている．IPパケットの場合は，AAL5ヘッダーとトレイラをつけてから送信する．AALを用いてEthernetフレームを送信することもできる．Ethernetはデータリンク通信技術であるため，LAN emulationと呼ばれている．

その一方で，音声通信を行うための工夫がされている．ATMは通信を開始する前に呼制御に相当するシグナリングと呼ばれる通信設定で通信路を確保する．また，人の耳は音声波の波形に敏感で揺らぎや遅延が発生すると聴き取ることができない．受信側での復元による遅延を小さくするため，ATMのパケットサイズは小さく，セルと呼ばれる53オクテット固定長パケットで通信を行う．セルは，通信機器が高速に転送することができるだけでなく，セルの送信間隔を変化させることにより通信速度を制御することができる．ATMはその上で，データ転送と音声通信を混在させるため，通信をサービスクラスに分け，通信品質の異なるサービスとして提供しようとした．

ATMフォーラムで検討されたサービスクラスは表6.3の通りである．アプリケーションのタイプに従って4つのサービスクラスを設置し，通信の品質を伝送レートの保証の仕方で切り分けている．

インタラクティブ通信や高精度ストリーミングには専用線サービスのような高い通信品質を提供する．しかし，緊急性のないデータ転送はベストエフォートで構わない．それ以外の通信では専用線ほどでなくてもある程度の伝送レートを保証する．

表6.3 ATMのサービスクラス

サービスクラス	サービス内容	アプリケーション
CBR (constraint bit-rate)	固定速度サービス ピークセルレートを保証する	インタラクティブ 高精度ストリーミング
VBR (variable bit-rate)	可変速度サービス 速度を固定化せず，ピーク伝送レートと平均伝送レートで制約する	高速データ転送
UBR (unspecified bit-rate)	無指定速度サービス ベストエフォート	通常のデータ転送
ABR (available bit-rate)	可用速度サービス フロー制御を行なって最小伝送レートを保証する	

---

[4] Asynchronous Transfer Mode，非同期転送モード．

それでは，**DiffServ** のサービスクラスはどのようなものだろうか．表 6.4 に示すように DiffServ では転送の動作を **PHB**（Per-Hop Behavior）と呼ぶ．PHB には，EF（Expedited Forwarding）PHB，AF（Assured Forwarding）PHB，デフォルト PHB，CS（Class Selector）PHB の 4 種類がある．EF PHB では，ルーターはオーバープロビジョニングして伝送レートを保証する．AF はさらにファースト，ビジネス，エコノミー，マルチキャストなど多くの種類があって保証が細かく分かれている．デフォルト PHB の場合はベストエフォートであるが，パケットが廃棄されることはなく伝送は保証される．ただし，バッファーが溢れた場合はデフォルト PHB のパケットから廃棄される．CS PHB は Cisco Systems, Inc. が実装しているサービスクラスである．

DiffServ は，通信路上の各ルーターでパケットの伝送レートの制御，送出のスケジューリング（キューイング），アクティブキューマネジメントと呼ばれるパケット廃棄を行うことにより，各クラスで異なる転送動作を行う．

表 **6.4** DiffServ のサービスクラス

サービスクラス	サービス内容	アプリケーション
EF PHB （Expedited Forwarding PHB）	仮想専用線サービスのための動作で，伝送レートを保証する． 契約を超えるパケットは廃棄される	仮想専用線サービス （インタラクティブ，高精彩ストリーミング）
AF PHB （Assured Forwarding PHB）	最低伝送レートを保証するベストエフォートの動作 契約を超えるパケットは確率的に廃棄される 4 つのクラスに分かれる	ストリーミング 高速データ転送
Default PHB	ベストエフォート． ただし，最低限の伝送は行う．	通常のデータ転送
CS PHB （Class Selector PHB）	AF に近い動作． Cisco が実装している優先度と互換性がある． 遅延，パケットロスが少ない．	ストリーミング 高速データ転送

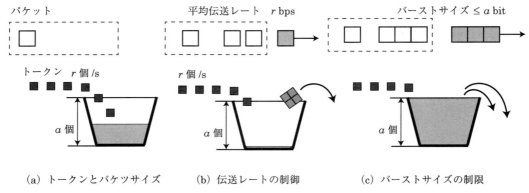

図 6.3 伝送レートの制御：トークンバケツモデル

6.3.3 伝送レートの制御モデル

　フローの伝送レートを制御する方法には 2 つのモデルがある．1 つは，図 6.3 に示す**トークンバケツモデル**と呼ばれるものである．トークンが a 個入るバケツを考える．ここには r 個/s の一定速度でトークンが入ってくるものとする．トークン 1 個は 1 ビットに対応しており，パケットが到着するとパケットのサイズ分のトークンをバケツから捨てて，パケットを通過させる．パケットの流入速度 x bps が r よりも遅いと，図 6.3(a) のようにバケツにはトークンが溜まっていくが，a ビット以上のトークンは溜められずに捨てられる．パケットの流入速度が r よりも速いと，図 6.3(b) のようにパケットはキューで待たされる．このようにしてパケットの流入速度 x が変動しても平均が r 以下であれば，ほぼ r の一定速度で送出されることになる．

　パケットの**バースト**，すなわち一度にパケットが到着するとどうなるかというと，図 6.3(c) のようにバケツにあるトークン数のビット分が一度に送出される．しかし，バケツの容量は a bit であるから，大量のバーストパケットが到着しても，送出されるバーストパケットは a bit 分以下である．このようにして，トークンバケツモデルでは，パケットの最大**バーストサイズ**を a，平均伝送レートを r 以下に制限することができる．

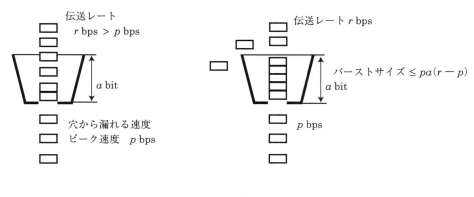

図 6.4 伝送レートの制御：リーキーバケツモデル

　もう1つは，図6.4に示す**リーキーバケツモデル**と呼ばれるモデルである．トークンバケツと同様に容量 a bit のバケツを考える．バケツには穴が空いていて p bps で漏れる．そこに，伝送レート r bps でパケットが流入されるとする．$r \leq p$ であれば，パケットは注入された速度と同じ速度でバケツの穴から流出する．しかし，流入速度が大きく $r > p$ になると，図6.3(a)のように流出速度は p に制限される．残りは $r-p$ bps でバケツに溜まっていく．しかし，バケツの容量が a であるため，図6.3(b)のように $a/(r-p)$ 秒以降はパケットがバケツから溢れ始める．この間に穴を通過するビット数は $pa/(r-p)$ である．このようにして，リーキーバケツでは，**ピークレート**（最大伝送レート）を p，ピークレートで送出されるパケット量，すなわちバーストサイズを $pa/(r-p)$ に制限することができる．

　このように，トークンバケツモデルは平均伝送レートと最大バースト長を制限することができ，リーキーバケツモデルでは，ピークレートと，ピークレートで送信可能なビット数を制限することができる．これらのモデルを組み合わせて使用すると，平均伝送レートおよびピークレートの両方制御することができる．

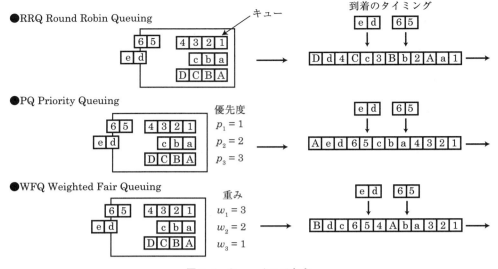

図 6.5 キューイング方式

6.3.4 キューイング方式

図 6.5 に示すように 3 つのキューをもつバッファーがある．フロー毎に 3 本のキューが置かれ，各キューにパケットが到着している．このとき，第 1 のキューには 4 個，第 2 のキューには 3 個，第 3 のキュー 4 個のパケットが入っている．ここから，4 個のパケットが送出された直後に，第 1 のキューに 2 個のパケットが到着する．7 個目のパケットが送出された直後に，第 2 のキューに 2 個のパケットが到着する．

これらのキューからパケットを取り出して送り出す順番を考える．キューに順番をつけ，各キューの先頭から 1 つずつ，パケットを輪番に取り出していく方式を **RRQ**(Round Robin Queuing, ラウンドロビン方式) という．取り出す間隔が同じとすると，各フローのパケットサイズによって伝送レートは異なる．しかし，どのキューにも必ず順番が回ってくるため，パケットが送信されないフローはない．また，各キューのフローの伝送レートは他のキューのフローと関係がない．これを**分離性がよい**，さらには**公平性がある**という．

しかし，QoS を制御するためにはキューによって送出に差をつけたい．そこで，**PQ**(Priority Queuing, 優先キューイング) という方式では，キューに優先順位をつけて優先度の高いキューにパケットがあれば送信する．まず第 1 のキューから 4 個すべてを送出し，第 2 のキューから 3 個すべてを送出した時点で，第 1 のキューに 2 個到着しているため，この 2 個が送出されている．PQ の場合は，全体の通信帯域を優先度順に使っていくことになる．すなわち，まず，第 1 位のフローが使い，その余りを第 2 位のフローが使うというようになる．この方式では，順位によって優先度合いの格差が大きく，順位が低いフローは通信帯域の余剰がなくなってまったく送信できない，ということが起こる．すなわち PQ は，上位のキューが下位のキューに影響するため分離性が悪く，公平性がない．PQ で制御すると，たとえば，ベストエフォートのフローは著しく通信を阻害される．

6.3 QoS の技術

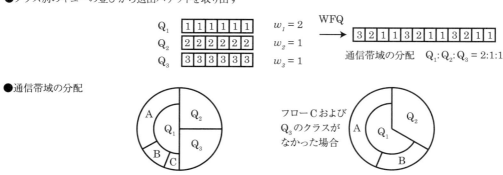

図 6.6 CBQ

WFQ(Weighted Fair Queuing)では，各キューに重み w_i を設定する．仮想的にキューを巡回しながら，w_i ビットずつ送出する．仮想的に送出したビット数が先頭のパケットサイズを超えた時，パケットを送出する．ただし，到着パケットがないキューはスキップする．図 6.5 ではわかりやすさのため w_i をパケットの単位で表しており，重みの個数分ずつ順番に送出されている．PQ では，1 パケットしか送出できなかった 3 番目のキューから 2 個のパケットが送出されている．WFQ では各キューのフローが使える通信帯域は w_i の比で分配される．WFQ では，フローが来ないキューがあった場合には，そのキューの分は他のキューに分配される．この方法は，各キューの分離性がよく公平性が高い．重みの設定を調整することにより，サービスクラスによって異なる通信品質を提供することができる．

図 6.5 では，1 つのフローが 1 のキューを使うものとしてキューイングの方式を説明したが，実際は複数のフローがクラスに分けられクラス毎のキューが生成される．その方法が，図 6.6 に示す **CBQ**(Class-based Queuing)である．まず，同じクラスのフローのパケットを到着順に 1 つのキューに入れる．こうしてできたクラス別のキューに対して WFQ などのキューイング方式を適用する．CBQ の場合は，クラス毎にキューを置くため各キューには複数のフローが含まれる．1 つのキューからの取り出し方を FIFO とすると，キューの中では各フローに対し，伝送レートに従って帯域が配分される．したがって，CBQ では，通信帯域はまずクラス内で分配してから，クラス間に分配されることになる．さらに，CBQ は各キューの通信帯域を計測して契約の値をオーバーしていれば遅延させる，という機構をもっている．

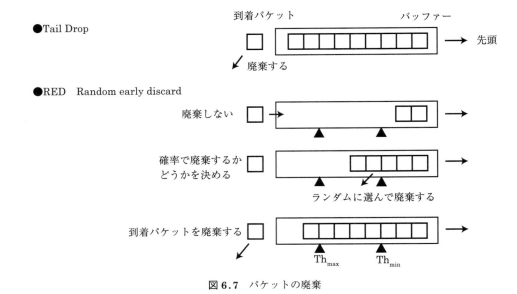

図 6.7　パケットの廃棄

6.3.5　パケットの廃棄

到着パケットがキューに入りきらなかった場合は，パケットを廃棄せざるをえない．しかし廃棄方法によって不公平が生じ輻輳（ふくそう）が悪化することがある．図 6.7 では，2 つの廃棄アルゴリズムが示されている．

次々とキューに到着するパケットを廃棄する最も単純な方法は，キューが満杯になっているところに到着したパケットを捨てる方法で，**テールドロップ**（Tail drop，後方廃棄）と呼ばれている．テールドロップ方式のキューにバーストパケットが到着すると，バーストパケットを含むフローが廃棄されやすく公平とはいえない．また，バッファーが満杯になってから到着パケットを捨ててもバッファーの満杯状態のままである．パケットロスが発生すると TCP はパケットを再送することを思い出そう．バッファーの満杯状態が続くとパケットが次々と廃棄され，複数の TCP コネクションが一斉に再送を始めるため輻輳崩壊が起こる可能性が高くなる．これを **TCP グローバル同期**といい，バッファーを満杯にしておくことは危険である．

そこで，**RED**（Random Early Discard）では，キューに対して Th_{min}，Th_{max} の 2 個の閾値（しきいち）を定め，パケットの廃棄確率をキュー長の関数として定める．その上で，キュー内のパケットをランダムに選んで廃棄する．キュー長に対する廃棄確率の変化を図 6.8 に示す．

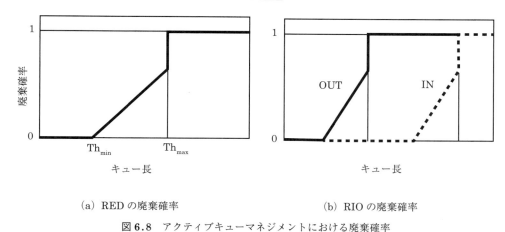

(a) REDの廃棄確率　　　　　(b) RIOの廃棄確率

図 6.8　アクティブキューマネジメントにおける廃棄確率

　図 6.8(a)では，キューが長くなるに従って直線的に廃棄確率が上がり，Th_{max} をこえると廃棄確率は 1 になる．ただし，Th_{max} での廃棄確率は 1 より小さく，0.9 程度である．このようにすると，どのフローからも同じ確率で廃棄されるため，公平である．また，キューの長さは Th_{max} 以下に保たれやすく，TCP グローバル同期を防ぐことができる．そこで，RED の廃棄アルゴリズムは，単にパケットの廃棄ではなく輻輳回避のアルゴリズムとなっている．RED は，**アクティブキューマネジメント**と呼ばれている．

　RED の拡張アルゴリズムとしては，廃棄確率の関数に重みを含めた **WRED**(Weighted Random Early Discard)がある．WRED の重み付けにより，たとえば，フローの種類によって廃棄確率を変化させることができる．図 6.8(b)に示す **RIO**(RED with IN and OUT)では，フローを IN と OUT の 2 種類に分けて廃棄，IN のパケットは OUT のパケットよりも低い確率で廃棄する，というものである．WRED よりも簡単な構造のアクティブキューマネジメントといえる．その他，**ARED アルゴリズム**などがある．

　以上，ここまで述べてきた伝送レート制御，キューイング，パケット廃棄の要素技術を統合して QoS サービスを提供するネットワークが QoS ネットワークである．次節では，QoS ネットワークの構造と仕組みについて述べる．

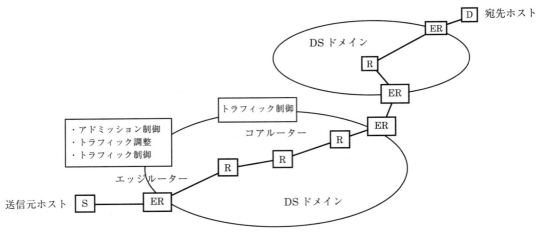

図 6.9 QoS ネットワーク

6.4 QoS ネットワーク

6.4.1 DS ドメインと QoS ルーター

図 6.9 に DiffServ(DS) が QoS サービスを提供するネットワークのイメージを示す．QoS サービスが行われる領域を **DS ドメイン** という．QoS サービスはフローがこのドメインの中を通過する間は適用されるが，ドメインの外部では適用されない．

DS ドメインの境界にあるルーターは **エッジルーター** と呼ばれ，内部にあるルーターは **コアルーター** と呼ばれる．これらのルーターが行う QoS 処理は，**アドミッション制御**，**トラフィック調整** および **トラフィック制御** に分けられる．アドミッション制御とは，通信要求を受け付け，フローに帯域を予約することである．トラフィック調整とは，フローの適合性をチェックし，クラスに分類することである．そして，トラフィック制御とは，クラスに従ってパケットを送出することである．

フローが流入する側のエッジルーターは，アドミッション制御，トラフィック調整，トラフィック制御を行いコアルーターに転送する．コアルーターはトラフィック制御を行ってネクストホップに転送していき，出口のエッジルーターでクラス分類が解除される．QoS の運用ルールが共通していれば，複数の DS ドメインで相互運用ができる．これを **DS サービス領域** といい，連続した複数の DS ドメインを通る QoS 通信も可能である．

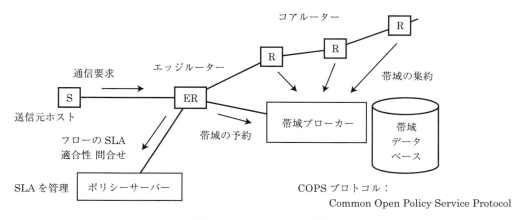

図 6.10 アドミッション制御

6.4.2 アドミッション制御

ユーザーと QoS ネットワークを提供する ISP, および DS ドメイン内の ISP 同士は **SLA**[5] と呼ばれる契約を結んでいる. SLA の中で技術に関する部分は **SLS**[6] と呼ばれる. その内容は,

(1) フローの定義　送信元および宛先の IP アドレスとポート番号
(2) サービス品質　サービスクラス
(3) フローのトラフィック特性　トークンバケツモデルのパラメータ a, r
(4) トラフィック調整方法　フローが適合しなかった時の処理方法(6.4.3 項)

これらは,図 6.10 に示すように**ポリシーサーバー**が管理しており,ISP は契約に基づいてユーザーのパラメータをポリシーサーバーに設定する.一方,DS ドメイン内のルーターの資源(通信帯域やバッファサイズなど)は**帯域ブローカー**のデータベースに集約されており,帯域ブローカーが資源の管理と予約を行っている.

エッジルーターは,送信要求が来るとポリシーサーバーに問い合わせて SLS を確認しフローの適合性チェックを行う.また帯域ブローカーに問い合わせて資源の空きを調べ予約する.これらの一連の動作は **COPS**[7] プロトコルによって行われる.

なお,SLA の内容は,技術仕様の他,契約者,料金,契約条件,不履行罰則などが含まれている.

---

[5] Service Level Agreement, サービスレベル契約.
[6] Service Level Specification, サービスレベル仕様.
[7] Common Open Policy Service, RFC2748.

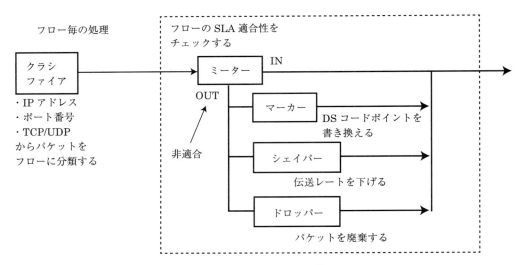

図 6.11　トラフィック調整

6.4.3　トラフィック調整

図 6.11 に入口のエッジルーターが行うトラフィック調整の流れを示す．

まず，**クラシファイア**が，流入してきたパケットを SLS のフローの定義に従い IP アドレスとポート番号でフローに分類する．

サービスクラスに関しては，6.3.2 項で述べた各 PHB に対して **DS コードポイント**(Differentiated Services Cord Point, DSCP) いうフラグが定められている．そこで，フローの SLS で定めたサービスクラスに対応する DS コードポイントを各パケットの IP ヘッダーに書き込む．そうすると，トラフィック制御の段階では，DS コードポイントだけを参照してパケットを分類し処理すればよく，コアルーターでの処理が簡単になる．

次に，**ミーター**が，SLS で申告したフローのトラフィック特性と流入してきたフローの特性が適合しているかどうかチェックする．適合していなければサービスクラスを変更するか(**マーカー**)，パケットの伝送レートを下げるか(**シェイパー**)，廃棄する(**ドロッパー**)．シェイパーで伝送レートを下げる場合，6.3.3 項で述べたリーキーモデルが用いられる．

適合していないフローでデフォルトクラス，すなわちベストエフォートの DS コードポイントをつけられた場合，ネットワークが輻輳していなければ送信される．しかし，輻輳が始まってパケットを廃棄しなければならなくなると DF クラスのパケットから廃棄されることになる．

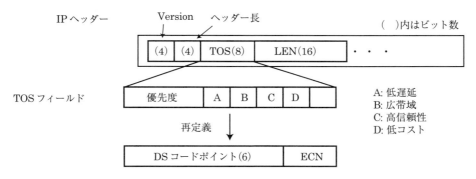

図 6.12 DS コードポイント

ここで，DS コードポイントについて述べる．図 6.12 に，DS コードポイントのフラグ構成と，IPv4 ヘッダー構造を示す．

IP ヘッダーの中にある 8 ビットの **ToS**(Type of Service) フィールドは，サービス品質を表すために優先度と特性を表すフラグが定義されていたが，利用が難しいなどの理由で再定義されている．

8 ビット中の前から 6 ビットは **DSCP** フィールドで，DS コードポイントが記述される．残りの 2 ビットは **ECN**(Explicit Congestion Notification) フィールドとして用いる．ECN は本書では扱わないが輻輳を通知するためのフラグである．

DS コードポイントは 6 ビットで，PHB クラスを表している．AF PHB は 12 種類，CS PHB は 8 個のビットパターンを用いてさらに細かいクラス分けをしている．AF クラスでは，4 つのサブクラスに分け，それぞれのクラスで廃棄率の 3 つのレベルが指定できる．

DS コードポイントは入口のエッジルーターで IP ヘッダーに書き込まれ，コアルーターで参照されて，出口のエッジルーターで外される．

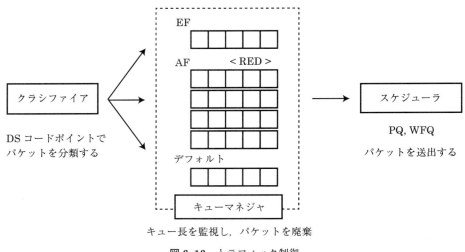

図 6.13　トラフィック制御

6.4.4　トラフィック制御

　DS ドメイン内のコアルーターは，フローに対してトラフィック制御を行いながら転送していく．

　トラフィック制御では，まず，パケットヘッダーの DS コードポイントを参照して，パケットを PHB のクラスに分類する．EF クラス，4 つの AF クラス，そしてデフォルトクラスに分類される．図 6.13 では，クラス毎にキューが設置されており，到着したパケットはキューに溜められていく．

　キューマネジャはキューを監視しており，6.3.5 項で述べた方法で廃棄する．たとえば，RED の廃棄アルゴリズムを適用する場合，キュー内のパケットをキュー長に従った確率でランダムに選び廃棄する．

　スケジューラは，これらのキューから 6.3.4 項で述べたキューイング方式で複数のキューからパケットを取り出して送出キューに入れる．WFQ を用いて，各クラスに重みをつけ，上位クラスから優先的にパケットが送出されるようにコントロールする．このスケジューラの動作は，全体として CBQ の動作になっている．

デフォルトクラスはベストエフォートのサービスクラスであるため，可用帯域が空いていれば送信されるがそうでなければ，なかなか送信できない可能性がある．ただし，パケットはなるべく廃棄せず，時間はかかるが送信は確保される．

出口のエッジルーターでは，DS コードポイントを消去する．DS ドメインの外部の通信帯域が小さい場合は，パケットの伝送レートを下げるなどの整形を行う．

以上，DiffServ による QoS ネットワークでは，ユーザーとの契約に従い，DS コードポイントを活用したクラス別の通信品質確保を行なっている．

キーワード

【QoS：通信の品質】

送信時間，スループット，遅延時間，伝送レート，ジッター，パケットロス率

【パケット通信と QoS】

フロー，再送，バッファー，オーバープロビジョニング，輻輳，ベストエフォート

【QoS の技術】

キューイング理論，トラフィック理論，バースト，キューイング方式，FIFO，IntServ，RSVP，品質保証型サービス，負荷制御型サービス，DiffServ，サービスクラス，ATM，PHB，EF PHB，AF PHB，デフォルト PHB，CS PHB，トークンバケツモデル，バースト，バーストサイズ，リーキーバケツモデル，最大伝送レート，RRQ，PQ，WFQ，CBQ，テールドロップ，TCP グローバル同期，RED，アクティブキューマネジメント，WRED，RIO

【QoS ネットワーク】

DS ドメイン，アドミッション制御，トラフィック調整，トラフィック制御，DS サービス領域，SLA，SLS，ポリシーサーバー，帯域ブローカー，COPS，クラシファイア，DS コードポイント，ミーター，マーカー，シェイパー，ドロッパー，ToS，DSCP フィールド，ECN

章末課題

6.1 QoS

(1)パケット通信では，高信頼性と時間に関する通信品質がバーターの関係であるという意味を説明しなさい.

(2)QoS ネットワークでないネットワークでは，通信品質をどのように確保しているか.

6.2 サービスクラス

DiffServ のサービスクラスで EF，AF の違いを制御パラメータで説明しなさい.

6.3 QoS を表す量

表 6.2 で挙げた QoS の尺度が，第 5 章で RTP および RTCP が交換しているレポートから算出できるかどうか考察しなさい.

6.4 伝送レートの制御

(1)あるフローの伝送レートは次ページの図のように時間とともに変化する. このフローの平均伝送レート m を求めなさい. ただし，$0 \leq t \leq T$.

(2)このフローをトークンバケツモデルで伝送レートの制御を行う. トークンバケツの伝送レートを r とした場合，グラフはどのように変化するか？ ただし，$q < r < m$，バーストサイズとパケットキューのサイズは十分大きいものとする.

(3)リーキーバケツモデルで，ピーク伝送レートを p であるように制御した場合，グラフはどのように変化するか？ ただし，$m < p < q$，バーストサイズとパケットキューのサイズは十分大きいものとする.

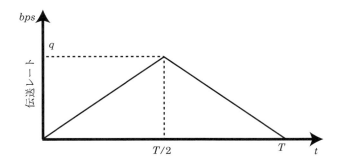

6.5 **キューイング方式**

(1) キューイングにおける分離性あるいは公平性とは何か説明しなさい．

(2) QoS サービスを場合，WFQ が，RRQ，PQ よりも良いキューイングであることを説明しなさい．

(3) 図 6.5 で $w_1 = 2$, $w_2 = 3$, $w_1 = 1$, すべてのフローが同じ平均伝送レートで到着した場合の CBQ によるフローの分配図を書きなさい．

6.6 **パケットの廃棄**

(1) Tail Drop によるパケットの廃棄はどのような問題が起こるのか説明しなさい．

(2) RED における廃棄確率関数 $P(x)$ を求めなさい．ただし，x はキュー長で，$Th_{min} = 10$, $Th_{max} = 100$ である．また，$P(Th_{max}) = 0.9$ としなさい．

6.7 **QoS ネットワーク**

(1) DiffServ の QoS 制御の利点を説明しなさい．

(2) トラフィック調整とトラフィック制御の違いを説明しなさい．

(3) デフォルトクラスの通信は QoS 制御によってどのような影響を受けるか考察しなさい．

参考図書・サイト

1. 戸田 巌，「詳解 ネットワーク QoS 技術」，オーム社，2001
2. P. Ferguson, G. Huston(戸田 巌 訳)，「インターネット QoS」，オーム社，2000

7 IP マルチキャスト

要約

IP マルチキャストとは特定の複数ノードへの IP パケットの配信方式のことで, マルチメディアストリーミングなどでの利用が想定されている. 本章では, IP マルチキャストアドレスとレシーバーの管理, パケットの配信方式について述べる.

7.1 IP マルチキャストの概要

3.2.3 項でも述べたように, 送信元と宛先の対応関係で通信形態を分類したとき, 1 つの送信元から 1 つの宛先へデータを送るユニキャストに対して, 1 つの送信元から特定の複数の宛先へ送る通信をマルチキャストという. **IP マルチキャスト**とはマルチキャストを行う IP 通信技術である.

図 7.1 は, ホスト A が B～G の 6 つのホストにユニキャストでストリーミング通信をしている様子を示している. A を**ソース**, B～G のホストを**レシーバー**と呼ぼう. ソース A は同じメディアデータをレシーバーの数分つまり 6 フロー分送信しなければならない. A の隣接ルーター U も同様に同じデータを 6 フロー分転送しなければならない. このように, 複数の宛先への通信をユニキャストで配信した場合, 送信元ホストはレシーバー数のデータを送信しなければならないため, レシーバーが増えるほど送信元ホストに大きな負荷がかかる. また, ルーターも上流になるほど負荷が大きく, 各データリンクは大きな通信帯域を消費する. マルチキャストを複数のユニキャスト通信で送信をするのは**スケーラビリティ**が低いといえる.

では, これをブロードキャストで送信するとどうなるか. 離れたサブネットへのブロードキャストはダイレクトブロードキャストと呼ばれるが, ブロードキャストではサブネットの中のすべてのホストに配信されるため, 無関係な宛先ホストにも送信されてしまう. そもそも, インターネットのような広大なネットワークでブロードキャストを行うと大量のパケットが発生する危険があるため, ダイレクトブロードキャストは禁止されている.

7.1 IPマルチキャストの概要

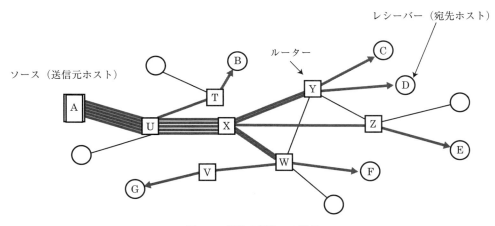

図 7.1 複数の宛先への送信

それに対して，IPマルチキャスト通信では送信元ホストは1フローを送信すればよい．すると複数の宛先に届く．これはどのような仕組みだろうか．IPマルチキャストネットワークのルーターは，**マルチキャストルーター**と呼ばれ，通常のルーターとは異なる動作をする．図7.1に示した通常のルーターUやXなどは受信したデータを1つの経路にだけ転送する．しかし，マルチキャストルーター(以下，本章ではマルチキャストルーターを単にルーターという)は，ソースから受信したデータを必要な経路分コピーして転送する．そのため，送信元ホストが1フローだけ送信してもデータはB，C，D，E，F，Gに配送される．送信元ホストの負荷が抑えられ，各データリンクの使用帯域も抑えられる．データを受信する宛先ホストを増やしても送信元ホストの負荷や上流側のデータリンクの使用帯域も増加しないため，スケーラビリティが高い．

その代わり，マルチキャストルーターは，通常のルーターの処理とは異なり，経路制御だけでなくパケットをコピーする処理が必要になる．転送しなければならない通信路が多いとコピーの処理が増加し，ルーターに負荷がかかる．また，パケットロスに対する再送が問題である．パケットロスを検知するのは宛先ホストであるが，個別の宛先ホストの再送要求に対応するには，各宛先毎にTCPコネクションを張ってユニキャストで送らなければならない．したがって，IPマルチキャストは高信頼性通信には向かず，トランスポート層プロトコルはUDPのようなタイプに限られる．UDPで複数ノードへ配送するアプリケーションといえば，RTP/RTCP/RTSPを用いたマルチメディアストリーミングである．すなわち，IPマルチキャストネットワークはマルチメディアストリーミングのネットワークに向いているといえる．

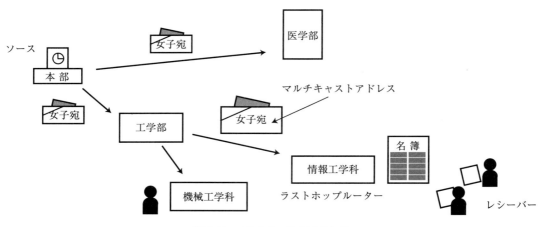

図 7.2　マルチキャストアドレス

7.2　マルチキャストアドレス

　マルチキャストアドレスは個々のレシーバーのアドレスではなく，レシーバーのグループを表すIPアドレスである．マルチキャストアドレスに送るとレシーバーに届く仕組みを，大学のイベントパンフレットの配布の例で述べよう．ある大学で本部が女子学生を集めて意見を聴くイベントを企画した．図7.2は，案内のパンフレットを本部から女子学生全員に届ける様子を示している．パンフレットは本部から各学部に送られ，各学部はコピーを学科に配布する．各学科では所属している女子学生にコピーを配布する．

　ここで，パンフレットを作成した本部は送信元ホストに相当する．学部や学科の事務室はデータを転送するルーターである．なかでも特に女子にパンフレットを配布する事務室は，**ラストホップルーター**（Last Hop Router）と呼ばれる．そして，パンフレットを受け取る女子学生はレシーバー，"女子"に相当するのがマルチキャストアドレスである．

　送信元ホストがマルチキャストアドレス宛にメッセージを送信すると，メッセージはルーターを経由してラストホップルーターに到達する．ラストホップルーターはマルチキャストアドレスに参加しているレシーバーのユニキャストアドレスを管理しており，管理簿を参照してメッセージをレシーバーに送信する．このようにして，送信元ホストがマルチキャストアドレス宛に送ったメッセージはすべてのレシーバーに届けられる．

7.2 マルチキャストアドレス

●IPv4マルチキャストアドレス

```
                    4 octet

  1110      グループ ID
```

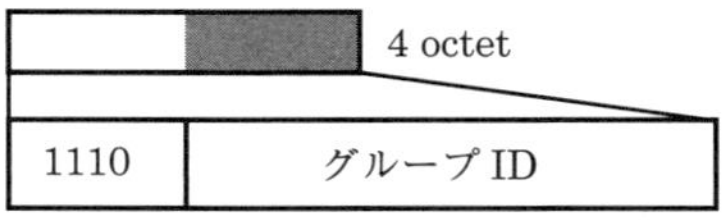

●主なリンクローカルアドレス

```
224.0.0.1   マルチキャスト対応ホスト全体
224.0.0.2   ルーター全体
224.0.0.5   OSPF ルーター
224.0.0.9   RIP v2 ルーター
224.0.0.13  PIM ルーター
```

●スコープ

リンクローカル	サブネット内で通用，固定	224.0.0.0 ～ 224.0.0.255
グローバル	インターネット全体で通用	224.0.1.0 ～ 238.255.255.255
プライベート	サイト内で通用	239.0.0.0 ～ 239.255.255.255

$11100000_2 = 224_{10}$ $11101111_2 = 239_{10}$

図 7.3 IPv4 マルチキャストアドレスの構造

IPv4 マルチキャストアドレスは，図 7.3 に示すように，先頭が 1110 の固定ビットで，そのあとに 28 ビットのグループ ID が続く形式である．グループ ID の先頭 4 ビットが 0 であれば，224.x.x.x の形をした IP アドレスになる．また，グループ ID の先頭 4 ビットがすべて 1 であれば，239.x.x.x の IP アドレスになる．

このマルチキャストアドレスの通用範囲は 3 種類ある．サブネット内に限定されたリンクローカルスコープ，サイト内に限定されたプライベートスコープ，そしてインターネット全体で通用するグローバルスコープである．リンクローカルスコープのアドレスはすべて決まっており，マルチキャスト対応の全ホストを表すグループや全ルーターのグループを示すアドレスなどがある．

マルチキャストアドレスはノードのグループを指すアドレスであるから，このアドレスだけでは通信はできない．マルチキャストアドレスは宛先ノードのユニキャストアドレスに対応づけられて初めて有効なアドレスになる．

また，同様な理由でマルチキャストアドレスは送信元アドレスとして用いることはできない．送信元アドレスは送信元ノードを特定できなければならないからである．

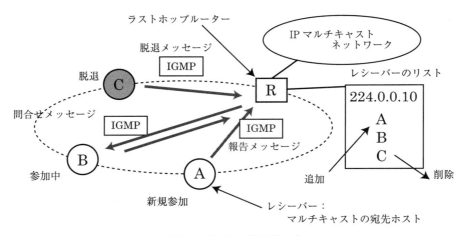

図 7.4 参加者の管理(IPv4)

7.3 参加者の管理

マルチキャストアドレスを宛先ノードのユニキャストアドレスに対応づける方法について述べよう．視点を変えると，ホストがマルチキャスト通信を受信する方法である．受信したいホストは，マルチキャストアドレスが指すグループの参加者になればよい．参加者の管理は**ラストホップルーター**(**LH ルーター**)が行っている．IPv4 では，参加者を**レシーバー**という．LH ルーターはマルチキャストネットワークの末端のサブネットのルーターで，IPv4 では **IGMP**[1] というプロトコルでレシーバーの管理を行なう．図 7.4 にその様子を示す．参加を希望するホスト A は LH ルーターに **IGMP 報告**メッセージを送信して，参加を要請する．それを受信した LH ルーターは A の IP アドレスを IP マルチキャストアドレス 224.0.0.10 のレシーバーグループのリストに追加する．実際には A の IP アドレスが記録されるのである．また，LH ルーターは，参加中のホスト B に対しては，定期的に **IGMP 問い合わせ**メッセージを送信して参加状態を確認する．これに対して B は IGMP 報告メッセージを返信して参加状態を維持する．受信を終了したいホスト C は，**IGMP 脱退**メッセージを LH ルーターに送信して脱退要請をすると，LH ルーターは 224.0.0.10 のレシーバーグループのリストから C を削除する．このように LH ルーターとホストの間で IGMP メッセージを交換することによって，レシーバーの管理が行われている．また，LH ルーターは複数のマルチキャストアドレスを管理することもできる．

---

[1] Internet Group Management Protocol, RFC 3376.

さて，IPマルチキャストパケットであっても実際にはフレームとしてデータリンク送信される
わけであるが，その際，MACアドレスはどのようになるのだろうか．MACアドレスの先頭ビッ
トはユニキャストとマルチキャストの区別を示すフラグであった．ユニキャストは0，マルチキャ
ストとブロードキャストは1である．L2スイッチでは，ユニキャストアドレスであれば各ポート
がアドレスを学習して，該当するポートにだけデータを送信するが，そうでなければ全ポートに送
信する．すなわち，マルチキャストアドレスのフレームは，ブロードキャストと同じように全ポー
トに送信される．したがって，同じL2スイッチに接続しているホストに対してはレシーバーだけ
でなく他のホストにも送信されてしまう．

これを解決するため，**IGMP スヌーピング**という方法が用いられる．L2スイッチは本来データ
リンク層の機器であるから，上位プロトコルのヘッダーをチェックすることはできないのである
が，IGMPスヌーピングの場合，スイッチは通過するIGMPパケットをチェックし，送信するべ
きポートを調べて選択的にマルチキャストフレームを送信する．それによって参加していないノー
ドへの送信を防いでいる．スヌーピング(snooping)は，のぞきまわる，という意味である．

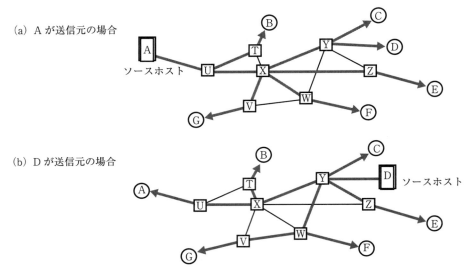

図 7.5 マルチキャスト配送ツリー（ソースツリー）

7.4 マルチキャスト配送ツリー

ユニキャスト通信では，送信元ホストから宛先ホストまでの通信路は 1 本道であるが，マルチキャストではルーターで分岐するため，ツリー状になる．これを**マルチキャスト配送ツリー**（Multicast Distribution Tree）といい，ソースツリーと共有ツリーの 2 種類の形態がある．ここでは，各配送ツリーとその上のパケットの流れについて述べる．図 7.5 では，パケットが流れる経路を太線で表している．細い実線は，接続はしているが通信路にはなっていない．

(1) ソースツリー

ソースツリーは最もシンプルな構造で，図 7.5 に示すように，ツリーの根（ルート）はデータの送信元ノードで，葉にあたる宛先ノードに向かってホップ数最小（最短パス）になる通信経路のツリーを構成する．そのため，**最短パスツリー**（Shortest Path Tree，SPT）とも呼ばれている．

ソースツリーの場合，送信元ノードが変わるとツリーも変化する．図 7.5(a) は，A が送信元になった場合のソースツリーである．(b) は，D が送信元になった場合であるが，(a) とは異なるツリーになっていることがわかる．TV 会議のようにレシーバーが皆，送信元となりうるようなアプリケーションでは，送信者数分のツリーが必要になる．パケットは実際には各ルーターが持つ経路制御表に従って送信されるため，配送ツリーは経路制御表によって構造が異なる．したがって，異なる配送ツリーで送信するためには，それぞれに対応した経路制御表の記述が必要である．

なお，ソースツリーは，送信元 IP アドレス S，マルチキャストアドレス G を組み合わせて (S, G) と表記する．

7.4 マルチキャスト配送ツリー

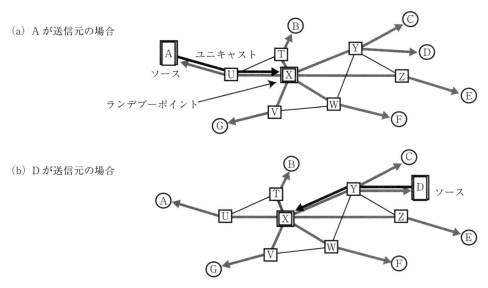

図 7.6 マルチキャスト配送ツリー(共有ツリー)

(2) 共有ツリー

共有ツリーは，配送ツリーをなるべく共通にするために考えられたものである．ネットワーク内に1つのルートノードを置く．送信元ノードはデータをまずルートに送り，ルートが宛先ノードに送信するようにすると，ルートからレシーバーへの送信路は送信元によって変わることがない．この様子を図7.6に示す．この図では，Xがルートノードになっており，(a)と(b)で送信元は異なってもXからの配送ツリーは同じであることがわかる．このようなツリーを**共有ツリー**といい，この固定されたルートノードのことを**ランデブーポイント**(Rendezvous Point，RP)と呼ぶ．図では，ルーターXがランデブーポイントである．共有ツリーは**コアベースツリー**(Core Based Tree，CBT)ともいう．

共有ツリーには単方向ツリーと双方向ツリーがある．図7.6は単方向ツリーの場合でパスの送信方向が一方向である．双方向ツリーはどちらからどちらへも通信できる．そこで，送信元からRPへ送信するとき，双方向ツリーでは送信方向を逆転させて送信すればよい．単方向ツリーの場合は，送信元からルートに対してSPTを生成して送るとか，ユニキャストで送る，などの方法が用いられる．共有ツリーは(*, G)と表される．

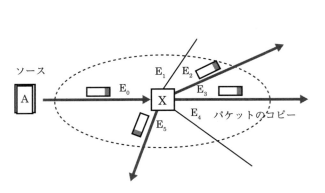

図 7.7 マルチキャストパケットの転送

7.5 マルチキャストパケットの配送

実際にIPマルチキャストでの経路制御表はどのように記述されるのだろうか．図7.7にソースツリーの場合のマルチキャスト経路制御表の基本情報を示す．(S, G)のエントリーに対し，1つの入力インターフェイス(IIF[2])Iと複数の出力インターフェイス(OIL[3])E_2，E_3，E_5が記述されている．ここで，SはソースのIPアドレスで，Gはマルチキャストアドレスである．

ルーターは，異なるIPマルチキャストのフローに対応するため複数のインターフェイスからデータを受信できるが，同じフローを不必要にコピーしないため1組の(S, G)に対しては入力インターフェイスを1つに固定している．そして，マルチキャストパケットを受信すると送信元アドレスを調べ，エントリーSからの送信の場合にIで受信したかどうかをチェックする．このチェックを **RPF** (Reverse Path Forwarding, リバースパス転送)チェックといい，チェック方法はルーティングプロトコルによって異なる．RPFチェックで問題がなければ，E_2，E_3，E_5にパケットを転送する．

---

[2] Incoming InterFace.
[3] Outgoing Interface List.

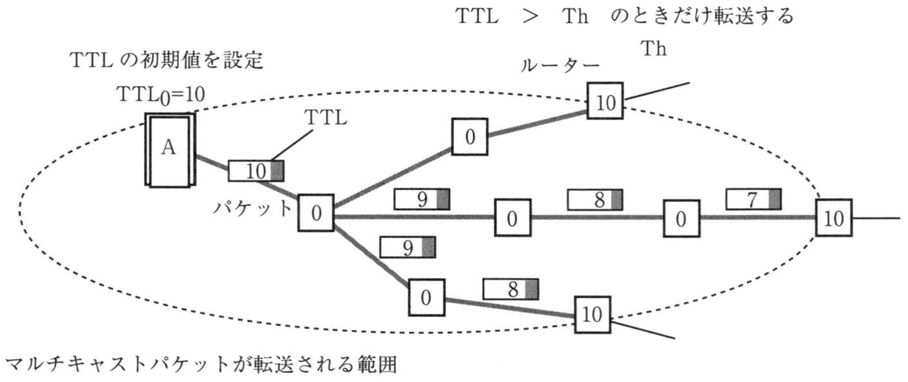

7.5 マルチキャストパケットの配送

TTL ＞ Th のときだけ転送する
Th
TTL の初期値を設定
ルーター
$TTL_0 = 10$
TTL
パケット
マルチキャストパケットが転送される範囲

図 7.8 TTL スコーピング

また，マルチキャストは複数のホストに送られるため，パケットが広い範囲に流出していくことを防ぐ仕組みをもっている．**TTL スコーピング**（Time to Live Scoping）は，通信の範囲を定め，パケットが領域を超えて転送されないようにする仕組みである．図 7.8 に示すように，まず送信元で TTL の初期値 TTL_0 を定める．ユニキャスト通信では，TTL の初期値はインターネットの最大通信路長程度であるが，マルチキャストの場合は，マルチキャストのネットワークがカバーする程度の値とする．各ルーターでは各インターフェイスに閾値（しきいち）Th を設定しておく．Th は，マルチキャストネットワークの内側のルーターでは 0 に設定し，境界のルーターは外側のインターフェイスに TTL_0 かそれより大きな値を設定する．

パケットは送信元で TTL = 10 として送信される．ルーターでは Th より TTL が大きいパケットのみ転送する．送信元で生成されたパケットはルーターを超えるたびに TTL が 1 ずつ減少するが，ルーターの Th が 0 である間は，パケットの TTL のほうが大きいため転送されていく．境界ルーターに到達すると Th = TTL_0 かそれより大きな値であるから，パケットの TTL のほうが Th よりも小さくなるため，それ以上転送されない．したがって，パケットは TTL_0 回ホップするか境界ルーターのインターフェイスに達すると破棄される．

また，インターフェイスに 7.2 節で述べたプライベートスコープのマルチキャストアドレスを用いて，アドレスのパケットが外部に流出しないようにすることもできる．

7.6 マルチキャストルーティング

マルチキャストルーティングはネットワークにおけるレシーバーの密度の違いで様相が異なり，主に2つのモードに分類することができる．1つは**Dense**(稠密)**モード**である．1つのキャンパスLANなどで，レシーバーが集中していてネットワークの通信帯域も十分にあるような状況でのマルチキャストルーティングである．代表的なプロトコルに**PIM-DM**や**DVMRP**(Distance Vector Multicast Routing Protocol)がある．

もう1つは**Sparse**(希薄)**モード**で，レシーバーが分散している広いネットワークでのルーティングである．たとえば，WANで結ばれた分散したキャンパスLANにレシーバーが点在していて，WANを介すため通信帯域が十分にあるとはいえない，というような状況である．代表的なプロトコルに**PIM-SM**や**CBT**(Core Based Trees Multicast Routing Protocol)がある．

(1) Dense モードのルーティング

まず，**PIM-DM**[4]のルーティングについて述べる．PIM-DMはソースツリーを用いており，図7.9では，送信元ノードAがマルチキャストグループGに対して送信している．Gグループの参加ノードは白丸で表されている．ラストホップルーターでのレシーバーの登録は完了しており図7.9(a)に示すように，AがUにパケットを送信するとルーティングが開始される．Uは，経路制御表を(A, G)，IIFはAに接続しているインターフェイス，OILは他のインターフェイスすべてとして，他の隣接ルーターにパケットを送信する．Uからのパケットを受信したT，Xも同様に，受信したインターフェイス以外のすべてのインターフェイスにパケットを転送する．このような送信を**Flooding**(フラッディング)という．

しかし，通信路がループになっているような部分では，Y→ZとZ→Yのように無駄な転送が発生していることがわかる．また，W，Zにはレシーバーがいないにもかかわらず送信されている．そこで，このような無駄な転送が発生しないように，枝刈りという仕組みが用いられている．

---

[4] Protocol Independent Multicast Protocol - Dense mode, RFC 3973，ピムデンズモード．

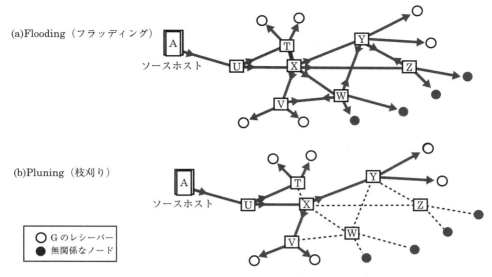

図 7.9　マルチキャストルーティング(Dense モード)

　図 7.9(a)では，Y は X からパケットを受信して経路制御表を生成している．そこに Z からパケットが来た場合，RPF チェックをすると IIF があわない．そこで，Y は Z に **Prune**(プルーン)メッセージを送信する．Prune メッセージを受信した Z は経路制御表の OIL から Y へのインターフェイスに Pruned というタグをつけて転送しないようにする．同様にして，Y も Z へ転送しないようにする．W は Y からパケットを受信するが G に参加しているレシーバーも他のルーターもないので，Y に Prune メッセージを送信する．Y は経路制御表の OIL の W へのインターフェイスに Pruned というタグをつける．このようにして無駄な経路を削除すると図 7.9(b)のようなソースツリーが完成する．破線は，ケーブルで接続はされているがマルチキャストには使われていないことを示している．

　Flooding は洪水，prune は枝を払うという意味である．これらの動作にはタイムアウトがあり，数分ごとに Flooding と Pruning が繰り返される．Dense モードのルーティングはシンプルであるが，Flooding は大量のパケットを生成する可能性があり，一時的ではあるが，通信帯域が圧迫されて他の通信ができなくなることも考えられる．したがって PM-DM を使用するときは，ネットワークに使用できる通信帯域が十分あるかどうか確認する必要がある．

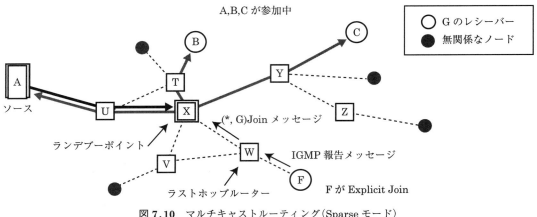

図 7.10 マルチキャストルーティング（Sparse モード）

(2) Sparse モードのルーティング

次に，**PIM-SM**[5] について述べる．図 7.10 は，レシーバーが B と C だけのスパースなマルチキャストネットワークである．送信元ホスト A は，X をランデブーポイントとする共有ツリーでマルチキャストを配送している．A から X へはソースツリーで配送されている．Sparse モードでは，レシーバーが新規参加した時に，そのレシーバーまでの経路が生成される．これを **Explicit Join**（明示的参加）という．

図 7.10 では，レシーバー F が新規参加しようとしている．まず，レシーバー F は IGMP 報告メッセージを W に送信する．すると W は (*, G) のエントリーをもつマルチキャスト経路制御表を生成する．このとき IIF は X に向かうインターフェイスで，X の IP アドレスから取得するものである．さらに W は X に PIM(*, G)Join メッセージを送信する．Join メッセージが送信されてきた場合はそのインターフェイスが OIL に追加される．そこで，X は W を OIL に追加する．こうして，X から W への経路が生成され，マルチキャストパケットが F に届くようになる．

ところで，図 7.10 で A から B への配送経路で，TU 間はケーブルで結ばれているため，AUTB と送るほうがホップ数は小さい．つまり，X を経由するルートは最短ルートではない．共有ツリーで生成された経路にはこのような冗長性が見られる．

---

[5] Protocol Independent Multicast Protocol - Sparse Mode RFC 460，ピムスパースモード．

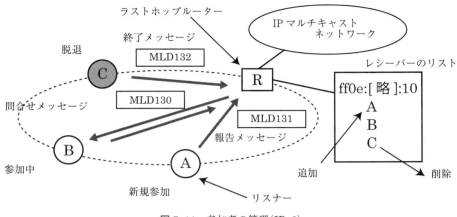

図 7.11　参加者の管理（IPv6）

7.7　IPv6 マルチキャストの参加者の管理

　IPv6 のマルチキャストアドレスについては 3.4 節，IPv6 の制御情報の交換で用いられるマルチキャストについては 4.3 節で述べた．ここでは，参加ホストの管理について述べる．

　IPv4 でレシーバーと呼んでいた参加ホストは，IPv6 では**リスナー**と呼ばれている．参加ホストの管理は IPv4 では IGMP が行っていたが，IPv6 では ICMPv6 の **MLD**（Multicast Lister Discovery）メッセージで行っている．この様子を図 7.11 に示す．参加したいホスト A はマルチキャストリスナー報告メッセージ（タイプ 131）を LH ルーターに送信し，マルチキャスト通信への参加の意思表明する．ルーターはマルチキャストアドレス ff0e::10 のリスナーグループのリストにホスト A の IP アドレスを追加する．リスナー B が受信していることをルーターが確認するには，マルチキャストリスナー問合せメッセージ（タイプ 130）を送信して，B に報告メッセージを送信させる．リスナー C がマルチキャストの受信を終了する時は，マルチキャストリスナー終了メッセージ（タイプ 132）を R に送信する．R は C の IP アドレスを ff0e:[略]:10 のリスナーグループのリストから削除する．マルチキャストにおける宛先ホストはこのようにして管理されている．

　さて，末端のサブネット内で用いられる IPv6 マルチキャストアドレスのスコープはリンクローカルである．ff02::2 は全ルーター，ff02::1 は全ノードがリスナーになる．末端のサブネットではゲートウェイルーターが LH ルーターになっており，マルチキャストアドレスおよびそのリスナーリストを管理している．サブネットにノードが新規に参加し，要請ノードマルチキャストアドレス宛にネイバー要請メッセージを送信するとゲートウェイルーターが受信して，要請ノードマルチキャストアドレスが登録済みであれば該当するリスナーだけに送信し，登録済みでなければ登録する．要請ノードマルチキャストアドレスを使えばブロードキャストを使わなくても DoD チェックや MAC アドレス解決ができる．

第7章　IPマルチキャスト

キーワード

【マルチキャストアドレス，参加者の管理】

IPv4 マルチキャストアドレス，ラストホップルーター，レシーバー，IGMP，IGMP 報告メッセージ，IGMP 問い合わせメッセージ，IGMP 脱退メッセージ，IGMP スヌーピング

【マルチキャスト配送ツリーとパケット配送】

ソースツリー，最短パスツリー，共通ツリー，ランデブーポイント，コアベースツリー，RPF チェック，TTL スコーピング

【マルチキャストルーティング】

Dense モード，PIM-DM，DVMRP，CBT，Flooding，Prune メッセージ，Sparse モード，PIM-SM，Explicit Join

【IPv6 マルチキャスト】

リスナー，MLD

章末課題

7.1　IP マルチキャスト

(1) 3000 人のレシーバーに対し 500kbps のストリーミング配信を行った場合，ユニキャストで送信すると送信元のデータリンクで必要とする通信帯域はいくらか．マルチキャスト通信ではどうか．

(2) IP マルチキャストが TCP アプリケーションに用いられないのはなぜか．

7.2　マルチキャストアドレス

(1) IPv4 のリンクローカルマルチキャストアドレスを 1 つ挙げなさい．

(2) IPv6 のリンクローカルマルチキャストアドレスを 1 つ挙げなさい．

7.3　参加者の管理

参加者の管理で，IPv4，IPv6 で共通な点，異なっている点をまとめなさい．

7.4　マルチキャスト配送ツリー

(1) 図 7.5 で F をソースとした場合のソースツリーを図示しなさい．

(2) 図 7.6 で A をソース，W をランデブーポイントとした場合の共有ツリーを図示しなさい．

(3) ソースツリー，共有ツリーの利点と不利点を説明し，それぞれにふさわしいアプリケーションを挙げなさい．

7.5　マルチキャストルーティング

(1) Sparse なマルチキャストネットワークで Dense モードルーティングを行うとどのような問題があるか．

(2) Dense なマルチキャストネットワークで Sparse モードルーティングを行うとどのような問題があるか．

参考図書・サイト

1.　Gene，「詳解 IP マルチキャスト」，SB クリエイティブ，2009

コラム **4** ネットワーク技術の利用

　ここまで述べてきた IPv6，QoS ネットワーク，IP マルチキャストネットワークはそれぞれ大変良い技術ですがインターネットで自由に使われているか，というとそうではありません．これらのネットワークはスイッチが対応している必要があるため，現状では社内で会議の模様を IP マルチキャストで配信するなどローカルに用いられています．第 2 章で述べた MPLS なども電気通信事業者の WAN 内で用いられているようです．その一方，要素技術が部分的に，現状のインターネットに取り入れられているという場合もあります．たとえば，伝送レート制御や WFQ，WRED は，すでにスイッチや PC に取り入れられており，QoS ネットワークは構築されていないまでも，スイッチで帯域シェイピングされていたり，DiffServ に対応できるようになっていたりします．第 11 章で述べる IPsec も IPv6 の技術でしたがすでに IPv4 ネットワークで使用されています．IPv4 はグローバルアドレスの不足が決定的なため，IPv6 のネットワークとの共存がどのように進んでいくのか注視していきたいところです．

8 ネットワークの管理

要約

第Ⅲ部では，ネットワークの管理と安全性の確保について学ぶ．本章では，ネットワーク管理で主要な役割をもつ SNMP，パケットのモニタリング，時刻同期 NTP，ユーザー認証 LDAP，ディスクレスシステムについて述べる．

8.1 ネットワークの管理

図 8.1 に示すような大学のキャンパスネットワークを考えてみよう．この大学は，学生数 10,000 人，職員数 1,000 人規模で，Web サイトで情報を公開している．キャンパスネットワークは大学が設備を構築して自立運用しており，学内にはケーブルおよび無線 LAN のインターネット接続環境が整備されている．また，学内の教室や図書館などには学生が使える共用 PC が配置されている．入学した学生にはユーザー ID が配布される．この ID は，共用 PC や履修システムのログイン ID であり，電子メールアドレスのユーザー名でもある．

ネットワークの管理はネットワークセンターで行われている．Web サーバー，電子メールサーバー，ファイルサーバー，DNS サーバーなど各種サーバーや主要なスイッチがセンターの建物内に設置されており，運用管理担当者は，学内の業務用システムや PC を含めたネットワーク全体の管理を行なっている．ネットワーク管理の内容は次のようなものである．

(1)障害管理　常時，機器の稼働状況をモニターしており，障害が発生すると速やかに復旧対策を行う．
(2)構成管理　ソフトウェアのアップデートやアップグレード，数年に一度システムを更新する．
(3)課金管理　ユーザー ID を発行し，ファイル容量など資源を割り当てる．
　　　　　　　ユーザーの利用状況を調べて料金の請求などをする．
(4)性能管理　ネットワークの通信量やスループット，サーバーの監視と維持を行う．
(5)セキュリティ管理　ウィルス対策などのセキュリティ確保を行う．トラブルに対応する．

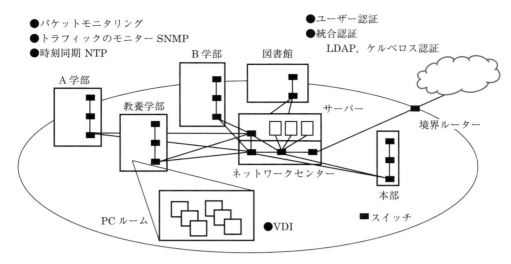

図 8.1　キャンパスネットワークと管理

　本章では，このようなネットワークの管理に関するプロトコルを取り上げる．SNMP (Simple Network Management Protocol) はネットワーク機器の情報収集や設定をするプロトコルである．機器の稼働状況だけでなく，設定パラメータの値，スイッチが処理している通信量などを収集することができる．通信量を監視しているとスイッチング性能の過不足がわかり，構成管理の参考になる．また，トラブルを事前に発見することができる．ネットワークセンターでは，SNMPを用いたネットワーク管理システムでネットワーク機器を監視しており，異常が発見された場合は原因究明を行う．原因究明では，障害箇所付近のスイッチを通過するパケットを観察する．これを**パケットモニタリング**という．

　次に，時間の管理について取り上げる．**NTP** (Network Time Protocol) は各機器の**時刻同期**すなわち時刻を合わせるプロトコルである．システム管理者やユーザーもシステムの時刻やメッセージの送信時刻を正確に知りたいところだが，ネットワーク管理で重要なのは，ログ (記録) のタイムスタンプの正確性である．ログは問題が起こったときの状況把握と原因究明の最大の手がかりであるが，機器の時刻が合っていなければ順序関係を把握することができない．そのため，時刻同期はセキュリティ管理の面でも重要である．

　また，課金やセキュリティ確保を行うには，ユーザーの管理が重要である．そのため，システムやネットワークにアクセスしてきたユーザーを識別する必要がある．この手続きを**ユーザー認証**という．キャンパスには多くのシステムがあるため，ユーザーが何度も認証を受けずに済むように**統合認証**を行っている．本章ではユーザー認証と統合の仕組みについて述べる．

　また，共用PC室やPC教室には多くのクライアントシステムが設置され授業や演習だけでなく開放されているが，こうしたクライアントシステムはこれまで様々な方法で構築されてきた．ここでは，主に**VDI**について触れる．

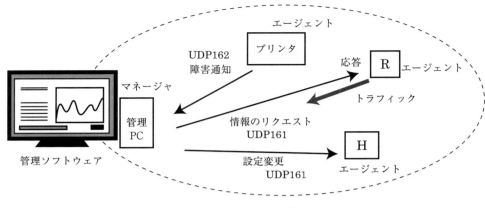

図 8.2　SNMP の動作

8.2　ネットワークの管理：SNMP

SNMP[1] は，ネットワークセンターなどでネットワークを一元管理するためのプロトコルである．図 8.2 では，管理 PC はネットワーク内のスイッチやホストから設定や通信の状態を収集している．SNMP は**マネージャ**と**エージェント**のモデルで構成されている．この図では管理 PC がマネージャで，監視対象のホストやスイッチがエージェントである．厳密には管理 PC に搭載された SNMP に準拠したマネージャソフトと，スイッチの OS に組み込まれた SNMP エージェントが情報交換をしている．

マネージャが機器の識別 ID や通信状況などをエージェントに問い合わせると，エージェントは指示された内容をマネージャに応答する．マネージャとエージェントのやりとりによって管理 PC は各機器の情報を収集する．管理ソフトウェアは，収集した情報を集約し，集計やグラフをディスプレイに表示する．SNMP マネージャはエージェントから情報を収集するだけでなく，エージェントに機器の設定を指示することもできる．また，予めマネージャからエージェントに設定しておくことにより，障害が起こった時にエージェントからマネージャにトラブルの発生やその内容を通知させることができる．このようにして管理者は，管理 PC でシステムの状況を把握し機器の設定を行う．

SNMP の大きな特徴は，管理情報のデータ構造と情報を運ぶパケットの構造である．SNMP は管理の通信であるから，本来のデータ通信を阻害しないようにしなければならないが，管理のためには多くの情報が必要である．そこで，SNMP は管理情報のデータベースとして MIB を用い，その情報を SNMP パケットで交換する．MIB は，少ないデータ量で多くの管理情報を運ぶことができるように設計されている．

---

[1]　Simple Network Management Protocol, RFC3418.

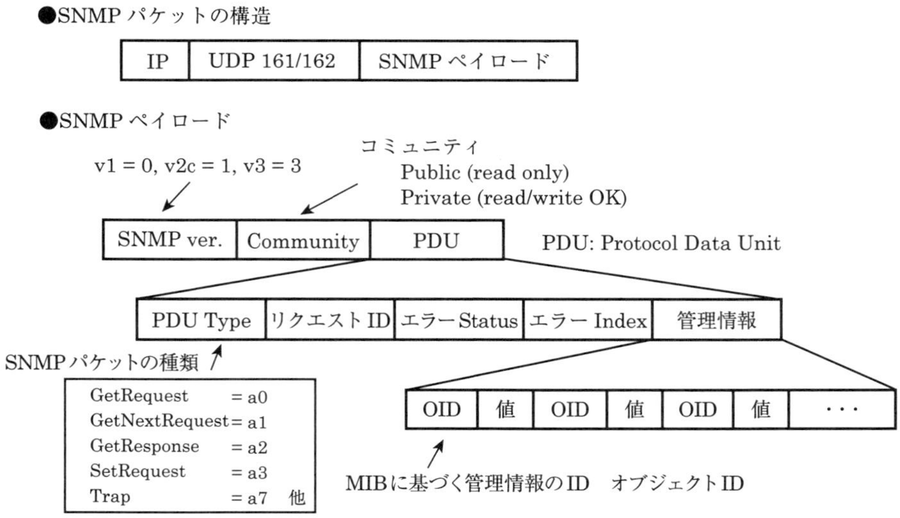

8.2 ネットワークの管理：SNMP

●SNMP パケットの構造

| IP | UDP 161/162 | SNMP ペイロード |

●SNMP ペイロード

v1 = 0, v2c = 1, v3 = 3

コミュニティ
Public (read only)
Private (read/write OK)

| SNMP ver. | Community | PDU | PDU: Protocol Data Unit

| PDU Type | リクエスト ID | エラー Status | エラー Index | 管理情報 |

SNMP パケットの種類

GetRequest　　　= a0
GetNextRequest = a1
GetResponse　　= a2
SetRequest　　　= a3
Trap　　　　　　= a7　他

| OID | 値 | OID | 値 | OID | 値 | ・・・ |

MIB に基づく管理情報の ID　オブジェクト ID

図 8.3　SNMP パケットの構造

　まず，図 8.3 で SNMP パケットの構造を確認しよう．SNMP は UDP 上で動作する IP パケットとして送受信される．SNMP パケットのペイロードに含まれる**コミュニティ**には，Public とPrivate があり，リクエストがエージェントのコミュニティと一致したときのみ応答するものでセキュリティ確保の一種であるが，セキュリティ自体は SNMP ver.3 で大幅に強化されている[2]．基本符号化ルールの 1 つである **TLV 符号化**は，情報符号を，型（Type），長さ（Length），値（Value）で表すものであるが，SNMP はこれに似た形式を用いて管理情報を扱っている．SNMP の管理情報は次ページで述べる OID と値の組で，複数の管理情報が 1 つの SNMP パケットに納められる．

　SNMP パケットは主に 5 種類あり，GetRequest と GetNextRequest は，マネージャからエージェントへ送られる通信状況の報告の要求である．GetResponse は，これらに対するエージェントの応答である．SetRequest はマネージャから機器へ設定する要求で，以上は UDP161 番ポートを使用する．Trap はトラブルが発生したときにエージェントからマネージャに送られる通知を示している．Trap は UDP162 番ポートで通信する．

　SNMP は，ネットワークへ通信負荷をかけずに高速な情報交換をするため下位プロトコルとして UDP を用いている．しかし，UDP はエラー処理をしないため，SNMP 自身がエラー対処を行う．マネージャはリクエストを送信してから，レスポンスが返ってくるまでの時間を計測しており，一定の時間が経過するとタイムアウトとみなして再度リクエストを送信する．障害時のトラップについては，エージェントは問題が解消するまで繰り返し送信し続ける．

---

[2]　SNMP ver.3 のセキュリティについては本書では扱わない．

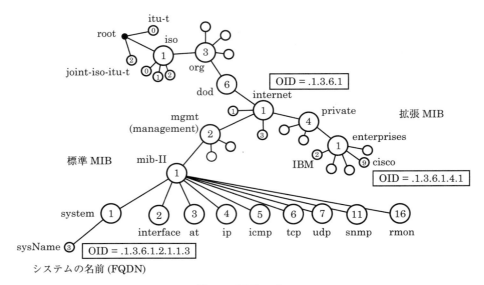

図 8.4 MIB ツリー

　マネージャとエージェントが SNMP パケットで交換する管理情報は **MIB**[3] に記述されている．MIB は，ASN.1 のサブセット **SMI**[4] の管理情報構造を用いている．それは，図 8.4 に示すようなルートを頂点とした木構造で，MIB ツリーと呼ばれている．ツリーの節にあたる部分は項目であり，それぞれの項目に番号が付けられている．この番号をルートから木の枝に沿ってピリオドで区切って連結したものを**オブジェクト ID**（Object ID，OID）と呼び，OID によってすべての情報が一意に表現される．

　マネージャが欲しい情報の OID を SNMP パケットに格納してエージェントにリクエストすると，エージェントはその OID の情報を返信する．たとえば，機器の名前（FQDN）が知りたい場合は，マネージャが .1.3.6.1.2.1.1.3 を OID に指定して GetRequest を送信すると，エージェントは OID に対応する値として機器の名前を返信する．OID は複雑な情報を少ないデータ量で表すことができ，マネージャはこの仕組みで多種多様なデータを収集する．収集されるデータの例としては，機器の名前，ベンダー名，通信ポートの利用状況，稼働時間，VLAN 情報，機器が処理したトラフィック量，コリジョンの回数などがある．また，マネージャからエージェントへの設定リクエストを用いると，NIC の IP アドレスの変更，ルーティングの停止や起動，SNMP の再起動などを指定することができる．

　また，MIB は標準 MIB と拡張 MIB で構成されており，標準 MIB に基本的な機器の情報がほとんど含まれているが，拡張 MIB にベンダー別の管理情報を含めることができ，ベンダー独自の管理情報の収集をすることができる．

---

[3] Management Information Base，RFC 3418，ミブ．
[4] Structure of Management Information，ISO ANSI.1．

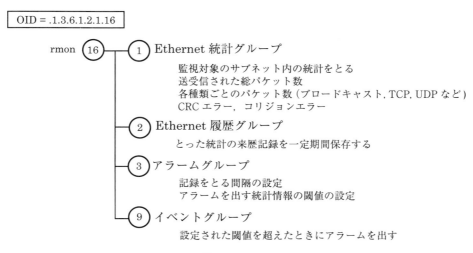

図 8.5　RMON

標準 MIB の .1.3.6.1.2.1.16 である **RMON**[5] は，ネットワークの通信状況の統計情報を表す MIB のサブセットである．対象となるサブネット内に送受信されたパケット数やエラーをカウントして保存する．ログをとる間隔はアラームグループで指定される．急にトラフィックが増えるなどという通信状況の変化は統計の変化として現れる．そこで，アラームグループに統計情報の閾値（しきいち）を定め，それを超えるとアラート情報がイベントグループに書きこまれる．この情報は，Trap としてエージェントからマネージャに送信される．

MRTG[6] は RMON を使ったアプリケーションで，ルーターが処理しているトラフィック量を定期的に収集してグラフ化する．MRTG のグラフに現れるトラフィックの傾向を分析することによって必要なネットワーク性能を求めることができる．また，MRTG のグラフに現れる異常なトラフィックから，セキュリティインシデント（セキュリティ上の問題）を発見することができる．このように MRTG は広くシステム管理に用いられてきた．現在は，MRTG 以外に RMON を含む SMNP に対応した管理ソフトウェアが数多くあり，システム管理に活用されている．

---

[5] Remote MONitoring MIB，RFC 2819，アールモン．
[6] Multi Router Traffic Grapher.

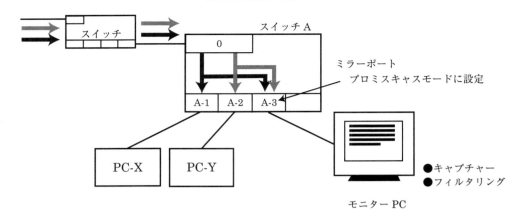

図 8.6　パケットのキャプチャ

8.3　パケットモニタリング

　ホストの通信がうまくいかないときにするべきことは，設定を確認することと通信状況の詳細を把握することである．これらを実行する UNIX コマンドには次のようなものがある．
- ifconfig：NIC の設定を確認する．
- routed：ルーティングテーブルを確認する．
- dig：DNS の応答を確認する．
- ping：ICMP パケットを送信してパケットの到達可否や RTT を調べる．
- traceroute：ICMP パケットを送信して通信経路を調べる．

　さらに，問題のホストが送受信しているパケットを調べると通信状況がよくわかる．これを**パケットモニタリング**という．パケットのモニタリングは，NIC からパケットを取り出す**キャプチャ**と情報のふるい分けを行う**フィルター**からなる．パケットキャプチャー用のライブラリには，PF-PACKET(Linux)，BPF[7](BSD 系 Unix)，WinPcap(WINDOWS) などがあり，それを使ったコマンドやソフトがある．tcpdump は NIC からパケットを取り出して内容を出力する UNIX コマンドであり，Wireshark は必要な情報や統計を見やすく表示するソフトウェアである．

　たとえば，図 8.6 で PC-X が不調な場合，このようなソフトウェアを使って PC-X でパケットモニタリングを行えばよい．しかしネットワーク管理者としては，なるべくユーザーのホストには触らずに通信状況を確認したい．そこで，スイッチ A の通信ポート A-3 を**プロミスキャスモード**に設定すると，スイッチ A を通るすべてのパケットが A-3 にも配送されるようになる．そこで，A-3 にモニター用 PC を接続すると，A-1，A-2 を通過するパケットをモニター PC で受信することができ，PC-X が送受信しているパケットを観察できる．プロミスキャスとは無差別という意味である．

---

[7]　Berkley Packet Filter．

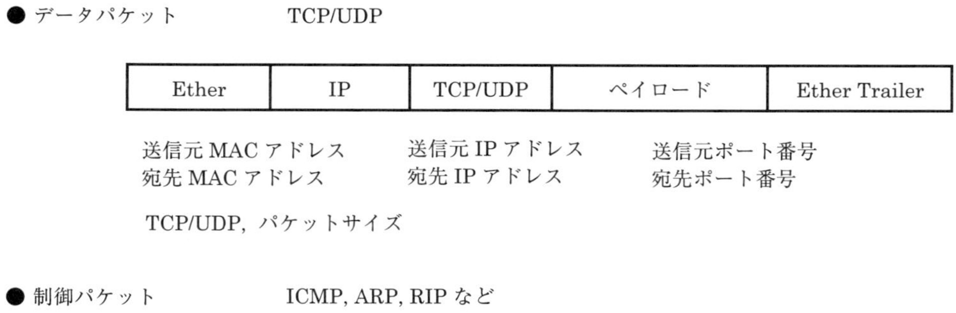

8.3 パケットモニタリング

● データパケット　　　　　　　TCP/UDP

Ether	IP	TCP/UDP	ペイロード	Ether Trailer

送信元 MAC アドレス　　　　　送信元 IP アドレス　　　送信元ポート番号
宛先 MAC アドレス　　　　　　宛先 IP アドレス　　　　宛先ポート番号

TCP/UDP, パケットサイズ

● 制御パケット　　　　　　　　ICMP, ARP, RIP など

図 8.7 モニタリングの内容

　パケットモニタリングで観察できる主な内容はパケットヘッダーの内容である．L2 のデータパケットである Ethernet フレームの構造は，図 8.7 に示されるようなものであった．外側から，フレームヘッダー(図では Ether)，IP ヘッダー，トランスポート層の TCP または UDP ヘッダーの順に続き，そのあとにペイロードとフレームトレイラ(図では Ether Trailer)が続いている．そこで，フレームに含まれる IP パケットのトランスポート層プロトコル，ポート番号，IP アドレス，MAC アドレス，パケットサイズなどがわかる．ポート番号がウェルノウンポートの場合にはアプリケーションプロトコルもわかる．

　同様にして，制御パケットについても，構造が決まっているため，ヘッダー情報や制御情報を解析することができる．ICMP，ARP，RIP，Ethernet や TCP の ACK などの制御パケットの情報より，情報交換の様子が観察できる．各パケットヘッダーのバージョンなどもわかる．パケットをキャプチャしたときの時刻を記録すると，時間的な変化が観察できる．

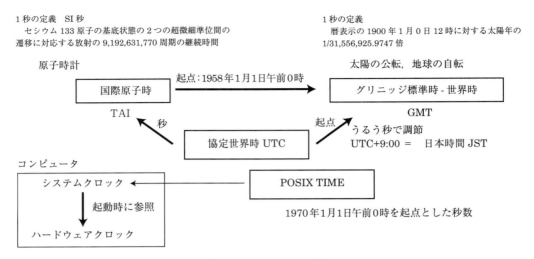

図 8.8　時間と時刻の体系

8.4　時刻同期：NTP

　時刻同期について述べる前に一般的な時間と時刻の定め方について確認しておこう．図 8.8 に示すように，現在，世界各地の標準時は **UTC**[8] を基準時刻として定められている．たとえば，日本の標準時である日本時間 **JST**[9] は，UTC よりも 9 時間早い UTC+0900 である．では，UTC はどのように定められるかというと，起点時刻と 1 秒の長さで定まる．起点時刻は，古くから用いられているグリニッジ標準時 **GMT**[10] の 1958 年 1 月 1 日 0 時である．そして，1 秒は，国際度量衡局（BIPM）が **TAI**[11] に基づいて定めた **SI 秒**である．TAI は世界各地の数百におよぶ**原子時計**の加重平均から 1 秒を定める．一方，GMT は地球の自転・公転周期を元に 1 秒を定めており，1 秒の長さが SI 秒とは異なるため，UTC と GMT は長年の間に少しずつずれる．社会生活の上では時刻は太陽の運行と合っている GMT のほうが便利であるため，UTC は**閏（うるう）秒**[12] を挿入して GMT に合わせている．これによって UTC が定まり，JST など各地の標準時刻が定められる．

　コンピュータでは，**POSIX TIME** が用いられている．POSIX TIME は 1970 年 1 月 1 日 0 時ちょうどを起点とする秒数で，OS が管理する**システムクロック**はこれに準拠している．システムクロックはメモリ上にあるため，システムを停止すると消滅してしまうが，マザーボード上の IC に組み込まれた**ハードウェアクロック**は CMOS クロックとも呼ばれ，電源を OFF した状態でもバックアップ電池で動作している．そこで，OS は，コンピュータの起動時にまずハードウェアクロックを参照してシステムクロックを定めている．しかし，ハードウェアクロックはホスト毎に微妙にずれており，結果的にコンピュータの時刻は各システムによって異なる．

---

[8] Coordinated Universal Time，協定世界時．
[9] Japan Standard Time，日本標準時．
[10] Greenwich Mean Time，グリニッジ標準時．
[11] International Atomic Time，国際原子時．
[12] 閏秒は 2 年に 1 秒程度の頻度で挿入されている．

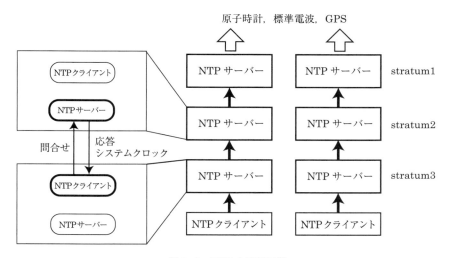

図 8.9 NTP の時刻同期

ネットワークに接続したホストやスイッチは，動作の自動化やログの整合性をとるため，同期すなわち時刻が合っている必要がある．そこで，ホスト間でシステムクロックを同期するプロトコルが **NTP**[13] である．図 8.9 に示すように，NTP はクライアントサーバーモデルを用いており，クライアントが時刻同期のクエリーをサーバーに送信すると，サーバーが自身のシステムクロックをリプライする．クライアントは，自身のシステムクロックを，取得したサーバーの値に合わせる．このとき，同期させるサーバーを **NTP 参照源** という．

1 つのホストにサーバープログラムとクライアントプログラムの両方をインストールすると，クライアントとして別のサーバーにリクエストすることもできるが，サーバーとして他のクライアントにリプライすることもできる．いわゆる NTP サーバーはこのようなホストで，NTP サーバーはクライアントとして他のサーバーの時刻を参照し，NTP 参照源として他のサーバーに時刻を参照させる．こうして，NTP サーバーは次々とシステムクロックを同期していく．ただし，一般の PC は NTP クライアントとして参照するだけで参照源にはならない．

NTP 参照源を上に，同期するサーバーを下に位置づけると **ストラタ**[14] と呼ばれる階層構造を形成する．最上位の NTP サーバーは，stratum1 と呼ばれ，原子時計，**標準電波** あるいは GPS の時刻と同期している．日本の標準電波は，標準周波数局である情報通信研究機構の JJY 無線局が発信しているもので，原子時計を使って精度の高い時刻を発信している．また米国によって運用されている GPS も衛星に搭載された原子時計を使っている．なお，同期の誤差は階層が深くなるほど大きくなるため，ストラタは 16 階層に制限されている．

---

[13] Network Time Protocol, RFC 5905.
[14] strata，地層，ストラタ，単数は stratum，ストラタム．

●NTP パケットの構造

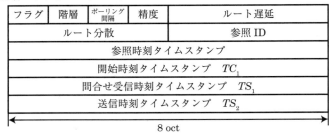

図 8.10　NTP パケットの構造

　NTP では，図 8.10 のような構造のパケットを送受信することにより時刻情報を交換する．UDP123 番ポートを使用する．NTP ペイロード中の"精度"フィールドには，送信側のシステムクロックの精度を 2 のべき乗の形で表したものが記述される．また"ルート遅延"は，電波時計などの一次参照源への往復遅延の合計で，"ルート分散"は**一次参照源**へのルート遅延の誤差で，符号付き 32 ビット固定少数点数で表されている．stratum2 より下のサーバーでは，参照源であるサーバーの IP アドレスが"参照 ID"である．

　NTP では，時刻を 1900/1/1 0:00:00（UTC）を 0 とした秒数で表す．OS は，これを 64 ビットの符号なし固定小数点数で扱い，上位 32 ビットは整数部分で，下位 32 ビット小数点以下の部分とする[15]．

　参照時刻タイムスタンプは，送信側のシステムクロックが最後に設定された時刻を表す．開始時刻タイムスタンプは，クライアントからサーバーへリクエストを送信した時刻（TC_1）を表し，問い合わせ受信時刻タイムスタンプはサーバーへリクエストが到着した時刻（TS_1）を表す．さらに送信時刻タイムスタンプはサーバーからクライアントへリプライを送信した時刻（TS_2）を表す．

　NTP には動作モードが 2 種類ある．**step** モードでは，時刻の誤差を計算してその分を差し引きして時刻を合わせる．しかし，誤差が大きいときに単純に時刻を合わせるとサービス停止や異常動作を引き起こす可能性がある．そこで，**slew** モードでは，合わせる側のコンピュータの 1 秒を少しずつ変化させることによって時刻を合わせる．具体的には，時刻が遅れていれば 1 秒を短く，進んでいれば長くする．そうすると時間が経つに従って徐々に時刻が合うようになる．これによって時刻合わせによる不具合の発生を抑えることができる．ただし，slew モードは時間がかかるため，遅れ時間によって適宜モードを切り替えて使われている．

---

[15] 32 ビットで表せる最大秒数は 2036 年 2 月 2 日 6 時 28 分 15 秒（UTC）に当たり，その次の秒から表すことができない．これは 2036 年問題と呼ばれている．

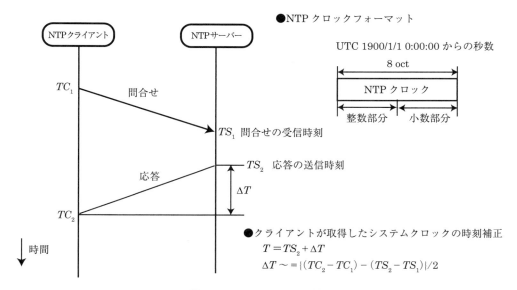

図 8.11 NTPクロックの補正

さて，通信には必ず遅延が発生するが，NTPサーバーとNTPクライアント間の通信の遅延によって取得した時刻に誤差が生じる．そこで，この通信遅延を補正する必要がある．クライアントがリクエストを送信した時刻はTC_1，NTPサーバーがリクエストを受信した時刻はTS_1，リプライを送信した時刻はTS_2であった．リプライを受信した時刻をTC_2として図示すると図8.11のようになる．TS_1とTS_2はNTPサーバーで計測された時刻で，TC_1とTC_2はクライアント側で計測された値であることに注意しよう．

NTPサーバーが送信したNTPパケットがNTPクライアントに到達したときには，NTPサーバーの時刻はΔT進んでいる．そこで，送受信の遅延ΔTは次の式で求められる．

$$\Delta T \sim = \frac{\{(TC_2 - TC_1) - (TS_2 - TS_1)\}}{2}$$

2つのホストはクロックを取得する時点では時刻が合っていないわけであるが，ΔTはそれぞれのホストの時間差から計算するため影響されない．そこで，クライアントにパケットが到着した時点の時刻を$T = TS_2 + \Delta T$とすることにより，遅延の誤差を補正できる．ただし，この式では送信時の通信遅延時間と受信時の遅延を等しいと仮定しているが実際は異なる可能性があり，計算にかかる時間も0ではない．そこで，NTP階層が深くなるにつれ同期の誤差は大きくなっていく．

8.5 ユーザー管理

コンピュータは利用者(ユーザー)を**ユーザー ID** で扱い,ユーザー ID 毎にアクセスできるファイル領域や実行できる機能を定めている.その内容は管理データベースに登録されており,利用開始時に,管理データベースを参照して,アクセス者のユーザー ID からシステムやネットワークへのアクセスの可否を判断する.アクセス者が申告したユーザー ID の所有者であることを確認することを**ユーザー認証**という.

方法としては**パスワード認証**が古くから広く用いられている.単純なパスワード認証では,まず利用者のユーザー ID に対応したパスワードを定めてシステムに登録しておく.使用する際は,ログイン手続きでパスワードを入力してもらい登録パスワードと照合して確認する.ユーザー認証の方法は,このようなパスワード認証以外にセキュリティを強化したワンタイムパスワード認証や,生体認証,PKI 証明書を使う方法などがあるが,それらは第 10 章で扱うことにして,ここでは,単純なパスワード認証を前提にしたユーザー管理の仕組みについて述べよう.

コンピュータがそれほど多くなく,1 人のユーザーが使うコンピュータ数が少なかった時代は,ユーザー管理はサーバー毎に行われ,ユーザー ID もパスワードも異なっていた.しかし,キャンパスネットワークのサーバー数が増え,アクセス権もユーザー毎に異なる状況になってくると,サーバー毎のユーザー管理では様々な問題が出てくるようになった.管理者の登録作業が増えるだけでなく,ユーザーもパスワード管理が難しくなり,パスワードを忘れてログインできず学習や作業ができないといったトラブルも増えた.

そこで,各ユーザーに対して,キャンパス内のシステム全体を統合的に扱う**統合認証(シングルサインオン)**が導入されている.ユーザーのアクセス権は認証サーバーで一元管理されているだけでなく,各システムの資源に対するユーザーの利用が統一的なデータベースで管理されている.ユーザーはどのシステムにも共通の ID とパスワードでログインできるだけでなく,有効期間内であれば一度のログインで複数のシステムを使用することができる.このような統合認証は,8.5.2 項,8.5.3 項で述べるディレクトリサービス LDAP と**ケルベロス認証システム**で構成できる.統合認証を行う製品には Microsoft 社の Active Directory があるが,Active Directory は独自の拡張機能が含まれている.

また,コンピュータと同様に,ネットワークに関してもユーザーを管理し認証する仕組みがある.ネットワーク接続のサービスを顧客に提供する ISP や電気通信事業者は課金するためにユーザーのネットワーク利用を管理する必要があるが,キャンパス内のネットワークもセキュリティ上の理由から学生や職員と外来者とで利用を区別する必要がある.ネットワークのユーザー認証技術である**ラディウス認証**とそれを含む **IEEE802.1X** については 8.5.4 項で述べる.

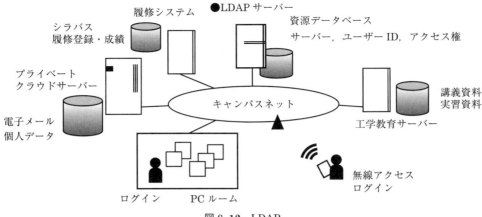

図 8.12　LDAP

8.5.1　ディレクトリサービス：LDAP

8.1 節で述べたキャンパスネットワークで学生が利用できるものとしては，たとえば，共用 PC の他，電子メール，履修システム，英会話システムなどがある．また，所属する学部や学科によってそれぞれ利用できる教材システムがある．

図 8.12 に示すように，**LDAP**[16] は，ネットワーク内のサーバー，機器，ソフトウェア，ユーザーを統合的に管理するプロトコルである．LDAP を用いることにより学生は 1 つのユーザー ID で利用を許可されたシステムすべてにログインできるようになり，管理者は LDAP サーバーで一元的に管理作業を行なえるため，管理コストも削減できる．

LDAP が行うサービスは**ディレクトリサービス**と呼ばれる．ディレクトリの元の意味は名簿や住所録のことで，UNIX ではファイル録といった意味で使われ，Windows や Macintosh でいうファイルのフォルダーを指している．ネットワークにおけるディレクトリサービスとは帳簿の管理といった意味合いから，ネットワーク資源を統一的に管理するサービスを指している．

---

[16] Lightweight Directory Access Protocol，RFC 4511，エルダップ．

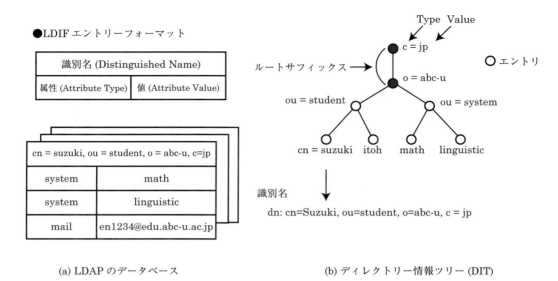

図 8.13　LDIF と LDAP ディレクトリ情報ツリー

　LDAP は情報を **LDIF**(LDAP Interchange Format)で表す．LDIF エントリーフォーマットとその例を図 8.13 に示す．LDIF エントリーは，**DIT**(Directory Information Tree，ディレクトリ情報ツリー)で管理されている．DIT はエントリーを識別する名前を管理するもので，型 Type と値 Value の組をノードとしたツリー構造である．o = abc-u は組織が abc 大学であるということ，c = jp は国が日本であることを表している．この LDAP は abc-u 大学のキャンパスネットワークで運用されているため，ここまでは，ツリーの頂点，ルートサフィックスとして扱われる．

　さらに枝を下に辿ってつなぎ合わせたものが，学生の鈴木さんの識別名 dn になる．LDIF エントリーはこの dn 毎に属性の型と値の組を保持しており，鈴木さんが使用許可されているシステムやメールアドレスの情報がこの形で格納されている．この登録の例では，鈴木さんという学生のもので，識別名の cn = suzuki は名前が鈴木であることを示し，ou = student は学生であることを示している．エントリーは属性と値の組で表され，鈴木さんは，数学システム math および語学システム linguistic が使用でき，電子メールアドレスは，en1234@edu.abc-u.ac.jp である．

　システムに関しても同じフォーマットで情報が集約され管理されている．PC ルームのクライアントから，たとえば語学システムにログインしようとすると，LDAP サーバーはそのユーザーが LDAP データベースで語学システムにアクセス許可がされているかどうか，語学システムに替わってチェックする．LDAP サーバーと語学システムは，LDIF フォーマットでデータを交換してユーザーの登録情報を共有している．

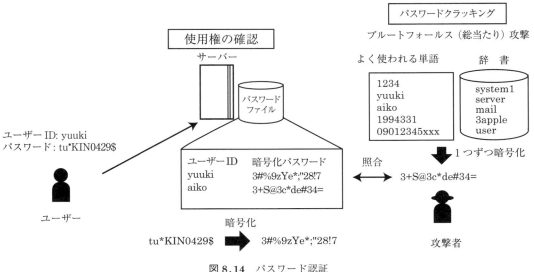

図 8.14　パスワード認証

8.5.2　パスワードによるユーザー認証

(1) 単純なパスワード認証

　パスワード認証とは，ユーザーとシステムの間でパスワードと呼ばれる秘密の文字列を予め定めておき，アクセス者が入力したパスワードがシステムの登録と合致したときシステムがアクセス者をユーザーと認める仕組みで，簡単なため，古くから現在まで広く用いられている．

　パスワード認証のセキュリティについて確認しておこう．ユーザーが登録したパスワードはコンピュータのパスワードファイルに保管されている．保管方式は OS によって異なり，暗号化して保存する方法やハッシュ値を求めて保存する方法がある．しかし，パスワードファイルを窃取されると，図 8.14 に示すように，**パスワードクラッキング**によってユーザーが設定したパスワードを知られる可能性がある．アクセス権を守るためのユーザーの防御手段としては，複雑なパスワードを用いる，パスワードを定期的に変更する，複数のサイトで同じパスワードを使い回さないなどがある．

　しかし，人が扱えるパスワード長には限界があるため，**ブルートフォース攻撃**（総当たり攻撃）と呼ばれるパスワードクラックが有効である．この攻撃では，攻撃者は辞書に載っている単語や人名に数字を付加したり逆順にしたりするなどの処理を加えてパスワード候補を生成し，暗号化してパスワードファイル内の文字列と照合する．保管の暗号強度を上げてもブルートフォース攻撃の防御にはならない．そこで，共用 PC や入館システムでは，データ量が圧倒的に多い指紋，虹彩による生体認証や IC カードによる認証が用いられるようになっている．

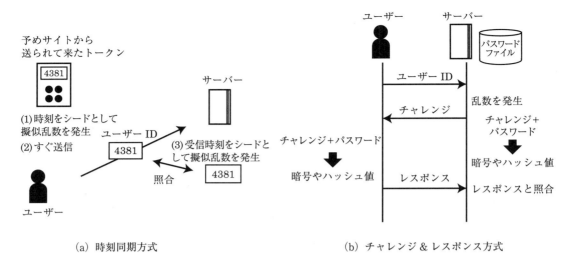

図 8.15　ワンタイムパスワード認証

(2) ワンタイムパスワード認証

図 8.15 は，**ワンタイムパスワード**による認証方式を示している．ワンタイムパスワード認証方式は認証のたびにパスワードが変化するもので，時刻同期方式とチャレンジアンドレスポンス方式の 2 種類がある．図 8.15(a) に示す**時刻同期方式**では，**ハードウェアトークン**が予めユーザーに配布されている．ハードウェアトークンというのは，操作時刻をシードとして擬似乱数を発生する機器である．ユーザーはトークンで擬似乱数を発生させサーバー側に送信する．サーバーは乱数の着信時刻をシードとして同じ手順で擬似乱数を発生させ，ユーザーから送られてきた数値と照合して合致すれば，登録ユーザーからの通信であると認める．

ユーザーが操作した時刻とサーバーに乱数が着信した時刻にはずれがあり，サーバーとトークンの時刻も完全には同期していないため，時刻の許容範囲を ±1 分程度とする．また，サーバーは認証したときにトークンの時間のずれを保存しており，次回はそれを加えてシードとする．ユーザーがサーバーへ送信する数値はパスワードに相当するが，時刻が変わる毎に変化するため強度が高く記憶する必要もない．ハードウェアトークンを用いた時刻同期方式のユーザー認証は銀行などで導入されている．

図 8.15(b) に示す**チャレンジアンドレスポンス方式**では，クライアントがサーバーにアクセス要求をすると，サーバーがクライアントに**チャレンジ**と呼ばれる乱数を送信する．ユーザーはチャレンジとパスワードから第 10 章で述べる暗号やメッセージ認証のハッシュ値を生成し，サーバーに返送する．これを**レスポンス**と呼ぶ．サーバーはチャレンジとユーザーパスワードから同じアルゴリズムでビット列を生成し，レスポンスと照合することでユーザーを認証する．

その他，ネット商取引などでは **2 要素認証**が用いられている．メールアドレスを登録しておき，パスワード認証に加えてメールで送られてきた文字列をさらに入力する，あるいは，メールで指定される認証用の WWW ページにアクセスさせるなど，様々な方法がある．

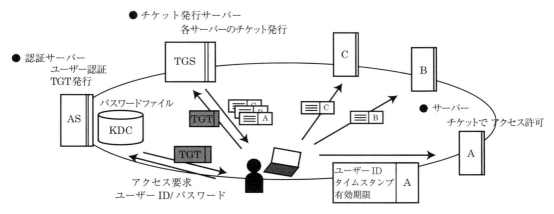

図 8.16 ケルベロス認証

8.5.3 シングルサインオン：ケルベロス認証

一般にキャンパスネットワークでは複数のシステムが運用されているが，ユーザーがログインする時，ユーザー ID やパスワードがシステム毎に違っていると不便である．そこで，1 人のユーザーに対しては 1 組の ID とパスワードでどのシステムにもログインできるようにしたい．これを**シングルサインオン**という．**ケルベロス認証**[17] はシングルサインオンを行うための認証の仕組みである．

図 8.16 では，ユーザーがクライアントからサーバー A にログインしようとしているところである．ケルベロス認証ではユーザー ID とパスワードは**認証データベース**（Key Distribution Center, KDC）に保存されている．ユーザーが ID/パスワードを入力すると，クライアントは，ID/パスワードを**認証サーバー**（Authentication Server, AS）に送信する．AS は KDC がもつ認証データベースと照合して，合致すれば，元チケットである **TGT**（Ticket Granting Ticket）を発行する．次にクライアントは，**チケット発行サーバー**（Ticket Granting Server, TGS）に TGT を送って A，B，C 各サーバーへのチケットを要求する．すると TGS は，TGT のタイムスタンプと有効期限を確認して，それぞれのサーバーへのチケットを発行する．チケットには，ユーザー ID，タイムスタンプ，有効期限が書き込まれている．そこでクライアントは A へのチケットをサーバー A に送信すると，サーバー A はチケットに記載されたユーザー ID でアクセス権を確認し，ユーザーはサーバー A にアクセスできるようになる．

ユーザーが A に引き続いてサーバー B にログインしようとすると，クライアントは B にチケットを送る．サーバー B は A と同様にチケットの有効性とアクセス権を確認してアクセスを許可する．これはクライアントとサーバー間で自動的に行われるため，ユーザーはサーバー B に改めてログインする必要がない．最初に一度ログインすれば，A，B，C どのシステムにもアクセスすることができる．

---

[17] Kerberos Authentication, RFC4120．ギリシャ神話に出てくる地獄の多頭の番犬に由来している．

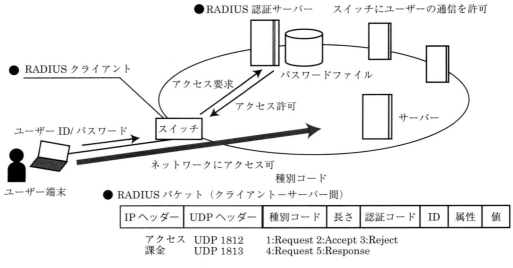

図 8.17　ラディウス認証

8.5.4　ネットワークのユーザー認証

(1) ラディウス認証

　無線 LAN を使うとき，SSID を選択した後，パスワードの入力を求められることが多くなっている．このパスワードはユーザーのネットワークの利用権を確認することによってセキュリティを確保するためである．しかし，共通のパスワードを使う点ではセキュリティが高いとはいえない．**RADIUS 認証**[18] はネットワークへのアクセスに当たってユーザーを認証する規格である．RADIUS 認証はケーブルの電話回線でインターネットにアクセスしていた時代から，ユーザー課金すなわち通信料をユーザーに請求するため使用されてきた．

　図 8.17 に示すように，RADIUS はクライアントサーバーシステムで構成されており，ユーザーが接続要求をするスイッチやアクセスポイントが RADIUS クライアント，ユーザーの ID パスワードを管理していて認証を行うのが RADIUS 認証サーバーである．最初 RADIUS クライアントはユーザー端末からの通信をブロックしている．RAIDUS クライアントは，ユーザー端末からアクセス要求を受け取るとユーザーに ID パスワードの入力を促す．ユーザーが ID パスワードを入力すると RADIUS クライアントは IP 通信（UDP）で RADIUS 認証サーバーにアクセス要求を送信する．RADIUS 認証サーバーは ID パスワードをパスワードファイルと照合して一致すればアクセス許可を RADIUS クライアントに送信する．RADIUS クライアントはブロックを解除し，ユーザー端末はネットワーク内部のサーバーにアクセスできるようになる．このとき，RADIUS サーバーは外部の認証データベースを参照することも可能で，複数の RADIUS クライアントからの認証要求やネットワークの接続時間やデータ量の収集もできる．

---

[18] Remote Authentication Dial in User Service（RADIUS，ラディウス），RFC2865．

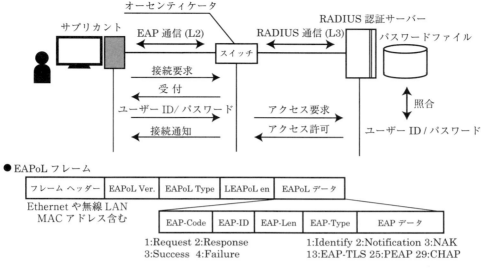

図 8.18　IEEE802.1X の構成

(2) IEEE802.1X

　RADIUS 認証を用いるためには，ユーザー端末から RADIUS クライアントヘリクエストを送信する必要がある．電話回線時代は **PPP**[19] というデータリンク通信規格が用いられていた．PPP 自体も **PAP**[20] および **CHAP**[21] による認証機能をもっていたが，PPP の認証データを運ぶ機能を利用し RADIUS 認証を組み合わせてネットワークのユーザー認証を行なっていたのである．

　しかし，インターネットが普及して Ethernet や Wi-Fi が広く用いられるようになると PPP を拡張する必要が生じ，図 8.18 に示すような構成の **IEEE802.1X**[22] が策定された．IEEE802.1X では，ユーザー端末は**サプリカント**，スイッチ類は**オーセンティケータ**と呼ばれ，IEEE802.1X はこれらと RADIUS 認証サーバーで構成されている．サプリカントはオーセンティケータと **EAP**[23] で通信する．EAP は PPP を拡張可能にした規格でパスワードや通信データをオーセンティケータに運ぶ枠組みである．Ethernet や Wi-Fi でアクセスする場合は，MAC アドレスを含むフレームヘッダーを追加した **EAPoL**[24] フレームで通信する．オーセンティケータは EAP に含まれたパスワードを UDP で RADIUS 認証サーバーに送り認証を受ける．

　以上，ID パスワードによるユーザー認証について述べたが，IEEE802.1X は，さらに認証機能が強化され，無線 LAN のセキュリティ規格 IEEE802.11i のユーザー認証に用いられている．これについては第 11 章で述べる．

---

[19] Point-to-Point Protocol，RFC1661．
[20] PPP Password Authentication Protocols，廃止，パップ．
[21] Challenge Handshake Authentication Protocol，RFC1994，チャップ．
[22] IEEE802.1X，アイトリプルイーハチマルニテンイチエックス．
[23] PPP Extensible Authentication Protocol，RFC3748，エアップ．
[24] EAP over LAN．

8.6 クライアントシステムと VDI

PC 教室，図書館の共同利用 PC，公共施設の PC コーナー，ネットカフェなどには，クライアント PC が数多く設置されている．このようなクライアント PC を考えよう．まず，PC 教室などでは，PC のユーザーは多人数であるが特定されている．ユーザーはどの PC でも自分の固有なユーザー ID でログインでき，自身のデータにアクセスできる．そのため，統合認証サーバーでユーザー認証を行い，ファイルサーバーでユーザーデータを保管する．一方，不特定多数のユーザーが次々と来て使用するような環境では個々のユーザーの環境は必要ないが，クライアント PC はいつでも使えるようになっている必要がある．

クライアント PC に対するユーザーからの要件は次の通りである．
・いつでも使える PC がある
・起動が早い
・アプリケーションが揃っている
・レスポンスが早い
・十分なストレージが使える

また，管理者からの要件は次のようなものである．
・管理の手間が少ない．
・トラブルが発生しても，システムを容易に元の状態に復元できる．

このような要件を満たすため，様々なクライアントシステムの構築スタイルが考案されてきた．
環境復元型クライアントシステムは，各クライアント PC のストレージに復元に必要なシステムを置いておくものである．トラブルが起こった時には簡単に環境を復元でき，システムの起動や性能も問題ない．しかし，PC 1 台 1 台を個別に対処しなければならないことや環境変更の時に部屋を閉鎖しなければならないといった管理の手間がかかるという問題がある．

そこで，**ディスクレスクライアント**が使われるようになった．ディスクレスクライアントとはストレージをもたないコンピュータのことで，**シンクライアント**(Thin クライアント)とも呼ばれている．**ネットワークブート型**のディスクレスシステムでは，クライアントに電源が入ると，ブートローダーがサーバーから**ブートストラップ**を取得して起動する．ブートストラップとは起動に必要な OS の部分のことである．システムのコンフィグレーションすなわち設定は DHCP で行い，サーバーから必要なアプリケーションを取得して環境を整える．このようにクライアント PC をサーバーで一元管理ができるため管理の手間が少ない．クライアント PC にはデータを保存することができず，アプリケーションもインストールできないが，不具合があっても再起動すると必ず適正状態に復旧できる．システムの実行はクライアントで行うため操作時の性能が低下することはない．しかし，ネットワークブート型ディスクレスシステムは，起動に時間がかかるという問題点がある．とくに授業で一斉に PC を起動するとき，現実的なレスポンスを得るためには配信サーバーに高い性能が要求される．

8.6 クライアントシステムと VDI

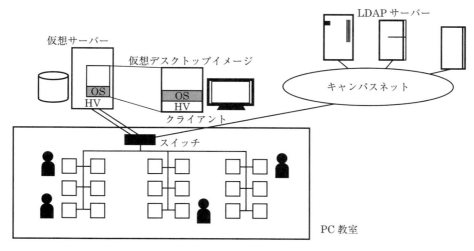

図 8.19　仮想環境：VDI（クライアントハイパーバイザ方式）

ディスクレスクライアントに代わって注目されるようになったのは **VDI**[25] である．VDI もサーバー側で一元管理をするため管理の手間が少なくシステムの復元性もよい．リモートデスクトップ方式とクライアントハイパーバイザ方式がある．**リモートデスクトップ方式**は，サーバー側で仮想デスクトップを実行し，ネットワークを通じて画面をクライアントに転送するというもので，起動に時間がかかることはなくクライアントの負荷も小さい．しかし，ネットワークとサーバーに高い性能が要求され，クライアント PC が多いと操作時のレスポンスが遅くなる可能性がある．

クライアントハイパーバイザ方式は，まず，ハイパーバイザー[26] を使ってクライアント側とサーバー側に共通の実行環境を生成する．ハイパーバイザーはこの様子を図 8.19 に示す．サーバーは，仮想デスクトップのディスクイメージを生成してクライアントに配布し，クライアントは仮想デスクトップイメージを実行する．この方式では，デスクトップイメージをサーバーが管理しているためクライアントの環境復元は容易である．また，配布されるのがデスクトップイメージであるため，ディスクレスシステムより起動が速い．また，仮想デスクトップの実行はクライアントで行われるため，操作時のレスポンスはよい．クライアントでは仮想環境が作れればよく機種や状態を選ばない．そこで，業務とインターネットを隔離するなどのセキュリティ上の理由で，業務クライアントでも VDI が活用されている．

---

[25] Virtual Desktop Interface，仮想端末，Virtual Desktop Infrastructure，仮想環境．
[26] hypervisor は，PC 内に仮想的に PC を構築するための制御プログラムで，仮想化 OS とも呼ばれる．

152   第 8 章　ネットワークの管理

キーワード

【ネットワークの管理：SNMP】

SNMP，マネージャ，エージェント，トラップ，コミュニティ，TLV 符号化，MIB，SMI，オブジェクト ID，RMON，MRTG，パケットモニタリング，キャプチャ，フィルター，プロミスキャスモード

【時刻同期：NTP】

UTC，GMT，TAI，原子時計，SI 秒，うるう秒，POSIX TIME，NTP，システムクロック，ハードウェアクロック，NTP 参照源，ストラタ，標準電波，step モード，slew モード

【ユーザー認証】

統合認証，LDAP，ディレクトリサービス，LDIF，DIT，ユーザー認証，ユーザー ID，パスワード認証，パスワードクラック，ブルートフォース攻撃，ワンタイムパスワード認証，時刻同期方式，ハードウェアトークン，チャレンジアンドレスポンス方式，チャレンジ，レスポンス，2 要素認証，シングルサインオン，ケルベロス認証，チケット，ラディウス認証，IEEE802.1X，EAP，PAP，CHAP

【クライアントシステムと VDI】

環境復元型クライアントシステム，ディスクレスクライアント，シンクライアント，ネットワークブート型，ブートストラップ，VDI，リモートデスクトップ方式，クライアントハイパーバイザ方式

章末課題

8.1　SNMP

(1) SNMP が用いているエージェントマネージャモデルとクライアントサーバーモデルとの違いを説明しなさい．

(2) 管理データベース MIB の特徴を述べなさい．また，なぜこのような仕組みになっているのか考察しなさい．

8.2　パケットモニタリング

プロミスキャスモードを用いたパケットモニタリングを次のような観点で考察しなさい．

(1) 管理での利用価値

(2) モニタリングの性能

(3) 問題点

8.3　NTP

NTP サーバーに時刻を問い合わせたところ，もし，次のような返信があったとすれば，ローカル PC の時刻は NTP カウントでどのくらい遅れていたか，または進んでいたか．

開始時刻タイムスタンプ	99,999,999,980,
問合せ受信時刻タイムスタンプ	99,999,999,990,
送信時刻タイムスタンプ	100,000,000,010,
返信の受信時刻 NTP	100,000,000,060,

8.4 パスワード認証

(1)パスワードファイルは強い暗号で暗号化保管されているのにも関わらず，攻撃者にパスワードファイルを入手すると解読されてしまう危険性がある．解読の方法とそれがなぜ有効なのか説明しなさい．

(2)時刻同期方式とチャレンジアンドレスポンス方式を比較しなさい．

(3) 研究課題 　インターネットの各サイトで行なっているパスワード認証の強化について調べなさい．

8.5 統合認証

(1)図8.12のPCルームで工学講義資料を閲覧しようとしている．PCを起動してログイン画面が表示されてから，講義資料リストが表示されるまでにLDAPとケルベロス認証がどのように使われるか手順を追って説明しなさい．

(2)統合認証システムを使っている場合，ユーザーIDとパスワードはどこに保存されているか．

(3)チケットにタイムスタンプと有効期限を書かれているのは何のためか．

8.6 ネットワークのユーザー認証

(1)ネットワークのユーザー認証とはどのようなものか？

(2)ネットワークにEthernetで接続されたPCの場合，どのような方法で認証するか？

8.7 クライアントシステムとVDI

次の各システム構成をシステム要件から評価し，表にまとめなさい．

・システム構成：

　環境復元型，ネットワークブート型ディスクレス，リモートVDI，クライアントハイパーバイザVDI

・システムの要件

　実行レスポンス，起動時間，環境復元性，要求性能(クライアント/サーバー/ネットワーク)

参考図書・サイト

1. G. Carter(でびあんぐる 監訳)，「LDAP：設定・管理・プログラミング」，オライリー，2003
2. J. Hassel(アクセンステクノロジー 訳)，「RADIUS：ユーザ認証セキュリティプロトコル」，オライリー，2003
3. ネットワークエンジニアとして，http://www.infraexpert.com
4. NICT標準時関連，http://jjy.nict.go.jp/index.html

9 ネットワークセキュリティ

要約

ネットワークを運用するときは，サービス環境を維持し，個人や組織の情報資産を保護するため，ネットワークセキュリティの確保が必須である．本章では運用管理を中心に基本的なネットワークセキュリティの仕組みについて述べる．

9.1 インターネットへの脅威

　ネットワークアタックやコンピュータウイルスの拡散のようにインターネットの円滑な情報通信を妨げる行為をインターネットへの**脅威**(Threat)という．インターネットへの脅威は，表 9.1 に示すようには大きく 2 つに分類される．1 つはインターネットサービスの停止である．サーバーコンピュータが停止したりソフトウェアが破壊されたりするとインターネットを通じたサービスはできなくなり，社会活動が麻痺してしまう．**サービス不能**，**サービス妨害**ともいわれる．もう 1 つは，データの改ざん，傍受，漏洩・流出である．ストレージに保存されたデータは**情報資産**と呼ばれる重要なものであり，Web サイトの改ざん(書き換え)，機密情報の漏洩，個人情報の流出などのデータの操作は，社会全体に大きなダメージを与える．

　これらの目的を達する方法が攻撃である．まず，**脆弱性攻撃**が挙げられる．**セキュリティホール**(OS やソフトウェアのバグや不具合)を利用して，**ターゲットサーバー**(攻撃の標的にされたサーバー)の停止，データの操作を行うことである．ただし，脆弱性攻撃だけでは攻撃の内容が限られる．

　次に**不正アクセス**が挙げられる．不正アクセスは本来アクセス権のないサーバーにログインをすることである．古くからある方法では，まず，脆弱性攻撃でパスワードファイルを入手する．パスワードファイルは暗号化されているが弱いパスワードは**辞書攻撃**などにより容易に復号できる．管理者権限による不正アクセスが成功すると，サービスソフトウェアの停止や重要なデータの改ざんや個人情報の漏洩・流出などが可能になる．しかし，操作中にシステム管理者に発見される可能性があり，操作量も限定される．

9.1 インターネットへの脅威 155

そこで，"不正プログラムのインストール・実行"によって攻撃の高度化と拡散が図られている．サーバーは不正アクセスによって不正プログラムをインストールできるが，クライアントコンピュータは外部からアクセスできないため，クライアントのユーザーに**トリガーアクション**（実行動作）をさせる．たとえば，**標的型メール**と呼ばれる巧妙な偽の電子メールに不正プログラムを添付して送り，ユーザーが添付ファイルを開けるアクションでインストールを開始する．また，**フィッシング**では，悪意 Web サイトに誘導し，ユーザーの画面のクリック動作で不正プログラムのダウンロードとインストールを開始する．このような不正プログラムの多くは，自身のコピーを他のユーザーへ自動的に送信して拡散し，感染すなわち動作を発現する機能を持っているため，**コンピュータウイルス**と呼ばれている．感染機能をもたない不正プログラムもあり総称して**マルウェア**と呼ばれている．

さらに，悪意のないサーバーやクライアントが他のサーバーへの攻撃に利用されることが少なくない．そのようなコンピュータを，サーバーの場合は**踏み台**，クライアントの場合は**ボット**という．踏み台やボットは指令サーバーにアクセスし指令に従って他のサーバーを攻撃する．一般にサーバーは常にリクエストを受け付けて処理を行っているが，処理能力を超える大量のリクエストやパケットを受信すると停止してしまう．通常，サーバーには高性能なコンピュータが用いられているが，踏み台やボットから一斉に大量のパケットを送信されるとシステムが停止し，サービスができなくなる．これは **DDoS 攻撃**[1] と呼ばれている．

表 9.1　インターネットへの脅威

(a) 目的

タイプ	インシデント	例
サービス停止	システムの稼働停止	官公庁サイト
	ソフトウェアの実行停止	商取引サイト，企業サイト 学術機関サイト
データ操作	データの改ざん データの漏洩・流出	Web 公開データの改ざん 機密情報の漏洩，個人情報の流出

* 悪意 Web サイト 　マルウェア配布サイト 　フィッシング詐欺サイト

(b) 攻撃

攻撃	対象	方法	目的
脆弱性攻撃	サーバー・クライアント	バッファーオーバーフロー他	攻撃コードの送込み，実行
	サーバー	Open SSL　Heartbleed	パスワード，秘密鍵の流出 悪意 Web サイトに誘導
不正アクセス	サーバー	脆弱性攻撃 パスワードクラック	データの改ざん，漏洩・流出 マルウェアのインストール・実行
マルウェアのインストールと実行	サーバー	脆弱性攻撃，不正アクセス	システム異常
	クライアント	電子メールの添付ファイル Web サイトからのダウンロード	データの改ざん，漏洩・流出 ボット化，踏み台化
DDoS 攻撃	サーバー	大量データ送信による システム停止	サービス停止

---

[1]　Distributed Denial of Services，分散型サービス不能攻撃，ディードス．

9.2 情報セキュリティ

9.2.1 情報セキュリティの要素

これらの脅威からシステムを防御しデータを保護するのが**情報セキュリティ**である．まず，ユーザーとクライアントコンピュータのセキュリティ対策を確認しておこう．

クライアントは，ネットワーク経由で外部から攻撃を受けることはないのであるが，盗難や紛失など不測の事態に備えて，**ユーザー認証**をするべきである．ユーザー認証とは，ユーザーの使用の可否を判定するためにアクセス権を判定することで，パスワードを使う認証が広く用いられている．ユーザーが管理するパスワードは，所有するPCだけでなく外部のサーバーのものであることも多い．判定に使うパスワードの登録ファイルはPC内では暗号化されて保存されているが，ソフトウェアによって解読（**パスワードクラッキング**）される可能性があるため，なるべく長く複雑で辞書から推測できないパスワードをつける必要がある．

第二に脆弱性攻撃の対策が挙げられる．OSやソフトウェアメーカーは日常的にセキュリティホールを調べ，修正する**パッチファイル**を作成している．他の修正と一緒にアップデートファイルとして公開するため，アップデートファイルが発表されたときは直ちにインストールすべきである．また，**セキュリティ対策ソフト**による保護が必要である．セキュリティ対策ソフトをインストールし，ソフトのメーカーが提供するパターンファイルを日々更新することで，電子メール添付やフィッシングによるクライアントコンピュータのマルウェア感染とボット化を防ぐ．

第三に，万が一クライアントシステムが動作しなくなってしまった場合に備え，常々データのバックアップをとることが必要である．マルウェア感染だけでなく，紛失やハードウェアの故障などの場合も，バックアップしてあれば復元することができる．また，データを暗号化して保存しておくと流出しても他者に内容を見られることがない．

以上，パスワード管理，ソフトウェアアップデート，セキュリティ対策ソフトウェアの導入，バックアップが，ユーザーが守るべき基本的な情報セキュリティである．

ここで，情報セキュリティの正確な定義について述べよう．**JIS Q 27002（ISO/IEC 27002）**では，情報セキュリティとは，**機密性**（Confidentiality），**完全性**（Integrity），**可用性**（Availability）を維持することであると定義されている．機密性というのはアクセス権が正しく行使されることであり，ユーザー認証や暗号化を行って不正アクセスを防止することは，機密性の確保にあたる．完全性は，処理やデータの本来の姿が正しく保たれているという意味で，アップデートやセキュリティ対策ソフトによる保護によって脆弱性攻撃や不正プログラムのインストールを防ぐことが完全性の確保に相当する．可用性はユーザーが必要な時にシステムやデータを利用できることを指し，バックアップや冗長化がその対策である．その他，**責任追跡性**（Accountability），**真正性**（Authenticity），**信頼性**（Reliability）を含めてセキュリティ6大要素と呼ばれている．表9.2にそれらの意味と具体的な例を示す．

9.2 情報セキュリティ　　157

　それでは，サーバーの対策はどのようなものだろうか．サーバーの場合には，外部に対してサービスを提供しているだけでなく，公開データおよび多数のユーザーのデータを保有しているため，攻撃を受けると社会に大きな影響を及ぼす．サーバーのセキュリティ対策では，クライアントと同様な基本対策の他に強化された対策が施されている．

- ・管理ユーザーに対しては高度なユーザー認証を用いる（機密性）
- ・ソフトウェアのアップデートおよびサーバー固有な対策ソフトウェアを稼働させる（完全性）
- ・システムを冗長化する，データのバックアップを定期的にとる（可用性）
- ・アクセスや実行の記録をとる（責任追跡性）
- ・暗号通信でサービスする（真性性）
- ・システム動作を常時監視し正常な稼働状態を保つ（信頼性）

　ここで，冗長化とは，同じサーバーを複数台同時稼働させ1台が停止しても他の1台がサービスを継続できるようにすることである．このようにセキュリティが強化されたホストを**要塞ホスト**と呼ぶ．しかし，個々のサーバーを対策するだけでは，十分に情報セキュリティが確保されるとはいえない．たとえば，DDoS攻撃はサーバーに対する攻撃であるが，サーバー自身がDDoS攻撃を防御するよりもサーバーに攻撃が及ばないように別のシステムで防御したほうが安全性は高い．そこで，サーバーが設置されているキャンパスネットワーク全体のセキュリティを考え，サーバー自身のセキュリティもその中に含めて設計する．なお，暗号と認証の技術によるセキュリティ確保に関しては第10章で述べる．

表9.2　情報セキュリティの要素

セキュリティ要素	意　味	破られた状態	防御
機密性 Confidentiality	アクセス権が守られていること	脆弱性攻撃，不正アクセス，機密情報漏洩，個人情報流出	ファイアウォール，IDS/IPS，WAF，ユーザー認証，暗号化
完全性 Integrity	処理やデータの状態が本来あるべき姿に保たれていること	マルウェア感染，踏台化，ボット化，Webページ，メッセージの改ざん	ソフトアップデート，マルウェア対策ソフトメッセージ認証
可用性 Availability	ユーザーが必要な時にシステムやデータを利用できること	DoS攻撃や災害，機器トラブルによるサービス停止，データ消失	リバースプロキシ，システム冗長化，データの二重保管
責任追跡性 Accountability	起こったことに対する責任を追跡できること	ログ未取得，ログの改ざん行為者の否認	ログ改ざん防止
真正性 Authenticity	本物であること	なりすまし フィッシング	デジタル署名
信頼性 Reliability	システムが矛盾なく動作すること データに誤りがないこと	過負荷によるシステム異常	システム監視

9.2.2 セキュアネットワーク

　情報セキュリティが確保された安全なネットワークを**セキュアネットワーク**といい，ネットワークに情報セキュリティ対策を行うことを**ネットワークのセキュア化**という．セキュアネットワークの原則は，

- **権限最小化**：アクセス権や機能を最小化する
- **徹底防御**：防御に例外を作らない
- **隘路(あいろ)**：出入口を狭くした隘路構造を作って防御する
- **フェイルセーフ**：誤動作が起こったときには安全側に変化するよう設計する
- **シンプル**：全体の構成を簡単にする

であるといわれている．複数のサーバーやクライアントを抱えるキャンパスネットワークでは，これらの原則に則ってセキュリティ対策を行なうべきである．この様子を図9.1に示す．

　まず，権限最小化について例を挙げる．インターネットサービスは，電子メール，WWW，遠隔ログイン，ファイル転送など様々なものがあり，これらのサービスを1つのサーバーで稼働させることができる．しかし，セキュリティの面からは1つのサーバーで稼働させるサービスは1つに限定し，サービスが複数の場合はそれぞれ異なるサーバーでサービスするべきである．また，各サーバーで動作させるアプリケーションや設置するインターフェイスも必要最低限にする．サービスに必要なポート以外のポートを遮断して必要ないパケットを受信しないようにする．さらに，一般ユーザーの認証は認証サーバーで扱い，Webサーバーや電子メールサーバーにユーザーを登録しない．登録するユーザーは，管理に必要な最低限にする．

　セキュリティホールは，セキュリティに問題があるソフトウェアのバグ(ミス)などであるが，ホール(穴)という言葉は徹底防御の原則をよく表している．1カ所に問題があれば他がどんなに堅固であってもセキュリティを確保することはできない．しかし，セキュリティは費用や労力がかかるため例外をつくって便宜を図ろうとしがちである．徹底防御の原則はそのようなことを戒めている．

　隘路というのは狭い通路という意味で，ネットワークを設計するときに通信の出入口を1つにして隘路構造をもたせ，この出入口を防御せよという意味である．そのため，**ファイアウォール**と**IDS/IPS**を設置する．ファイアウォールは，英語の意味は防火壁であるが，ネットワークセキュリティの分野ではネットワークを防御する仕組みを指し，通信の関所の役割を果たす．IDS/IPSは通信を監視して不正な通信をいち早く検知し防御する装置である．これらについては，9.3～9.6節で解説する．

9.2 情報セキュリティ

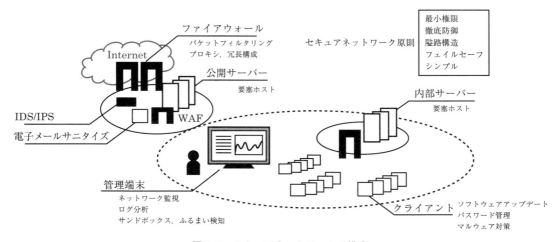

図 9.1 セキュアネットワークの構成

　フェイルセーフの原則は，セキュリティ以外のトラブルが発生してシステムが正常稼働しなくなった場合，むしろセキュリティが強くなるように設計せよということである．災害やシステムトラブルを起こして攻撃するようなタイプの脅威を想定したものである．ただし，機器はトラブルやメンテナンスのために停止する必要があるため，サーバーだけでなくファイアウォールや IDS/IPS などのセキュリティ機器や重要なスイッチ類は**冗長化**することによって，ネットワークの機能の維持を図る．また，キャンパスネットワークの中でより高いセキュリティを必要とする部分にはさらにファイアウォールを設置して防御を**多段化**する．

　また，ネットワークやシステムの構造はシンプルにしておくべきである．複雑なほうが攻撃しにくいのではないかと思われがちであるが，組織ではネットワークの運用管理担当者が 1 人ではなく交代していく．システムが複雑であると容易に理解できないためセキュリティホールの発見が遅れたり不要な例外を作られたりする原因になる．

　このようにセキュリティはまず外からの攻撃に対して防御するのであるが，踏み台やボットによる攻撃では，ネットワーク内のクライアントのマルウェア感染の予防や検出が重要である．**電子メールサニタイズ**，**サンドボックス**および**ふるまい検知システム**などが用いられる．

　しかし，万全なセキュリティ対策を施していても，攻撃によってサービスが停止したり情報漏洩・流出が発生したりすることがないとはいえない．このような緊急事態を**インシデント**といい，インシデントに対処することを**インシデントレスポンス**という．ネットワーク管理者は，日頃，ネットワークを監視し通信**ログ**（記録）を蓄積しており，インシデントが発生した場合には，ネットワーク管理者とユーザーが協力して，原因究明と対処を迅速に行うことが求められる．

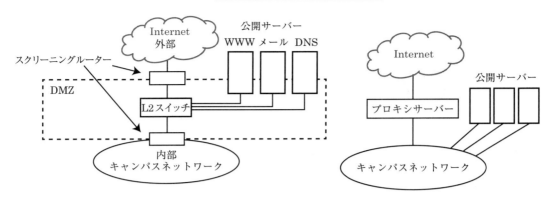

(a) パケットフィルタリング型ファイアウォール　　　　(b) アプリケーションゲートウェイ型ファイアウォール

図 9.2　ファイアウォールのタイプ

9.3　ファイアウォール

ファイアウォール[2] は，ネットワークを守る基本的なセキュリティ機器であるが，本来は 1 つの機器ではなく図 9.2(a) に示すようなネットワーク構造を指していた．キャンパスネットワークにはサーバーや多くのクライアント PC が接続している．公開サーバーはインターネットすなわち外部からのリクエストを受け付けるが，内部サーバーやクライアント PC は外部からの通信を受け付ける必要がない．そこで，インターネットとキャンパスネットワークを**スクリーニングルーター**と呼ばれる 2 つのルーターで隔て，その間のサブネットを **DMZ**(DeMilitarized Zone，非武装地帯) と呼ぶ．公開サーバーは DMZ に置く．スクリーニングルーターは DMZ に流入する IP パケットをチェックし公開サーバーへの通信を許可し内部への通信を遮断する．この DMZ を 1 つの筐体に納めたものが**パケットフィルタリング型ファイアウォール**という機器である．一方，図 9.2(b) に示したのは**プロキシサーバー**[3] と呼ばれるコンピュータを使うもので，送信元から配送されてきたフローをプロキシサーバーが代理で受信し，改めて宛先に送信する．これは**アプリケーションゲートウェイ型ファイアウォール**と呼ばれている．プロキシサーバーはパケットフィルタリング型に比べ安全性は高いが処理に手間がかかるため通信速度に影響する．第 3 のタイプは**サーキットレベルゲートウェイ型ファイアウォール**である．その代表的なプロトコル **SOCKS**[4] は TCP コネクションを中継する．ファイアウォールでは SOCKS サーバーを動作させ，内部からの TCP コネクションを受けて外部に対して代理で TCP コネクションを張る．TCP であれば上位のアプリケーションが何でもよい．また，プライベート LAN で構築されたキャンパスネットワークの場合，内部から外部のサーバーにアクセスするには通常 NAT/NAPT でアドレス変換をしなければならないのであるが，SOCKS サーバーにはプライベート IP アドレスからコネクションを張ることができるため，アドレス変換が必要ないというメリットがある．ただし，クライアントが SOCKS に対応している必要がある．

---

[2]　Firewall．防火壁の意．RFC 2979．
[3]　Proxy Server．代理サーバー．
[4]　SOCKetS ver.5: RFC1928．

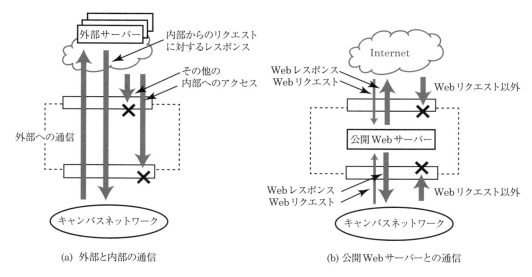

図 9.3 パケットフィルタリング型ファイアウォールの動作

9.4 パケットフィルタリング型ファイアウォール

パケットフィルタリングとは IP パケットのヘッダーをチェックし，パケットの通過を許可あるいは遮断することである．図 9.3(a)では，キャンパスネットワークの外部と内部の通信に関する標準的な制御を示している．

(1) キャンパスネットワークから外部への通信は全面的に許可する．
(2) 外部の悪意があると疑われるホストからの通信は拒否する．
(3) 外部から内部への通信は，内部からのリクエストへのレスポンスだけ許可する．

図 9.3(b)では，ネットワークの公開サーバーの通信に関する標準的な制御を示している．

(4) 公開サーバーへの通信はサービスしているアプリケーションへのリクエストだけ許可する．

Web サーバーや電子メールサーバーなど，公開サーバーは内部からも外部からもリクエストを受け付ける必要があるため，単機能サーバーとして構築しておき，サーバーが稼働しているアプリケーションに対する通信だけ許可する．

ルーターはパケットを転送する際，IP ヘッダーだけでなくトランスポート層ヘッダーの内容をチェックことができる．そこで，たとえば TCP であれば，TCP ヘッダーを調べると送信元および宛先ポート番号がわかる．主なインターネットサービスはウェルノウンポートを使って通信されるため，ポート番号によってそのパケットがどのインターネットアプリケーションに対する通信なのかが判別できる．そこで，パケットを再構成したり，ペイロードを解析したりすることなく(1)〜(4)の制約条件をチェックすることができ，処理が高速に行われる．

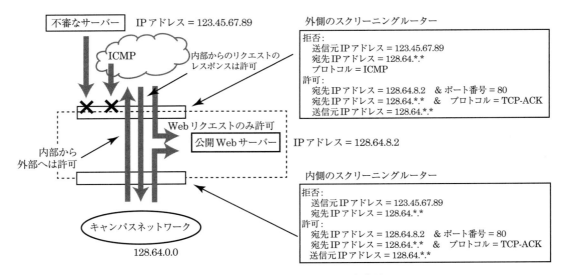

図 9.4 パケットフィルタリングの設定例

　ファイアウォール機器では専用のユーザーインターフェイスが用意されているが，ルーターやホストの OS でも**アクセス制御リスト**によってパケットフィルタリングの設定できるようになっている．設定例を図 9.4 に示す．

　主な設定内容は，入力/出力，インターフェイス，プロトコル，状態，送信元/宛先 IP アドレス，送信元/宛先ポート番号である．まず全体としてキャンパスネットからの出力は許可し，キャンパスネットワークへの入力と転送は遮断(拒否)しておく．その上で入力通信を許可していく．通信を許可することは，"穴をあける"などと表現される．ここでは，ICMP パケットを明示的に遮断している[5]．また不審なホストの IP アドレスがわかっている場合は，そのアドレスが送信元である通信を遮断する．

　外部から公開サーバーへの通信に関しては，サービスに対応しているポート番号の通信を許可する．Web サーバーの場合は宛先ポートが TCP80 番の通信を許可することにより HTTP リクエストを受け付けることができ，外部からのアクセスが可能になる．しかし，キャンパスネットワーク内部に対する外部から通信は，内部からのリクエストに対するレスポンスだけ許可する．なお，* は何に対してもマッチする正規表現[6]の 1 つである．

---

[5] ICMP エコーはインターネットの拡大期にパケットの到達可否や通信経路を確認するため多用されたが，90 年代に入りネットワークアタックに利用されて大きな被害が発生したため，現在はほとんどのサイトで受信を拒否している．

[6] UNIX の記法．

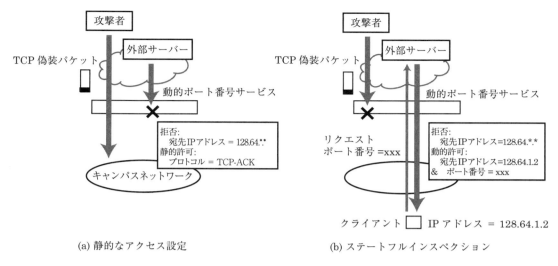

図 9.5 ステートフルインスペクション

HTTPなどが使うTCP通信は，データが分割されることもあり送受信側で互いに情報交換しながら通信をする．HTTP/1.1の場合は，1つのTCPコネクションの中で複数のWebデータの取得を行う．ファイアウォールの仕組みは外部から内部へのこのような通信を扱う方法について検討が重ねられることにより進歩してきた．

図9.4の例や図9.5(a)に示すように，外部から受信する可能性のあるIPアドレスやポート番号などの設定値を始めから明示的に書くものを**静的パケットフィルタリング**という．たとえば，外部から公開サーバーへのリクエストを許可するには80番ポートへの通信を許可する．また，TCPはデータを送信するとACKが返送されるため，ACKフラグの立っているパケットは内部への通信を許可する．しかし，攻撃者がTCP80番やACKフラグを偽装したパケットで攻撃してくる可能性がある．また，ポート番号には，動的ポート番号サービス用に予約されている範囲があり，通信を開始する時にその範囲の中から通信ポート番号を決定するアプリケーションがある．そのような外部サーバーと通信ができるようにするためには，動的設定の範囲のポート番号をすべて許可しなければならない．そこで，**動的パケットフィルタリング**では，内部クライアントが外部サーバーにアクセスをしたとき，そのIPアドレスとポート番号を記録しておき，返信であることを確認できたものだけ許可するというものである．それをさらに強化したのが，図9.5(b)に示す**ステートフルインスペクション**で，さらに詳細な通信状態を記録しておき，流入するパケットがその返信パケットであるかどうかを判定する．

なお，冗長化されたファイアウォールでは，**ステートフルフェイルオーバー**によって実行中の機器を保持しているセッションなどの情報をバックアップ機器に引き継ぐことができ，スムーズに機器の交代ができる．

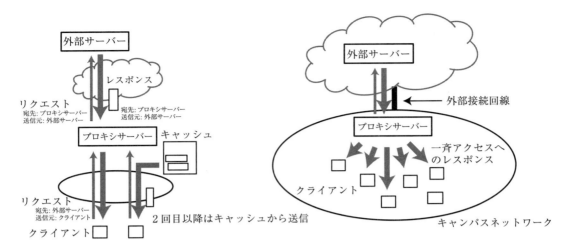

(a) プロキシサーバーの動作　　　　　　　　(b) プロキシによる負荷軽減

図 9.6　プロキシサーバー

9.5　プロキシサーバー

プロキシサーバー（Proxy Server, 代理サーバー）はアプリケーションゲートウェイの一種で，クライアントからサーバーへのリクエストを本来のサーバーの代わりに受信し，クライアントに代わってリクエストをサーバーへ送る．

具体的な動作を図 9.6(a) に示す．このプロキシサーバーは，キャンパスネットワークの出入口に設置され，内部のクライアントから外部の Web サーバーへのリクエストがくると，パケットの送信元 IP アドレスをプロキシサーバー自身の IP アドレスに書き換えて送信する．外部の Web サーバーからプロキシサーバーに返信が届くと，プロキシサーバーはそれを本来の送信元のクライアントに転送する．それと同時に，キャッシュに URI とデータを保存しておき，次に同じリクエストがきた場合には，キャッシュに保存されたデータを送信元のクライアントに返信する．

プロキシサーバーの使用例として，PC 教室での実習の様子を図 9.6(b) に示す．集合教育では，教員の指示で一斉に何かをするというスタイルが多い．受講者が一斉に同じ画面を表示する，一斉にデータを取得する，といったインターネットの検索や情報取得を指示することもある．一般に，キャンパスネットワークと外部との接続データリンク（対外接続リンク）の帯域は大きくない．そのため，外部の Web サーバーに一斉にリクエストを送ると人数分の同じデータが返送されてくるため，対外接続リンクの通信帯域が圧迫される．

そこで，実習用クライアント PC（クライアント）からのリクエストをプロキシサーバーが受け，クライアントに代わって Web サーバーから Web ページを取得する．2 台目のクライアントのリクエストからはキャッシュからデータを取り出して返信する．このようにするとキャンパスネットワークから同じ Web ページを取得する通信は 1 回で済む．このように，PC 教室や共用無線 LAN からのリクエストを，プロキシサーバーを経由させることにより対外接続リンクの通信帯域の圧迫を防ぐ．

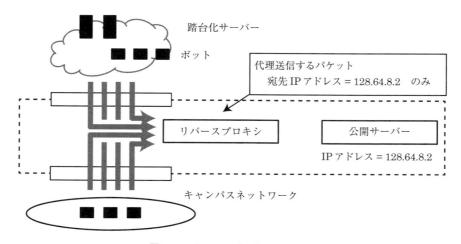

図 9.7　リバースプロキシサーバー

　プロキシサーバーを利用したファイアウォールでは，プロキシサーバーのアプリケーションが内外からのフローをいったん受信し，中継する前に通信の可否を判定して許可遮断を行う．パケットレベルのフィルタリングではペイロードの内容はわからないが，アプリケーションゲートウェイの場合は，ペイロードの中に不正コードやウイルスが入っていないか調べることができる．電子メールの本文などに立ち入ってチェックすることも可能である．しかし，対象とするサーバーのアプリケーションはプロキシサーバーでも稼働していなければならない．また，処理量が多く通信速度を低下しがちであるため，通信を阻害しないためには非常に高性能な機器を用いる必要がある．

　図 9.6 のプロキシサーバーは内部からのリクエストを代理送信したのだが，逆に外部からのリクエストを代理受信するのが**リバースプロキシサーバー**(Reverse Proxy Server，リバースプロキシ)である．これを使って図 9.7 に示すように DDoS 攻撃からサーバーを守ることができる．リバースプロキシを DMZ に置き，外部のクライアントから公開サーバーへのリクエストを代理送信する．このリバースプロキシは，保護する Web サーバー宛てだけのリクエストを受けて代理送受信するように設定されており，それによって不正アクセスを防ぐ．また，DDoS 攻撃のように一斉にアクセスが来た場合はリバースプロキシがアクセスを受けるため，Web サーバーをシステム停止から守ることができる．

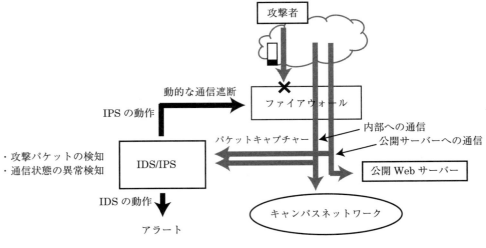

図 9.8 IDS/IPS

9.6 侵入検知システム：IDS/IPS

IDS[7] は，パケットヘッダーを解析し，IP 通信の階層で不正アクセスなどの不審な通信を検出するシステムである．IDS にはホスト型とネットワーク型の 2 つのタイプがある．ホスト型 IDS はサーバーなどのシステム内で用いるもので，ホストが受信したパケットを検査するときに用いる．一方，図 9.8 に示すネットワーク型 IDS は，公開サーバーやキャンパスネットワークに向かうパケットを検査するものである．IDS はファイアウォールと異なり通信の流れを堰止めることはない．パケットモニタリングで行うように，通信しているパケットのいわばコピーをスイッチのミラーポートで受信し検査する．

IDS は，パケットのヘッダーや通信状態をチェックし，不正侵入や攻撃通信であると管理者端末にアラートを送って異常を知らせる．しかし，迅速な対応をする必要がある攻撃では，管理者が対応するより前に対処したい．IPS[8] は IDS と同様にパケットを検査するが，異常を発見するとファイアウォールと連携して不正なパケットを遮断するシステムである．IPS は DDoS 攻撃の防御手段として用いられている．このようなことから，IDS/IPS はファイアウォール製品の中に組み込まれていることも多い．

---

[7] Intrusion Detection System，侵入検知システム．
[8] Intrusion Prevention System，侵入防御システム．

9.6 侵入検知システム：IDS/IPS

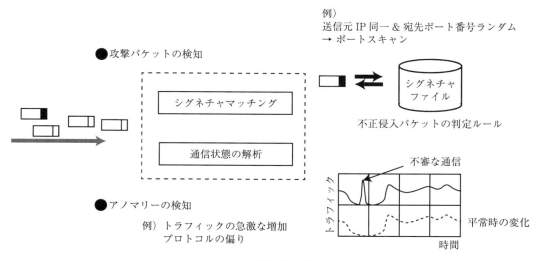

図 9.9　不正侵入の検知

IDS/IPSがパケットを検査する方法は2つある．1つは，受信したパケットを，セキュリティベンダーが提供しているシグネチャファイルと照合し，不正なパケットでないかどうかチェックするものである．**シグネチャマッチング**と呼ばれている．シグネチャファイルには，単純なキーワードだけでなく複雑なルールを書くこともでき，ポートスキャンなど，それぞれの攻撃に合わせたルールが集められている．ただし，不正な通信を見逃す(**False Negative**)，正常な通信を不正と判定する(**False Positive**)の可能性がある．特にIPSで正常な通信を不正として通信遮断するとネットワークに対する影響が大きい．

もう1つは単位時間に送受信した通信量などを蓄積して解析し，動作から異常を検知するもので，**アノマリー(異常)検知**などと呼ばれている．トラフィックの日内変動などはキャンパスネットワークによりある程度パターンが決まっている．パターンに著しく外れるトラフィックが観測された場合は，攻撃かトラブルかそれらの前兆もしれない．たとえば，内部からのトラフィックが急激に上昇した場合，キャンパスネットワーク内のクライアントがマルウェア感染してボット化し，内外のサーバーを攻撃している場合もある．通信プロトコル別のトラフィックにもパターンがあり，そのパターンから外れた状態が発生すれば，やはり究明する必要がある．

なお，IDP/IPSはパケットモニタリングを行なっているため，監視しているデータリンクのトラフィックが大きいと検知が追随できないことがある．

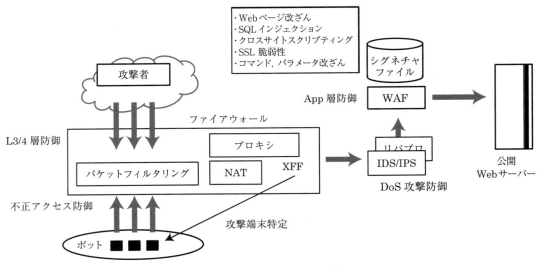

図 9.10 Web サーバーの防御

9.7 その他のセキュリティ対策

9.3 節〜9.6 節ではキャンパスネットワークの防御技術について述べてきたが，Web サーバーの防御に特化したセキュリティ対策が用いられるようになっている．図 9.10 に公開 Web サーバーの防御構造を示す．まず，内外からの不正アクセスをファイアウォールでフィルタリングし，IDS/IPS およびリバースプロキシで DDoS 攻撃から防御する．これらはホスト間通信のレイヤで防御する仕組みであるが，アプリケーションレイヤを中心に Web 通信を防御するのが **WAF**[9] である．Web ページの改ざんをはじめ，Web サーバーをターゲットにした攻撃は非常に多い．データベースとの連携を利用して攻撃する SQL インジェクション，入力フォームを利用するクロスサイトスクリプティング，暗号化の仕組みである SSL の脆弱性へ攻撃などがある．WAF はこれらの攻撃から公開 Web サーバーを防御する．

また，キャンパスネットワーク内部のクライアントがボット化して不正アクセスをしている場合，そのクライアントを特定する必要がある．しかし，NAT やプロキシを通ると送信元 IP アドレスがファイアウォールのアドレスに変換されてしまう．**XFF**(X-Forward-For)は，元来の送信元 IP アドレスを書き込んでおく HTTP ヘッダーである．これにより公開 Web サーバー向けの通信ではクライアントが特定可能である．

---

[9] Web Application Firewall，Web アプリケーションファイアウォール，ワフ．

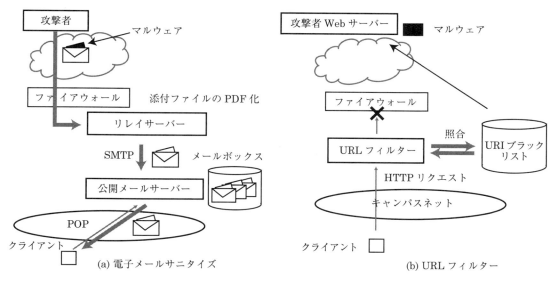

図 9.11 マルウェアの侵入防御

次に述べるのはマルウェアの侵入防御の対策である．迷惑メールや標的型メールの添付ファイルに対する対策としては，電子メールサーバーのウイルス検知対策より1歩進んだ，図9.11に示す**電子メールの無害化**があげられる．電子メールサーバーの前にもう1つ電子メールサーバーを置き，ここで電子メールをいったん受信して添付ファイルをすべてPDF化，再添付して本来の電子メールにメールリレーする．これは**電子メールサニタイズ**とも呼ばれ，無害化する電子メールサーバーはリレーサーバーと呼ばれている．

もう1つのマルウェア感染路は，電子メールなどの誘導で不正なWebサイトに誘導させるものであるが，随時不正サイトの情報を集めて蓄積しておき，ユーザーがアクセスしようとするとき，宛先サイトが不正サイトリストに上がっている場合はプロキシサーバーなどでフィルタリングする．これは**URLフィルター**と呼ばれている．その他，未知のマルウェアの感染を防御するため，**サンドボックス**および**ふるまい検知システム**などが用いられる．

さらに，本章で述べた対策を1台の機器に統合したものを**UTM**[10]といい，次世代ファイアウォールと呼ばれている．

---

[10] Unified Threat Management，統合脅威管理システム．

キーワード

【インターネットへの脅威】

脅威，サービス不能，サービス妨害，情報資産，脆弱性攻撃，セキュリティホール，ターゲットサーバー，不正アクセス，辞書攻撃，トリガーアクション，標的型メール，フィッシング，感染，コンピュータウイルス，マルウェア，踏み台，ボット，DDoS 攻撃

【情報セキュリティ】

情報セキュリティ，ユーザー認証，パスワードクラック，パッチファイル，アップデート，セキュリティ対策ソフト，JIS Q 270002，機密性，完全性，可用性，責任追跡性，真正性，信頼性，要塞ホスト，セキュアネットワーク，冗長化，多段化

【ファイアウォール】

ファイアウォール，スクリーニングルーター，DMZ，サーキットレベルゲートウェイ型ファイアウォール，SOCKS，静的パケットフィルタリング，動的パケットフィルタリング，ステートフルインスペクション，ステートフルフェイルオーバー，プロキシサーバー，アプリケーションゲートウェイ型ファイアウォール，リバースプロキシサーバー，

【侵入検知システム：IDS/IPS その他】

IDS，IPS，シグネチャマッチング，False Negative，False Positive，アノマリー検知，WAF，XFF，電子メルサニタイズ，URL フィルター，サンドボックス，ふるまい検知システム，UTM

章末課題

9.1 情報セキュリティ

(1)クライアントセキュリティを確保するために行うべきことを5つ挙げなさい．

(2)クライアントセキュリティを確保することが，インターネット全体のセキュリティ確保につながるのはなぜか．

9.2 セキュアネットワーク

(1)ネットワークをセキュア化するための主な機器や手法を挙げなさい．

(2)機器を冗長化する理由は何か．

9.3 ファイアウォール

(1)ファイアウォールとは何か．

(2)ネットワーク内からのリクエストに対するレスポンスを偽装して送り込まれるパケットや，ネットゲームのようにポート番号が動的に変わるネットアプリケーションに対しては，どのようにしてパケットフィルタリングを行うか．

(3)通常のプロキシサーバーとリバースプロキシサーバーについて，各プロキシの動作と用途の違いを説明しなさい．

9.4 IDS/IPS

(1)IDS と IPS の違いは何か．

(2)IDS や IPS の検知方法はどのようなものか.

(3)IDS や IPS の問題点は何か.

9.5 [研究課題] **最新のセキュリティ事情**

(1)最近のセキュリティインシデント(攻撃を受けた事例)について,経過,原因,対策を調べなさい.

(2)最新のネットワークのセキュリティ対策を調べなさい.

参考図書・サイト

1. 八木 毅 他,「コンピュータネットワークセキュリティ」,コロナ社,2015

2. IPA 情報セキュリティ,http://www.ipa.go.jp/security

3. Cisco 情報セキュリティ,http://www.cisco.com/c/ja_jp/products/security/index.html

---

コラム❺　セキュリティクラウド

　年々ネットワーク攻撃は高度化し,各組織が自前でセキュアネットワークを維持するのが困難になってきました.そこで,セキュリティを IT 事業者のクラウドサービスで確保しようという**セキュリティクラウド**の動きが活発化しています.IT 事業者と組織はVXLAN などの仮想 L2 ネットワークで接続し,Web サーバーやデータはクラウドで保護します.電子メールはセキュリティクラウドでサニタイズしてから組織のメールサーバーにリレーされます.また,ユーザー環境もクラウドに置き,インターネットにアクセスする際は VDI で作業することによって端末のマルウェア感染を防ぎます.システムの監視やログ分析はクラウドを提供する IT 事業者の専門技術者が行なっています.

　一方,サーバーに蓄積されたビッグデータの活用が広まっていますが,ネットワークのビッグデータといえば,もちろん通信ログです.通信ログをとるのはセキュリティ確保の基本ですが,日々蓄積される通信ログは,ネットワーク管理者が見て判断できる量ではありません.そこで,セキュリティ製品の製造元は,通信ログをビッグデータ手法で分析し,攻撃サイトの IP アドレス情報収集,パターンファイルの生成,脅威の分析を行なっています.個々のサイトの通信ログも同様な解析で,従来よりも精度高く,通信の傾向分析,異常検出や攻撃検知を行うことができるようになってきました.通信傾向の分析の詳細化は,セキュリティだけでなく,ネットワークやサーバーの拡充方針の決定などにも有用です.

10 暗号と認証 —原理—

要約

暗号と認証の技術は通信データを保護するために広く用いられている．本章では，それらの原理について解説する．暗号の2つのタイプ共通鍵暗号と公開鍵暗号，暗号化鍵配送方式，メッセージ認証方式の主なアルゴリズムを紹介する．また，公開鍵の配布の仕組みである PKI について述べる．

10.1 通信データの保護

図 10.1 に示すように，ネットワークで誰かにメッセージを送信するとき，通信中のメッセージはいくつかの脅威にさらされる．まず，送受信者以外の人にメッセージが盗み見(盗聴)されたり，コピーが流出したりすることである．次に，メッセージが改ざんされる，すなわち元のメッセージとは違うものに書き換えられたり，異なるメッセージとすり替えられたりすることである．さらに，送信者でない人が送信者になりすましてメッセージを送ることである．送信者自身が送ったにも関わらず，後で送っていないと否認する場合もある．

これらの脅威に対する通信データの防御は，次の3つのセキュリティ要件にまとめられる．

(1)メッセージが第三者に盗聴されていない(機密性)
(2)メッセージが改ざんされない(完全性)
(3)メッセージは間違いなく送信者本人から送られてきた(真正性)

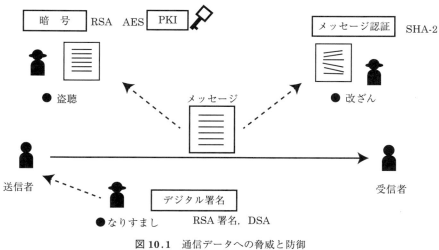

図 10.1 通信データへの脅威と防御

　これらの要件が確実に満たされていなければ情報通信は社会活動のインフラとはなりえない．そのため暗号と認証の技術が用いられる．まず，第三者による盗聴を防止するためにはメッセージの**暗号化**が有効である．通信中にメッセージが改ざんされていないかどうかを確認するためには**メッセージ認証**を用いる．送信者の真正性を確認するには**デジタル署名**を用いる．暗号化，メッセージ認証，デジタル署名を用いて，データへの脅威を未然に防ぐことを**通信データの保護**あるいは**通信路の保護**という．

　暗号は**共通鍵暗号方式**と**公開鍵暗号方式**に大別される．代表的な暗号として共通鍵暗号方式では**AES**，公開鍵暗号方式では**RSA**が挙げられる．共通鍵暗号方式は暗号化の計算量が小さいため，大きなデータの暗号化に用いられるが，暗号化鍵を配送しなければならないという問題がある．一方，公開鍵暗号方式は暗号化鍵を配送する必要はないが計算量が大きい．そこで，公開鍵暗号で共通鍵暗号の暗号化鍵を配送し，メッセージは共通鍵暗号方式で配送するハイブリッド方式が用いられている．また，暗号化鍵の配送に関しては，鍵を送ることなく送信者受信者双方が共通の鍵を持てばよいという考え方から鍵共有方式も用いられている．代表的な方法として，**DH 鍵共有方式**がある．

　メッセージ認証技術としてはメッセージから生成されるコードで認証する方法が一般的で，認証コードの生成方式として**SHA**が挙げられる．また，デジタル署名の技術としては，RSA 暗号を用いる**RSA 署名**がある．これらの技術を組み合せることにより，通信データを安全に送信することができる．

　暗号・認証技術を使うためには，送受信を行うユーザーの公開鍵が必要である．**PKI**は，公開鍵を生成し配布するだけでなく，それが確かにユーザーの公開鍵であることを保証する仕組みである．

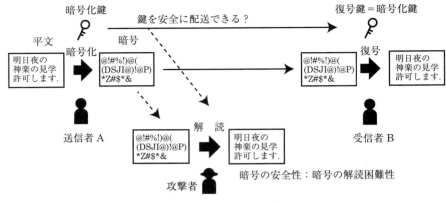

図 10.2 暗号の基本構造

10.2 暗号と鍵の配送：AES，RSA，DH 鍵共有

10.2.1 共通鍵暗号：AES

図 10.2 に暗号技術の基本構成を示す．自然言語で書かれた文章など送信したいメッセージを**平文**（ひらぶん，へいぶん）といい，暗号化手順によって普通には読むことができないビット列を生成することを**暗号化**，そのビット列を**暗号**という．暗号から元の平文を生成することを**復号**（複号化），暗号化や復号の手順の中に組み入れるビット列を**鍵**と呼ぶ．暗号から鍵なしに定められた手順以外の方法で復号することを**解読**という．暗号が平文に復号できることが保証されていることを暗号の**正当性**といい，第三者に解読されにくいことを**安全性**が高いという．一般に鍵の長さが長いほど安全性は高いが，暗号化や復号に計算時間がかかる．

暗号化の鍵と復号の鍵が同じ暗号は**共通鍵暗号方式**と呼ばれ，高速に暗号化や復号ができる．代表的な共通鍵暗号としては，米国立標準技術研究所（**NIST**）が制定した **AES**（Advanced Encryption Standard）がある．しかし，AES では暗号アルゴリズムは固定されていない．暗号は，攻撃法の進歩や脆弱性の発見によって暗号としての強度が低下し使えなくなる可能性があるため，新しい暗号方式に置き換えることを前提として制定されている．

現在，選定されている **Rijndael**（ラインダール）暗号方式は，ブロック暗号の一種で，平文をブロックに分割して暗号化する．AES として採用されているのは，ブロック長 128 ビット，鍵長 128, 192, 256 ビットのもので，AES-128，AES-192，AES-256 と記される．

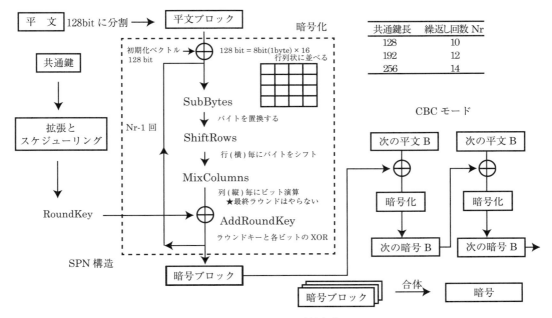

図 10.3 Rijndael 暗号方式

　Rijndael 暗号では，図 10.3 に示すような手順で暗号化が行われる．まず，ラウンドキー生成部で入力鍵を元にラウンドキーを生成する．入力された平文のブロック 128 ビットを 16 バイトに分け，それぞれを SubBytes と呼ばれる置換テーブルで置換する．次に ShitRows という処理で行の 4 バイトをシフトする．また，列の 4 バイトを MixColumns という処理でビット演算をする．最後に AddRoundKey でラウンドキーと XOR 演算を行う．以上を鍵長に応じて，10, 12, 14 回繰り返し，最後に SubBytes, ShitRows, AddRoundKey の各処理を行なって終了する．この処理は **SPN 構造**(Substitution Permutation Network Structure)と呼ばれている．

　ブロック暗号でブロック長より長い平文を単純に暗号化した場合，同じ平文のブロックはまったく同じ暗号となり，解読の手がかりを与えてしまう．そこで，たとえば，まずメッセージ毎に初期ベクトルを定め，平文の先頭ブロックと XOR をとってから暗号化する．次のブロックからは前のブロックの暗号と XOR をとってから暗号化する．このようにすれば，メッセージにパターンの繰り返しがあっても生成された暗号から容易にはわからない．このようなブロック間の操作は**暗号利用モード**と呼ばれ数種類ある．今，紹介したのは **CBC モード**(Cipher Block Chaining Mode)であるが，Wi-Fi のセキュリティ規格 WPA2 では **CTR モード**(Counter Mode)が用いられている．

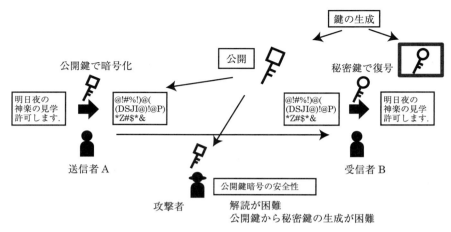

図 10.4　公開鍵暗号

10.2.2　公開鍵暗号：RSA 暗号

　公開鍵暗号方式では，メッセージを暗号化するときに使う**暗号化鍵**と復号するときに使う**復号鍵**が異なるため，暗号化鍵が第三者に知られても差し支えない．ただし，2本の鍵は関係があり，同時に生成されるものである．図 10.4 では，A が B にメッセージを暗号化して送ろうとしている．このときは，まず B が鍵を生成し，暗号化鍵を A に送る．A はその鍵を使ってメッセージを暗号化して B に送ると，B は復号鍵を使って暗号を復号しメッセージを読むことができる．B の暗号化鍵が送信中に誰かに見られてしまってもその鍵で暗号を復号することもできなければ，復号鍵を生成することもできない．つまり，暗号化鍵を公開しても暗号を解読されることはない．このように公開鍵暗号方式は秘密にすべき鍵を配送しなくてもよいという大きなメリットがある．厳密には解読されないと言い切ることはできないのだが，パラメータを適切に選べば実用的に安全であるといえるような方式を指している．

　RSA 暗号は，最も有名で広く用いられている公開暗号方式である．RSA の名称は，発明者 Rivest, Shamir, Adleman の頭文字を組み合わせたものである．RSA 暗号の手順を図 10.5 に示す．まず，B は，大きな 2 つの素数 p, q を定め，$n = p \times q$ とする．$p-1$ と $q-1$ の最小公倍数を m とする．ここで，積を m で割った余りが 1 になるような m 以下の 2 つの整数を求め，一方を e，他方を d とする．B は d を秘密鍵にし，e を公開鍵，n を公開パラメータとして A に送信する．送信者 A は，メッセージをブロック (X) 毎に $C \equiv X^e \bmod n$ によって暗号化し，B に送信する．

10.2 暗号と鍵の配送：AES，RSA，DH 鍵共有

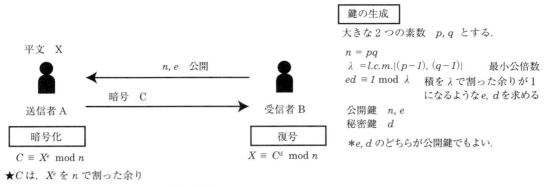

図 10.5 RSA 暗号

　暗号を受信した B は $X \equiv C^d \bmod n$ で復号できる．RSA 暗号の正当性，すなわち間違いなく復号できることは，**オイラーの定理**で保証されている．

　第三者が暗号を解読するには，公開鍵 e と n から秘密鍵 d を求めなければならない．d は，e と $p-1$ と $q-1$ の最小公倍数から式より求められるが，そのためには，n を素因数分解して p と q を求める必要がある．ところが大きな数 n を素因数分解するのは数学的に難しい問題で，現実的な時間の中では求めることができない．そこで RSA は暗号として成立する．このように RSA の安全性（解読の困難性）は素因数分解の困難性に依存している．

　公開鍵暗号は鍵の配送の問題はないが，累乗の演算を行うため暗号化や復号に時間がかかる．そこで，RSA は，AES の鍵の配送やメッセージ認証など比較的短いデータの暗号化に用いられている．

　なお，RSA 暗号の攻撃法は，**ポラードロー法**，**数体ふるい法**などが知られており，さらに研究が進められているが，攻撃法が発見されると暗号化したデータが解読されてしまう．そのため，新しい公開鍵暗号方式の利用や研究も進められており，**楕円曲線暗号**などがある．

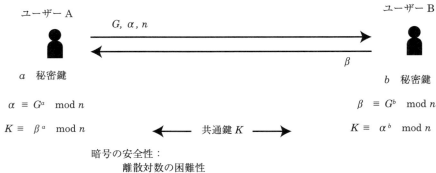

図 10.6 Diffee-Hellman 鍵共有

10.2.3 DH 鍵共有

共通鍵暗号では鍵を配送しなければならないと述べた．しかし，鍵を配送しなくても，通信する二者が同じ鍵を持てば目的を達することができる．

Diffee-Hellman 鍵共有方式(DH 鍵共有方式)では，双方ともに他方にビット列を送り計算によって同じ鍵を求める．図 10.6 で，まず，A と B に共通の値 G と素数 n を定めておく．A は秘密鍵 a を定め，$\alpha = G^a \bmod n$ を B に送る．$G^a \bmod n$ は，G^a を n で割った余りである．B も秘密鍵 b を定め，$\beta = G^b \bmod n$ を A に送る．

A は $\beta^a \bmod n$ を求め，B は $\alpha^b \bmod n$ を求める．すると，$\beta^a \bmod n = (G^b)^a \bmod n = G^{ab} \bmod n$，$\alpha^b = (G^b)^a \bmod n = G^{ab} \bmod n$，であるから，A，B ともに $G^{ab} \bmod n$ という同じ値を持つことになる．これを共通鍵 K とする．

G，n は公開パラメータで，α，β も互いに送信するため第三者が入手できる．これらの値から K を求めるには，a か b を求める必要があるが，たとえば，$\alpha = G^a \bmod n$ から a を求めることは**離散対数問題**という数学的に難しい問題で，現実的な時間の中では求めることができない．そこで，この方式を用いて鍵を共有し，共通鍵暗号方式で暗号通信をすることができる．

なお，共通鍵として送信したビット列をさらに処理して互いに共通鍵を生成することにより，安全性を高めることができる．

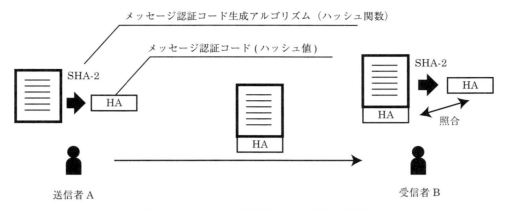

図 10.7　メッセージ認証(ハッシュ関数の場合)

10.3　メッセージ認証：SHA

メッセージ認証は，メッセージが改ざんされていないことを確認する技術である．図10.7では，AがBにメッセージを送信している．送信者Aはメッセージから**メッセージ認証コード**(Message Authentication Code，MAC)を生成して，メッセージと一緒に送信する．Bも受信したメッセージからメッセージ認証コードを生成する．このときAとBは同じ**メッセージ認証コード生成アルゴリズム**を用いる．すると，通信中にメッセージが改ざんされていなければ，Bが生成したコードとAから送られてきたコードが一致するはずである．違っていればメッセージが改ざんされた可能性がある．

メッセージ認証コード生成アルゴリズムとしては，共通鍵暗号の他，ハッシュ関数を用いる方法がある．ハッシュ関数は要約する関数という意味でメッセージ長に関係なく**ハッシュ値**と呼ばれる固定長のデータが生成される．ハッシュ値は**一方向関数**の性質をもち，ハッシュ値からメッセージを復号することはできない．メッセージ認証に用いる場合には，ハッシュ値をMACとしてメッセージに付加する．

代表的なハッシュ関数として**MD**(Message Digest)5や**SHA**(Security Hash Algorithm)-1が使用されてきたが，脆弱性が発見されたため，**SHA-2**と呼ばれるハッシュ関数のグループが使われるようになり，個別の関数はキー長を付加してSHA-265などと表されている．

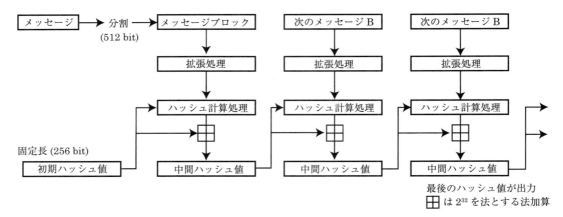

図 10.8　SHA：ハッシュ値生成の流れ

図 10.8 は SHA-256 を例にしたハッシュ値生成の流れを示している．メッセージにパディングビットを付加して 512bit の倍数になるようにしてから，512bit 毎に分割する．まず，最初のメッセージブロックを 2048bit に拡張する．

次に，初期ハッシュ値と拡張されたメッセージブロックを入力としてハッシュ計算処理を行い，さらに初期ハッシュ値との AND をとって中間ハッシュ値を求める．初期ハッシュ値はプロトコルで生成方法が定められている．SHA-256 では 256bit で，ハッシュ計算処理によって出力される中間ハッシュ値も同じく 256bit である．次の回は，初期ハッシュ値を中間ハッシュ値に置き換え，これと次のメッセージブロックを入力として処理を行う．このようにして，次々と処理し対象とするメッセージブロックをすべて処理して得られたハッシュ値が最終的なハッシュ値になる．

図 10.9 は，SHA-256 のハッシュ計算処理を示している．まず，メッセージブロック 512bit を 32bit 毎に分け，16 個のビット列とする．これを w[t] とする．17 個目以降の w[t] は図中の式(1)で生成し，全体で 64 個とする．これによりメッセージブロックは 2048bit に拡張される．拡張処理の中で，ビットの右シフトと右巡回シフトおよび bit 毎の XOR が用いられている．

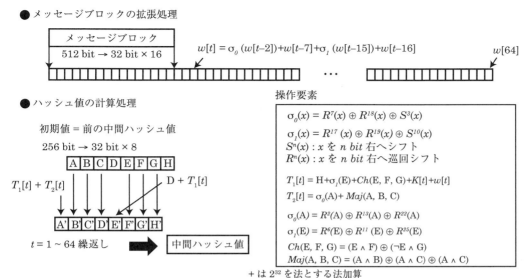

図 10.9 SHA-256：ハッシュ計算処理

次にハッシュ値の計算処理であるが，前の回に求められたハッシュ値 256bit を 32 ビット毎に分ける．メッセージ小ブロック $w[t]$ も 32bit である．AB...H から A'B'...H' への処理を $t=1$ から 64 まで繰り返すことによって中間ハッシュ値を得る．この処理では，ビットの右シフト，右巡回シフト，AND，XOR の他，2^{32} を法とする加算が用いられている．

ところで，ハッシュ値の長さはメッセージ長と無関係のため，ハッシュ値の長さからメッセージ長を推測することはできない．しかし，異なるメッセージから計算したハッシュ値が同じになってしまう可能性があり，これを**衝突**という．送りたいメッセージから生成されるハッシュ値と同じハッシュ値を別のメッセージが生成できると攻撃者がメッセージをすり替えることができる．そこで，特定のハッシュ値になるメッセージの作りにくさを**弱衝突耐性**といい，同じハッシュ値をもつ 2 つのメッセージの作りにくさを**強衝突耐性**という．これらは MAC 生成アルゴリズムの強度を表す指標となっているが，弱衝突耐性のほうがより困難性が高く，弱衝突性が破られれば強衝突耐性も破られる．

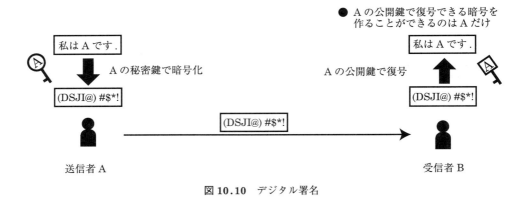

図 10.10　デジタル署名

10.4　デジタル署名

10.1 節で述べたセキュリティ要件の真正性について例を挙げよう．B が注文を受けて A に商品を配達したら，注文していないと A が言ったとする．この場合は 3 つの事態が考えられる．

(1) 誰かが A になりすまして B に偽の注文をした．（第三者の送信者なりすまし）
(2) B が嘘を言って A に商品を売りつけようとしている．（受信者の虚偽）
(3) A は，本当は注文したのに嘘を言った．（否認）

このようなことが起こると商取引は成立しない．通信で確かに A が注文したことを証明する方法が**デジタル署名**である．ここでは RSA 署名について述べる．図 10.10 では，A が B にデジタル署名付きのメッセージを送信している．RSA 暗号の公開鍵 d と秘密鍵 e は対称的な方法で生成されるため，秘密鍵で暗号化したメッセージは公開鍵で復号できる．そこで，A は署名文を A の秘密鍵で暗号化して B に送信する．B が A の公開鍵で復号化すると署名を見ることができる．A の公開鍵で復号化できる暗号を作ることができるのは秘密鍵をもっている A だけである．したがって，第三者や B は A の暗号を生成することはできないし，A も自分は作っていないと否認することができない．デジタル署名は商取引以外の契約や業務上の承認などで有用である．ただし，復号化するのは公開鍵であるから，B 以外でも復号化できる．したがって，安全な通信をするためにはデジタル署名をさらに暗号化して送信する必要があり，デジタル署名が短い，あるいは毎回同じであると暗号の安全性が保証されないので工夫が必要になる．

デジタル署名の暗号化技術としては RSA 署名の他，離散対数問題の困難性を用いた米国立標準技術研究所 NIST の DSA(Digital Signature Algorithm) がある．

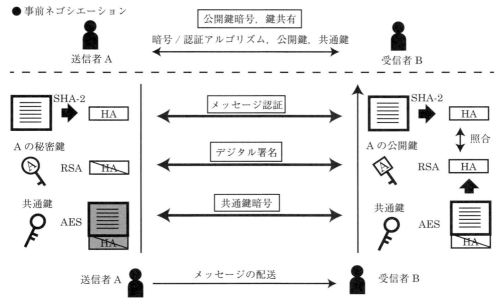

図 10.11　安全なメッセージ送信

10.5　安全なデータ通信

　これまでに，暗号化，メッセージ認証，デジタル署名の原理について述べてきた．安全にメッセージを送信するには，これらの技術を組み合わせて用いる．その例を図 10.11 に示す．図 10.11 では，A から B にメッセージを送信している．

　まず，A と B は互いの公開鍵を取得する．また，A と B は，公開鍵暗号で共通鍵を暗号化して他方に送信するか，鍵共有方式を用いて共通鍵を取得する．

　メッセージの送信手順では，まずメッセージ認証を行うため，A は送信するメッセージ全体のハッシュ値を求める．次に，デジタル署名を行うが，いわゆる署名では解読されやすい．そこで，ハッシュ値をデジタル署名の署名文として用い A の秘密鍵を使って暗号化する．これをメッセージに添付し，盗聴防止のため共通鍵でメッセージ全体を暗号化して B に送信する．

　メッセージを受信した B は，まず共通鍵で復号し，さらに署名部分を A の公開鍵で復号する．復号された署名はハッシュ値のはずである．そこで，B がメッセージ部分のハッシュ値を求め，署名兼ハッシュ値と照合できれば，メッセージの完全性と送信者の真正性が確認される．

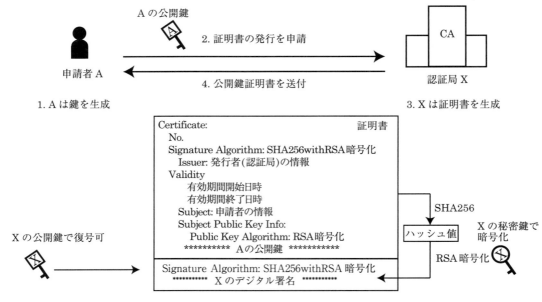

図 10.12　公開鍵と証明書

10.6　公開鍵認証基盤：PKI

　公開鍵暗号を使ってメッセージを送信するには，通信相手の公開鍵が必要である．しかし，通信するたびに相手先から公開鍵を送ってもらうのでは不便なだけでなく，誰かがなりすまして偽の公開鍵を送ってくることも考えられる．**PKI**(Public Key Infrastructure，公開鍵基盤)は，所有者の真正性の保証つきで公開鍵を配布する仕組みである．

　図 10.12 に示すように，PKI では**認証局**(CA，Certification Authority)という第三者機関を置く．ユーザーは公開鍵と秘密鍵のペアを生成し，認証局に公開鍵を送って証明書の発行を申請する．それを受けて認証局は申請者 A の公開鍵証明書(public key certificate)を発行する．ITU-T の規格 **X.509** で定められたフォーマットが用いられている．主な内容は，ユーザー，発行した認証局，ユーザーの公開鍵である．公開鍵証明書は印鑑登録証に例えられる．公開鍵は実印で，認証局は印鑑証明を発行した自治体である．認証局の公開鍵が自治体の公印になる．

　この証明書を MAC 生成アルゴリズムでハッシュ値を求め，ハッシュ値を認証局の秘密鍵で暗号化したものが，認証局 X の署名である．申請者は，認証局 X の公開鍵で署名を復号し，平文のハッシュ値と比較することにより，X の署名に間違いないことと証明書が改ざんされていないことを確認できる．

10.6 公開鍵認証基盤：PKI

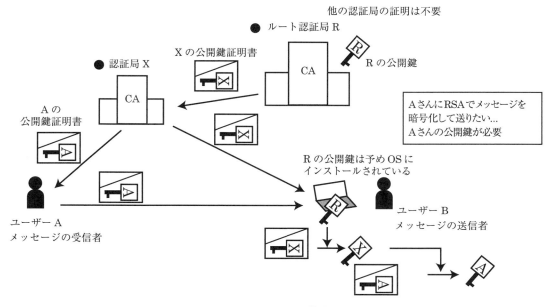

図 10.13 PKI の構造

しかし，証明書自体は誰でも作れるものであるため，認証局の証明書に信頼がおけるかどうかを確認する手法が必要である．認証局には 2 種類あって，一般の認証局は他の認証局に証明書を発行してもらわなければならない．しかし，**ルート認証局**は広く知られた信頼性が高い認証局で，自分自身で証明書を発行できる．ルート認証局の公開鍵は OS に予めインストールされている．

図 10.13 ではユーザー B がユーザー A に公開鍵を送ってもらおうとしている．この図では，X は一般の認証局で，R がルート認証局である．A は X が発行した公開鍵証明書を B に送信している．B が，証明書に記載された公開鍵の真正性を確認するには，認証局 X の公開鍵で署名を復号しなければならない．そこで，X に X の公開鍵証明書を送ってもらう．X の証明書を発行したのは認証局 R である．証明書に記載された X の公開鍵の真正性を確認するには，認証局 R の公開鍵が必要であるが，R はルート認証局であるから公開鍵はクライアント PC の OS に予めインストールされている．そこで，R の公開鍵で X の公開鍵証明書を確認し，X の公開鍵で A の証明書を復号することにより，A の公開鍵が本物であることを確認できる．

公開鍵によって生成された暗号は本人にしか復号することはできない．そこで，公開鍵証明書はユーザーの真正性を証明することにもなる．

186 第 10 章　暗号と認証—原理—

キーワード

【通信データの保護】

暗号，鍵の配送，メッセージ認証，デジタル署名

【暗号と鍵の配送：AES，RSA，DH 鍵共有】

平文，暗号化，暗号，複合，鍵，解読，公開共通鍵暗号方式，RSA 暗号，オイラーの定理，ポラードロー法，数体ふるい法，楕円曲線暗号，DH 鍵共有方式，離散対数問題

【メッセージ認証：SHA】

メッセージ認証コード，メッセージ認証コード認証アルゴリズム，ハッシュ関数，ハッシュ値，一方向関数，MD，SHA-2，衝突，弱衝突耐性，強衝突体制

【公開鍵認証基盤：PKI】

PKI，認証局，X.509，ルート認証局

章末課題

10.1 共通鍵暗号

2 ビットの右巡回ビットシフトの後，鍵であるビット列との XOR をとる共通鍵暗号を考える．鍵を 1101 としたとき，暗号 100101001111 を復号しなさい．ただし，鍵は繰り返し使用する．

10.2 公開鍵暗号 RSA

$p=7$，$q=11$ としたとき，$e=13$ とする．公開されるパラメータは何か．d はいくらか．また，2 を e で RSA 暗号化しなさい．さらに d で復号化できることを確かめなさい．

10.3 DH 鍵共有

$G=7$，$n=13$ とする．$a=11$，$b=5$ として交換するパラメータ α，β を求めなさい．また，それぞれ共通鍵を求めて一致することを確かめなさい．

10.4 研究課題 メッセージ認証　SHA

ハッシュ値の衝突が発生するとなりすまし攻撃が可能である．どのような攻撃法が成立するか調べなさい．

10.5 デジタル署名

デジタル署名では，署名者の真正性をどのように保証しているか説明しなさい．

10.6 PKI

(1)公開鍵証明書で，認証局のサインでなく証明書の文面からデジタル署名を生成するのはなぜか．

(2)証明書を発行した認証局の公開鍵の真正性はどのようにして保証するか説明しなさい．

参考図書・サイト

1. 結城 浩，「暗号技術入門 第 3 版」，SB クリエイティブ，2015
2. 齋藤孝道，「マスタリング TCP/IP　情報セキュリティ編」，オーム社，2013

コラム6　暗号と鍵

　暗号は歴史が古く 2000 年以上も前から使われています．様々なタイプの暗号があり，シーザー暗号では文字をアルファベット順に一定の文字数ずらします．また，文字の対応表を作っておき表に従って文字を入れ替えるという換字式暗号というものがあります．文字はアルファベット順や 50 音順で数字に置き換えることができますから，キーワードを決めておき，平文とキーワードの各文字の数字の剰余加算という計算を使って暗号を生成する方法も広く行われてきました．デジタル時代では 0 と 1 を計算するのに XOR が用いられます．AND や OR の計算では元に戻すことができませんが，XOR は 2 回繰り返し計算すると元に戻るのです．Rijndael 暗号をよく見ると，これらのアイデアが盛り込まれていることがわかります．

　また，キーワード(鍵)は長く複雑であるほど暗号強度が高く，平文と同じ長さの真の乱数をキーワードとして XOR をとる暗号は解読不可能といわれています．しかし，暗号を解読するためには暗号を生成した鍵を知らなくてはならず，鍵をどうやって配送するかという問題があります．配送途中に鍵が盗まれてしまうと盗聴されてしまうからです．そのため，鍵を配送しなくてよい方法は歴史を覆す画期的な発明でした．RSA 暗号は暗号を生成する鍵と違う鍵で復号すればいいという考えですし，DH 鍵共有では送信者と受信者がそれぞれ同じ鍵を生成できれば配送したのと同じだという考えに基づいています．

11 暗号と認証—システム—

要約

第 10 章では暗号と認証の原理について述べた．本章では，その応用として Web 通信を保護する TLS/SSL，IP パケットを保護する IPsec，無線 LAN の保護 WPA2，さらに VPN の構築手法について解説する．

11.1 暗号と認証技術の応用

　暗号・メッセージ認証の技術はどのように実際のシステムに実装されているのだろうか．インターネット通信が暗号化されたのは，遠隔ログインが初めである．初期の遠隔ログインプロトコル Telnet はセッションのやり取りを平文で行なっていたため，第三者がログイン手続きを盗聴してパスワードを盗めば容易に不正侵入することができる．そこで，セッションのやり取りを RSA で暗号化したのが **SSH**[1] である．その後，ファイル転送 FTP を暗号化した **SFTP**[2] が用いられるようになった．

　WWW は 1990 年代に発表され広まっていったインターネットサービスであるが，その初期に Netscape Communications 社は，自社が提供する Web ブラウザ Netscape Navigator の Web 通信に暗号化を組み込んだ．このプロトコルが **SSL**[3] である．その後，SSL は 3.0 の次のバージョンから，**TLS** に呼称が変更された．そのため，現在用いられているプロトコルは TLS であるが，**SSL/TLS** と称されることが多い．TLS は，ネットワークアプリケーションにおけるクライアントとサーバー間の通信を保護するプロトコルである．HTTPS，SMTPS，FTPS，LDAPS など多くのサービスプロトコルに導入され，電子商取引やオンラインバンキング，公的手続きなど，機密性を求められる通信で広く用いられている．**HTTPS**[4] は TLS による暗号化を含む HTTP という意味である．

---

[1]　Secured SHell.
[2]　Secure Sockets Layer.
[3]　Transport Layer Security.
[4]　HyperText Transfer Protocol Secure.

11.1 暗号と認証技術の応用

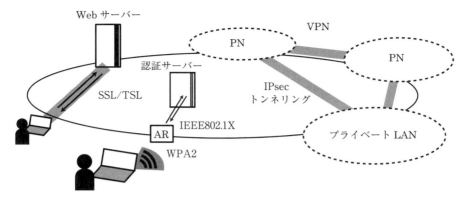

図 11.1 暗号・認証の実装技術

また，IPv6 の検討の中で IP パケットの暗号化が提案された．**IPsec** は，IP パケットの暗号化と認証の技術で，IP パケットのペイロード部分を暗号化するモードと，ヘッダーを含めた IP パケット全体を暗号化するモードがある．IPsec はその後，すでに普及している IPv4 でも使用することができるようになり，重要な暗号・認証技術の 1 つとなっている．

無線通信では電波が容易に傍受できるためセキュリティ確保が必須である．そこで，無線通信規格 IEEE802.11b/a/g/n/ac などには通信路を保護する仕組みが含まれている．初期には **WEP** という暗号化技術が用いられていたが解読されやすいため，現在はより暗号強度の高い **WPA2** が用いられている．第 8 章ではネットワークのユーザー認証技術として **IEEE802.1X** を紹介したが，IEEE802.1X はパスワード認証だけでなく公開鍵を使用したユーザー認証を行うことができる．WPA2-Enterprise モードでは IEEE802.1X による高強度のユーザー認証を使用している．

以上，SSL/TLS，IPsec，IEEE802.1X，WPA2 では通信路を保護するために暗号・認証技術を用いているが，暗号・認証技術のさらなる応用例として VPN が挙げられる．VPN は分散したプライベート LAN を仮想的に 1 つのプライベート LAN に統合する技術であり，政府の公官庁や分散したキャンパスをもつ企業の LAN の運用に欠かせない仮想化技術の 1 つである．当初，VPN の分散したプライベート LAN の間の通信は暗号化されていなかったが，インターネットを通過する際のセキュリティを確保するために暗号・認証技術を用いるようになった．本書では，SSL/TLS を用いる場合と IPsec を用いる場合の VPN の構成について紹介する．

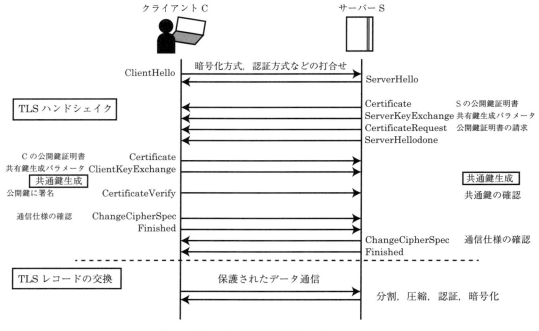

図 11.2　TLS の通信シーケンス

11.2　Web 通信の保護：SSL/TLS

図 11.2 では，**TLS1.2**[5] を用いた Web 通信すなわち HTTPS の通信手順が示されている．まずクライアント C とサーバー S は HTTPS 通信に必要な情報交換を行う．この手順を **TLS ハンドシェイク**という．クライアントがサーバーにハローメッセージを送信すると TLS ハンドシェイクがスタートする．サーバーはハローメッセージを受信すると，自身の公開鍵証明書をクライアントに送信する．クライアントはサーバーの公開鍵証明書を開封してサーバーの公開鍵を入手するとともにサーバーの真正性を確認することができる．

HTTPS 通信では暗号化方式は固定されていないが，DH 鍵共有などを用いるときは共通鍵の生成パラメータをクライアントに送信する．さらに，クライアントの公開鍵証明書の請求を行う．これに対してクライアントは，サーバーと同様に自身の公開鍵証明書と共通鍵生成パラメータをサーバーに送信する．サーバーはクライアントの公開鍵証明書を開封してクライアントの公開鍵を入手するとともにクライアントの真正性を確認する．

サーバーとクライアントは交換したパラメータでそれぞれ共通鍵を生成する．クライアントが生成した共通鍵で公開鍵証明書を暗号化してサーバーに送り，サーバーが生成した共通鍵で復号する．すでに送信されているクライアントの公開鍵証明書に復号できれば共通鍵の生成が成功したことがわかる．

---

[5]　Transport Layer Security, RFC5246.

IP ヘッダー	TCP ヘッダー	TLS Record ヘッダー			TLS データ
		TLS Type	TLS Ver.	TLS Len	

● TLS タイプ
　　・HandShake　　　　　通信パラメータ
　　・Application Data　　保護されたデータ
　　・Change Cipher Spec
　　・Alert

● ハンドシェイクの TLS データ

Message Type	Length	Handshake Data

メッセージタイプ
ClientHello, ServerHello, ServerHelloDone
ClientKeyExchange, ServerKeyExchage
CertificateRequest, Certificate, CertificateVerify
ChangeCipherSpec, Finished

図 **11.3** TLS のパケット構造

　さらに，暗号・認証方式をクライアント側からサーバーに提示する．サーバーはその中から方式を選択することによって互いに暗号・認証方式を了解する．ここでハンドシェイクが完了し，暗号化通信がスタートする．通信データは，2^{14} バイトに分割され，圧縮され，認証コードが付加され，さらに暗号化されて送受信される．

　図 11.3 に TLS のパケット構造を示す．TLS は 4 種類のパケットからなり，TCP ヘッダーの内側に挿入された TLS レコードヘッダーで区別される．TLS タイプが HandShake タイプであるパケットは TLS ハンドシェイクで交換され，暗号・認証パラメータを運ぶ．Application Data タイプのパケットの TLS データは保護された通信データである．この構造からわかるように，SSL/TLS は TCP の上位に位置し，サービスプロトコルによらずに TCP のペイロード部分全体を暗号化する．そのため，SSL/TLS の枠組みを SMTPS や他のサービスプロトコルに適用することができる．

　その一方，ファイアウォールでサービスプロトコルによるフィルタリングを行うには SSL/TLS を復号する必要があり，ファイアウォールの負荷の一因となっている．さらに，Web ブラウザなどのアプリケーションが，サーバー証明書の正当性をチェックするため，全ドメインに対して有効なサーバー証明書をファイアウォール配下の全クライアントに登録する必要がある．

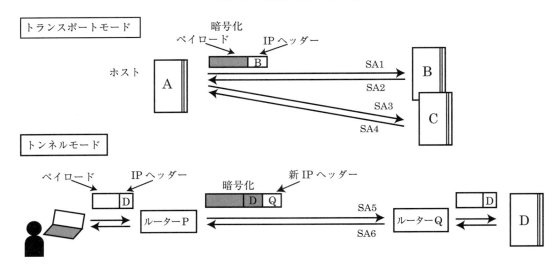

図 11.4　IPsec のカプセル化モードと SA

11.3　IP 通信の保護：IPsec

IPsec[6] は，ネットワーク層で通信データの暗号化と認証を行う仕組みで，複数のプロトコルで構成されている．SSL/TSL はトランスポート層で暗号化するため，暗号化通信はホスト間に限られるが，IPsec は L3 ネットワークのノード間の通信に適用することができるため，ホスト間で暗号化できるだけでなく，ルーター間で暗号化することもできる．

また，図 11.4 に示すように IPsec にはトランスポートモードとトンネルモードの 2 つの**カプセル化モード**がある．**トランスポートモード**は IP ヘッダーの内側部分を暗号化するもので，送受信ノード間でやり取りされる IP パケットのペイロード，すなわち TCP/UDP ヘッダーを含む上位データを保護するものである．それに対して**トンネルモード**は IP ヘッダーを含めた IP パケット全体を暗号化し，新しい IP ヘッダーをつけて送信する．

IPsec では，**SA**(Security Association) という概念を用いる．SA はカプセル化モードや暗号化方式，認証方式などセキュリティパラメータのセットで，IPsec 暗号化を開始するノードから終了するノードまでの通信コネクションに対して定められている．図 11.4 のトランスポートモードの例では，ホスト A からホスト B への通信と B から A への通信がそれぞれ 1 セットの SA に対応している．トンネルモードの例では，ルーター P と Q 間で IPsec 通信が行われているが，P から Q，Q から P に対して別々の SA が対応する．

---

[6]　Internet Protocol SECurity．アイピーセック．

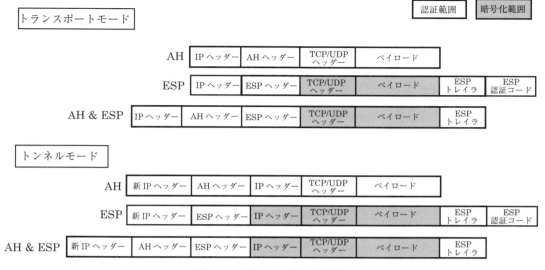

図 11.5 IPsec のパケット構造

IPsec には 2 つの暗号・認証プロトコルがある．**AH**[7] は認証だけを行うもので，**ESP**[8] は暗号と認証を含んでいる．ESP や AH は具体的な暗号化方式やメッセージ認証方式を定めず，パケットの生成やデータの取り扱いを規定している．また，ESP は認証にも対応しているが，AH と同時に用いることもできる．

図 11.5 のトランスポートモードでは，AH の場合，AH ヘッダーは TCP/UDP ヘッダーの外側に付与されるが，認証範囲は IP ヘッダーを含む IP パケット全体である．ESP の場合は，TCP/UDP ヘッダーとそのペイロードを暗号化し，ESP ヘッダーと ESP トレイラを付与する．さらに，ESP ヘッダーから ESP トレイラまでの範囲から ESP 認証コードを生成し，ESP トレイラの後に付与する．AH と ESP を同時に用いる場合は，ESP 認証コードは用いられず，ESP ヘッダーの外側にパケット全体が認証範囲とする AH ヘッダーが置かれる．トンネルモードでは，AH ヘッダーは IP ヘッダーの外側につけられ，さらにその外側に新しい IP ヘッダーが付与される．認証範囲は新しい IP ヘッダーからペイロードまでである．ESP の場合は IP パケット全体を暗号化して，ESP ヘッダー，ESP トレイラを付与したうえ，EPS の認証コードおよび新しい IP ヘッダーを付与する．AH と ESP を同時に用いる場合は IP パケット全体が AH で認証される．

また，IPsec パケットは長大になるため，パケットサイズの圧縮が，**IPComp**[9] によって規定されている．なお，IPv6 パケットの場合は，IPsec 関連のヘッダーは経路制御オプションに格納され，暗号化されたデータは終点オプションに格納される．

---

[7] Authentication Header, RFC2402.
[8] Encapsulation Security Payload, RFC2406.
[9] IP Payload Compression Protocol, RFC3173.

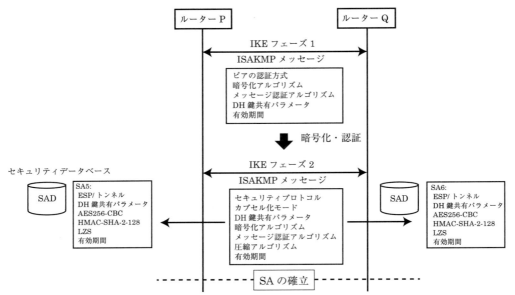

図 11.6　IKE と SA の確立

　SSL/TLS と同様に，暗号化通信では事前に暗号化方式や鍵などのパラメータを交換する手続きが必要である．IPsec の場合は，これらの暗号・認証パラメータの交換のプロセスは，**IKE**[10] で規定されている．図 11.6 にルーター P，Q がパラメータを交換する様子を示す．IKE は，暗号や認証に必要なパラメータを通信中に盗み見られないように，2 段階で暗号・認証パラメータを交換する．

　まず，フェーズ 1 では，暗号・認証パラメータの交換の通信を暗号化するためのパラメータを交換する．まず，デジタル署名などで通信相手（ピア）を認証してから，ピアと **ISAKMP** メッセージを交換し，暗号化アルゴリズム，メッセージ認証アルゴリズム，DH 鍵共有パラメータ，有効期間を決定する．

　フェーズ 2 ではこれらのパラメータを用い，データ送信で使用する暗号・認証パラメータを暗号化し交換する．具体的には，セキュリティプロトコル，カプセル化モード，暗号化アルゴリズム，メッセージ認証アルゴリズム，圧縮アルゴリズム，DH 鍵共有パラメータ，有効期間である．これらのパラメータのまとまりが SA であり，互いの **SAD**（Security Association Database）に登録される．これで SA が確立し，暗号化データ通信の準備が完了する．

---

[10] Internet Key Exchange, RFC3173.

11.3 IP通信の保護：IPsec

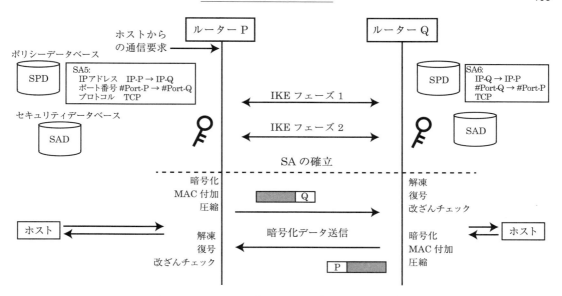

図 11.7 IPsec の通信シーケンス（トンネルモード）

図 11.7 にトンネルモードの場合の IPSsec 通信のシーケンスを示す．

ルーター P は，通信要求を受け取ると SA を割り当て，保護（暗号化）する，しない，破棄といったセキュリティポリシーを定める．**SPD**(Security Policy Database)に SA の定義とポリシーを格納しておく．SA の定義とは，送信元 IP アドレスや宛先 IP アドレス，各ポート番号，L4 プロトコルなどである．

これにより，次に同じ要件の通信要求が発生した時は，IP アドレスやポート番号をキーに SPD を検索して SA を取り出し，ポリシーを確認する．次に，IKE プロセスに入るが，SA が SAD 登録されていれば，対応する暗号・認証パラメータを再利用する．なければ，IKE のフェーズ 1，2 によって暗号・認証パラメータを交換し，SA を確立する．

この例では，ルーター P と Q の間で ESP を用いたトンネルモードの暗号化通信が行われている．トンネルモードでは，IP ヘッダーと TCP ヘッダーを含むパケットが暗号化される．P から Q の通信では，新しい送信元 IP アドレスは P，宛先 IP アドレスは Q の IP アドレスになり，新しい IP ヘッダーがパケットに付与されて送受信される．このようにして，PQ 間の通信路では，本来の送信元 IP アドレスと宛先 IP アドレスが盗聴できない仕組みになっている．

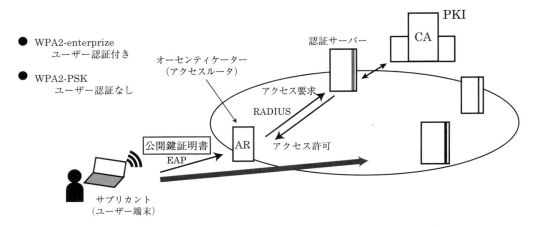

図 11.8　WPA2 のユーザー認証

11.4　IEEE802.11i(WPA2)

　電波は容易にキャッチできるため，無線通信はケーブル通信よりもセキュリティ要請が強く，暗号化通信が求められる．無線 LAN が使われ始めた頃は WEP[11] という仕組みで暗号化送信していたのであるが，脆弱性が発見されたため，無線 LAN セキュリティ規格として **IEEE802.11i** が策定された．**WPA2**[12] は，IEEE802.11i に準拠していることを Wi-Fi アライアンスが認定したソフトや製品のことであるが，IEEE802.11i 規格そのものを指すことも少なくない．

　WPA2 には 2 つのモードがあり，**WPA2-enterprize**[13] では IEEE802.1X の EAP-RADIUS によるユーザー認証が用いられている．IEEE802.1X のユーザー認証方法としては，8.5.4 項ではパスワード認証を紹介したが，WPA2(EAP-TLS)では公開暗号鍵証明書による認証を行う．その様子を図 11.8 に示す．サプリカント(ユーザー端末)からオーセンティケータ(アクセスルーター)へのアクセス要求からスタートし，サプリカントとオーセンティケータの間で，認証方式の取り決めや必要なパラメータの交換を TLS の手順で行う．サプリカントとオーセンティケータの間の通信方式は EAP である．ユーザーが CA から取り寄せた公開鍵証明書をオーセンティケータに渡すとオーセンティケータは認証サーバーに認証を依頼する．この認証サーバーは RADIUS 認証サーバーで，パスワードファイルの照合以外のいろいろな認証方法に対応している．認証サーバーはユーザーの証明書を開封してユーザー P の公開鍵を入手することによって，ユーザー P のユーザー認証を行う．EAP-TLS 以外の認証方法としては，その他 PEAP[14] や LEAP[15] などがある．

---

[11]　Wired Equivalent Privacy，ウェップ．
[12]　Wi-Fi Protected Access 2，ダブリュピーエー 2．
[13]　WPA2 Enterprise モード．
[14]　Protected EAP，ピープ，マイクロソフト社．
[15]　Lightweight EAP，リープ，シスコシステムズ社．

11.4 IEEE802.11i(WPA2)

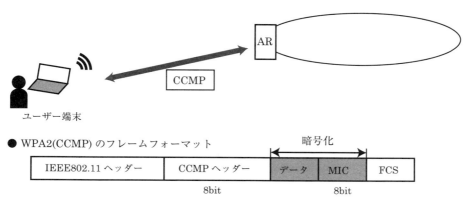

図 11.9　IEEE802.11i における暗号とメッセージ認証

　WPA2-enterprize に対して **WPA2-PSK**[16] はユーザー認証を含まない無線 LAN セキュリティ規格である．IEEE802.1X の認証サーバーが不要でユーザーは定められたパスフレーズを入力すればアクセスできるため，家庭内無線 LAN や公衆無線 LAN で広く用いられている．

　次に暗号化であるが，WPA2 で用いられる主なモードは **AES-CCMP**[17] である．AES-CCMP では，AES を使用し，暗号化利用モード **CTR モード**[18] で暗号化する．暗号利用モードの概要は CBC 利用モードを紹介したが(p.175)，CTR モードでは暗号ブロックの代わりにカウンターを用いる．初期化ベクトルとカウンターでカウンターブロックを生成して暗号化し，平文ブロックとの XOR をとることによって暗号ブロックを生成する．次の平文ブロックを暗号化するときは，カウンターを1増加してから同じ手順で暗号ブロックを生成する．こうして生成されたすべての暗号ブロックを合体して暗号とする．

　AES-CCMP では，メッセージ認証として **CBC-MAC**(CBC Message authentication code)を用いる．こちらは，CBC 暗号化利用モードを用いて AES で暗号化し，最後の暗号ブロックを MIC[19] とする．MIC をメッセージ認証コードとして送信データの認証を行う．

---

[16] WPA2 Personal モード．
[17] AES-Counter mode with CBC-MAC Protocol．
[18] CounTeR Mode．暗号利用モードの1つ．
[19] Message Integrity Code．

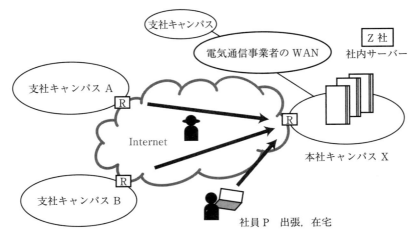

図 11.10　キャンパスネットワークの分散

11.5　仮想プライベートネットワーク：VPN

11.5.1　VPN の活用

　図 11.10 に示すように Z 社には 3 つのキャンパスがあり，それぞれにネットワークが敷設されている．社内サーバーはキャンパスネットワーク X にあって A と B からもアクセスニーズがある．直接，接続されていないプライベート LAN は別々のネットワークであるから，A や B から X のサーバーへ通常の IP 通信でアクセスする場合は，境界ルーターでグローバル IP へ変換することになる．すると，A や B からのアクセスは X にとっては外部からのアクセスになるため，社内向けのサーバーであるのに DMZ に置かなければならないなどの問題が発生し，ネットワークセキュリティ確保が難しい．**VPN**（Virtual Private Network，仮想プライベートネットワーク）は，これらのプライベート LAN を仮想的に 1 つのプライベート LAN とするもので，IP アドレスは A，B，X 全体で唯一となるように管理される．

　しかし，VPN といっても，A，B，X は物理的に別々のネットワークであるから，その間で発生する通信パケットはどこか別のネットワークを通ることになる．ここで，Z 社には 2 つの選択肢がある．1 つはパケットにインターネット内を通過させる方法で**インターネット VPN** と呼ばれている．もう 1 つは，WAN をもっている電気通信事業者と契約して，電気通信事業者の WAN を経由して通信する方法である．こちらは**クローズド VPN** と呼ばれている．

11.5 仮想プライベートネットワーク：VPN

インターネット VPN は，安価に構築できるがインターネットを通過するときに盗聴，改ざん，なりすまし，さらにはマルウェアの感染の危険があるためセキュリティの高い通信方式を用いなければならない．そのうえ，インターネットはベストエフォートであるから高い通信性能は期待できない．それに対して，クローズド VPN は，高価ではあるが通信路の安全性が高い．また，通信帯域の確保もできるため，QoS を確保しビデオ会議システムのようなインタラクティブなストリーミングサービスを快適に使用することも可能である．

VPN に含まれるケースはもう 1 つある．図 11.10 では，社員 P が出張にでかけている．出張先では，上司に問い合わせたり，社内情報を確認したりする必要に迫られることが多い．このとき，VPN を用いて P の端末を Z 社の仮想プライベート LAN に接続すると，P は出張先から社内のメールサーバーやデータベースにアクセスすることができる．このときはパケットが通過するネットワークはインターネットになる．この使用形態を**リモートアクセス VPN** といい，これに対して社内プライベート LAN を結ぶインターネット VPN を **LAN 間 VPN**，あるいは**サイト間 VPN** という．

VPN の構成技術としては，表 11.1 に示すようにインターネット VPN は **PPTP**，**L2TP**，第 10 章で述べた IPsec，TLS を用いる方法がある．クローズド VPN では第 2 章で述べた MPLS が用いられ，**IP-VPN** と呼ばれている．VLAN を使って構築することもできる．

表 11.1 VPN のタイプ

VPN のタイプ		インターネット VPN		クローズド VPN
経由するネットワーク		インターネット（グローバル IP ネットワーク）		電気通信事業者 WAN
接続する対象		LAN 間 VPN	リモートアクセス VPN	―
		キャンパスネット	端末−キャンパスネット	キャンパスネット
VPN の構築技術	L2	PPTP, L2TP		VLAN
	L3	IPsec		MPLS(IP-VPN)
	L4 の上	―	TLS	―

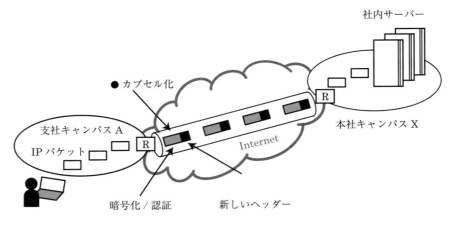

図 11.11 IP トンネリング

11.5.2 PPTP と L2TP

ここからは，どのようにして VPN を構築するか述べる．まず，プライベート IP アドレスの規約を振り返ろう．1 つのプライベート LAN 内のノードにはプライベート IP アドレスが重複しないように割り振られるが，異なるプライベート LAN 内のノードを比較すると同じ IP アドレスがある可能性が高い．すなわち，プライベート IP アドレスはインターネット全体では唯一性がない．IP アドレスが重複するとパケットの行き先が定められないため，各プライベート LAN の境界ルーターはプライベート IP アドレスを送信元や宛先にもつパケットはプライベート LAN の外には出さない．しかし，VPN のノードの場合は，統合された複数のプライベート LAN 全体で，プライベート IP アドレスが重複しなければよく，プライベート LAN 間ではパケットの行き来が自由にできなければならない．

そこで，VPN ルーターを用いて IP アドレスの配布とパケットの送受信を行う．VPN ルーターは各プライベート LAN の出入り口に置かれ，VPN の中で重複しないように IP アドレスを配布する．また，VPN ルーターは，プライベート LAN 間でパケットを通行させるため IP パケットの外側に別のヘッダーをつけ，元の IP パケット全体をペイロードとして含むパケットを生成する．これをパケットの**カプセル化**という．図 11.11 では，A の出口の VPN ルーターが IP パケットをカプセル化して送信し，B の入口の VPN ルーターが元の IP パケットを復元している．このようにしてインターネットに IP パケットを通過させることを **IP トンネリング**という．

PPTP[20] は，IP トンネリングを行うプロトコルの 1 つで，データリンク層プロトコル PPP を用い，L2 で IP パケットをカプセル化する．また，**L2TP**[21] はそれをさらに拡張したものである．しかし，これらのプロトコルはパケットを暗号化したり，認証したりする機能はないため，特にインターネットを通過させるにはセキュリティの面で問題がある．

---

[20] Point-to-Point Tunneling Protocol, RFC 2637.
[21] Layer 2 Tunneling Protocol, RFC 2661.

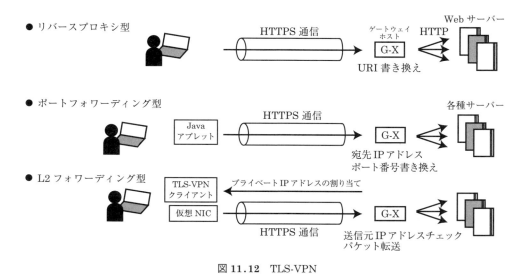

図 11.12　TLS-VPN

11.5.3　TLS-VPN

　TLS-VPN は TLS を用いたリモートアクセス VPN である．図 11.12 に示すように 3 つの方式がある．最も単純な**リバースプロキシ型** TLS-VPN では，サーバーがあるキャンパスネット側にゲートウェイホストを置き，ゲートウェイホストのリバースプロキシ機能を使ってユーザー端末からの Web アクセスを仲介する．ユーザーがゲートウェイホストに HTTPS でアクセスすると，ゲートウェイホストは URI を書き換えて Web サーバーに転送する．Web サーバーが TLS に対応していなくても，ユーザー端末とゲートウェイホストの間は TLS で保護されるため，インターネットを安全に通過できる．

　しかし，リバースプロキシ型は Web サーバーへのアクセスしか対応できないため，他のサーバーへはアクセスできない．そこで，電子メールなどの他のサーバーへもアクセスできるようにしたのが，ポートフォワーディング型 TLS-VPN と L2 フォワーディング型 TLS-VPN である．**ポートフォワーディング型** TLS-VPN では，ユーザー端末に専用の Java アプレット，ゲートウェイホストにサーバーの IP アドレスとポート番号リストを置く．ユーザーが目的のサーバーにアクセスしようとすると Java アプレットが仲介しリクエストは HTTPS でゲートウェイホストに送られる．ゲートウェイホストが IP アドレスとポート番号を書き換えて各サーバーに転送する．

　L2 フォワーディング型 TLS-VPN では，ユーザー端末側にクライアントソフトをインストールする．このクライアントソフトはゲートウェイホストからキャンパスネット X で通用するプライベート IP アドレスを受け取って仮想 NIC を構成する．ユーザーが目的のサーバーにアクセスしようとすると仮想 NIC が仲介して HTTPS でゲートウェイホストに送られる．ゲートウェイホストは送信元 IP アドレスを確認してパケットを通過させる．

　これらのどの方式もインターネットを通過するときは，HTTP ヘッダーでカプセル化したうえ，暗号化して送信されることになる．

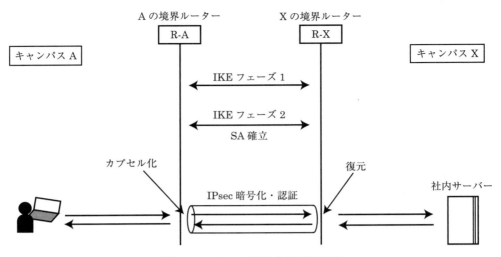

図 11.13　IPsec-VPN：LAN 間 VPN

11.5.4　IPsec-VPN

　IPsec は 2 つのモードがあった．その 1 つのトンネルモードで ESP を用いるとパケットの暗号化ができる．ESP＋トンネルモードの IPsec では，ペイロードだけでなく IP ヘッダーと TCP/UDP ヘッダーも暗号化され，新しい IP ヘッダーが付加される．さらにメッセージ認証によって改ざんチェックを行う．AH＋ESP＋トンネルモードの IPsec ではパケット全体がメッセージ認証の対象となる．

　そこで，LAN の出口境界ルーターで IPsec によるカプセル化を行い，入口境界ルーターで元の IP パケットを復元する．IP ヘッダーが暗号化されることによりプライベート IP アドレスが隠されるだけでなく，TCP/UDP ヘッダーの暗号化によってポート番号が隠されるため，何のサービスの通信かもわからなくなる．これが IPsec-VPN で，ネットワーク層すなわち L3 で IP トンネリングを行う技術である．

　LAN 間の IPsec による VPN の例として，キャンパス AX 間の通信シーケンスを図 11.13 に示す．それぞれの境界ルーターは，まず IKE で暗号化通信に必要なパラメータの交換を行って SA を確立し，その後データの暗号化通信を行う．LAN 間の IPsec 通信で外側に付与される IP ヘッダーでは，境界ルーターの IP アドレスが送信元や宛先になる．

11.5 仮想プライベートネットワーク：VPN

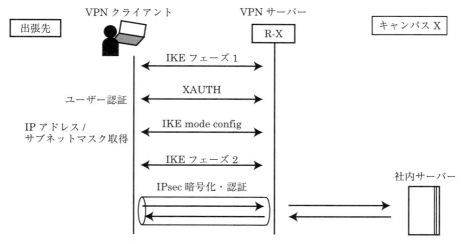

図 11.14 IPsec-VPN：リモートアクセス VPN

　リモートアクセス VPN の場合は，ユーザー端末と LAN 側の境界ルーターの間で，IPsec による IP トンネリングを行う．しかし，リモートアクセスの場合は，そのユーザー端末のユーザーが LAN のアクセス権をもっているかどうか確認する必要があり，ユーザー認証が必要になる．また，ユーザー端末に対してプライベート IP アドレス自動配布も行わなければならない．そのため，ユーザー端末には **VPN クライアント**をインストールし，境界ルーターでは **VPN サーバー**を動作させる．また，IPsec の拡張機能である **XAUTH**（eXtended AUTHentication）および **IKE mode config** を用いる．

　図 11.14 はリモートアクセス VPN における通信シーケンスを示している．まず，IKE フェーズ 1 で ISAKMP SA を確立し，以降の通信の安全を確保する．次に IPsec の XAUTH でユーザー認証を行う．その後，IKE mode config により，プライベート IP アドレスをユーザー端末に配布してもらう．その後，IKE フェーズ 2 で暗号・認証パラメータを交換して SA を確立すると，ユーザー端末は LAN-X 内の端末として通信できるようになる．

204 第11章 暗号と認証―システム―

キーワード

【Web通信の保護：SSL/TLS】

SSL，TLS，TLSハンドシェイク

【IP通信の保護：IPsec】

IPsec，カプセル化モード，SA，AH，ESP，IPcomp，IKE，SAD，SPD

【データリンク通信の保護】

EAP-TLS，WPA2，IEEE802.11i，CCMP，CTRモード，CBC-MAC

【仮想プライベートネットワーク：VPN】

VPN，インターネットVPN，クローズドVPN，リモートアクセスVPN，LAN間VPN(サイト間VPN)，PPTP，L2TP，IPトンネリング，IP-VPN，TLS-VPN，リバースプロキシ型TLS-VPN，ポートフォワーディング型TLS-VPN，L2フォワーディング型TLS-VPN，IPsec-VPN，XAUTH，IKE mode config

章末課題

11.1 SSL/TLS

TLSの暗号化範囲とハンドシェイクで交換するパラメータを挙げなさい．

11.2 IPsec

(1)IPsecのIKEでは，なぜ2回のハンドシェイクを行うのか説明しなさい．

(2)IPsecの暗号化範囲をTLSと比較しなさい．

11.3 WPA2

(1)WPA2，IEEE802.1X，TLSの関係を説明しなさい．

(2)WPA2で用いられている暗号・認証関連技術を整理しなさい．

(3)WPA2のメッセージ認証でCTRモードを用いない理由は何か．

11.4 VPN

(1)クローズドVPNに比較して，インターネットVPNとリモートアクセスVPNが満たさなければならない要件を挙げなさい．

(2)クローズVPNとインターネットVPNで構成技術が異なる理由を説明しなさい．

(3)リモートアクセスVPNを構成する技術として，TLS-VPNとIPsec-VPNを比較しなさい．

参考図書・サイト

1. 谷口 功・水澤紀子,「マスタリング TCP/IP　IPsec 編」, オーム社, 2006
2. E. Rescorla(齋藤孝道 他 監訳),「マスタリング TCP/IP SSL/TLS 編」, オーム社, 2003
3. 齋藤孝道,「マスタリング TCP/IP 情報セキュリティ編」, オーム社, 2013
4. 守倉正博 他 監修,「802.11 高速無線 LAN 教科書 改訂三版」, インプレス R&D, 2008
5. 伊藤幸夫 他,「図解・標準 最新 VPN ハンドブック」, 秀和システム, 2003

コラム 7　安全な通信

　暗号の鍵の配送問題が原理的に解決したとしても実際に使えるようにするには, 様々な苦労があるようです. 暗号通信の前に公開鍵や鍵共有のためのパラメータを交換しなくてはなりません. このとき, パラメータ交換から第三者が正しい受信者になりすましているといくら強い暗号を使っても意味がありません. そこで IPsec では 2 段階で暗号化通信を行うことによって暗号に必要なパラメータも暗号化して保護しようとしています. 一方, SSL/TLS では証明書を使って受信者を確認しています. PKI による公開鍵証明書は, 申請した公開鍵を真正性の証明とともに安全に配布する仕組みですが, パスワード認証はセキュリティが弱いためユーザー認証に用いられることも多くなってきました. IEEE802.1X で TLS を用いるのもそのためです. 公開鍵証明書をメールに添付することによって認証つきの電子メールを送ることもできます.

　また, ハードウェアの進歩によってコンピュータの処理速度が速くなれば暗号の強度は相対的に低下していきます. そのため, 安全な通信を行うためには常にセキュリティ情報を収集し, 適切な暗号システムや鍵長を使うことが求められます. 今後, IoT の進展に伴い, 自動車や工業製品がネットワークに繋がるようになるとサーバーの機能停止や情報流出だけでなく, 新たな重大な脅威が出現する可能性があります. 新技術の追究と同時に通信の安全性を追究していかなければなりません.

12 ネットワークの展開

要約

インターネットの浸透に伴いコンピュータネットワークに対するニーズが多様化し，これに対応する様々なネットワーク技術が開発されてきた．本章では，P2P ネットワークを中心に，クラウドに関連して CDN，SDN，さらに，移動体通信ネットワーク 5G について取り上げる．

12.1 様々なネットワーキング

インターネットの核となるネットワークはコンピュータとスイッチで構成される TCP/IP ネットワークであり，その上でネットワークアプリケーションがインターネットサービスを提供するというのが一般的なコンピュータネットワークのモデルである．しかし，様々なネットワーク技術が出現してくると，多種のネットワークをどのように共存させるのか，という問題が生じてきた．

本書でこれまでに取り上げた，MPLS(第 2 章)，QoS ネットワーク(第 6 章)には，一般の IP ネットワークから入って出て行くという仕組みが含まれている．これらのネットワークは通常の IP ネットワークと連結して用いようという考え方である．また，IPv6 ネットワーク(第 4 章)や VPN (第 11 章)では，点在するネットワークを 1 つのネットワークとして扱いたい時，パケットに通常の IP ネットワークをトンネリングさせる方法が用いられている．この時は，同じ領域に広がる異なる IP ネットワークを多重化して別々に使用している．

その一方で，アプリケーション層でネットワーキングをする場合がある．たとえば，DNS では複数の DNS サーバーがもつ分散データベースを検索することによって IP アドレスとドメイン名の名前解決を行なっている．DNS の名前解決全体を見ると複数のホストがデータをやりとりするネットワークを構成している．このように IP ネットワークの階層よりも上位の階層に目を移してネットワークを眺めると，図 12.1 に示すようなホストだけのネットワークが見えてくる．このネットワークを**オーバーレイネットワーク**(Overlay Network)と呼ぶ．

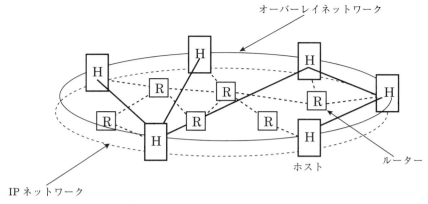

図 12.1　オーバーレイネットワーク

　オーバーレイネットワークの代表的な例が **P2P** 通信である．DNS 通信はサーバー間のやりとりであったが，P2P 通信はインターネットに接続したエンドホスト同士が相互通信によって成り立つネットワークであり，高速なファイルダウンロードやメッセージ交換などができる．最初の P2P システムは 20 世紀の終わりに開発された Napster という音楽配信ソフトである．これは，ファイルの場所をサーバーで検索しファイル転送を P2P で行うもので，クライアントサーバーモデルと P2P モデルを両方使うため，**ハイブリッド型 P2P** と呼ばれる．WinMX もこのタイプである．次に開発された Gnutella，KazaA はサーバー不要な**ピュア P2P** で，その一種である Winny，Share ではトラフィックを分散するためキャッシュが用いられている．これらの P2P システムでは運用も一般のユーザーが行なっていたが，**BitTrent** では，商用サービスの提供者がコアシステムを設置し，ソフトを提供，著作権処理されたコンテンツを有料で配信している．また，ファイルの所在を検索するために**分散ハッシュテーブル**（**DHT**）が用いられている．DHT は複数のホストが 1 つのハッシュテーブルを管理する技術で，DHT を用いるとネットワークに分散したデータを高速に検索することができる．DHT を用いた P2P 通信は**構造化オーバーレイ**と呼ばれている．このようなオーバイレイネットワークを他のネットワーク技術に応用しようという試みも多く，IP マルチキャストネットワーク **Overcast** や，QoS ネットワーク **OverQoS**，障害耐性の高いネットワーク **RON**（Resilient Overlay Network）などの研究が進められている．本章では，P2P モデル，ハイブリッド型 P2P，キャッシュをもつピュア P2P，BitTrent，および DHT の仕組みを紹介する．
　ネットワークを利用した社会活動の活発化に伴い，データはデータセンターに集約され，クラウドサービスによって提供されるようになってきた．データセンターのユーザーデータやコンテンツは **CDN** によりユーザーに効率的に配信されており，データセンター内部では **SDN** による負荷分散が図られている．そこで本章では，CDN および SDN の仕組みの概要を述べる．さらに，**第 5 世代移動体通信ネットワーク**いわゆる 5G モバイル通信技術の動向について述べる．

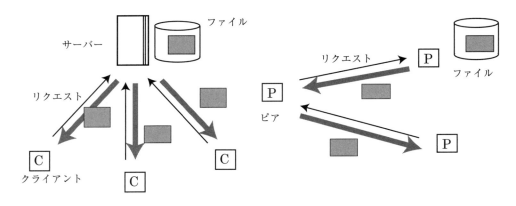

(a) クライアントサーバーモデル　　　　　　(b) P2P 通信のモデル

図 12.2　クライアントサーバーモデルと P2P 通信

12.2　P2P 通信

12.2.1　P2P 通信の特徴

　図 12.2(a) は，**クライアントサーバーモデル**(ここでは CS モデルという)でファイルをダウンロードしている様子である．クライアントサーバーモデルでは，ファイルはサーバーにアップロードされている．クライアントがサーバーにファイルのダウンロードを依頼すると，サーバーはその応答としてクライアントにファイルを送信する．クライアントとサーバー，この 2 つのホストは立場が違い，非対称な通信形態である．

　これに対して，図 12.2(b) に示す **P2P**(Peer to Peer，**ピアツーピア**)モデルでは，データ送受信を行うホストはエンドノード(いわゆるクライアント)であり，双方が同じ立場であるため**ピア**[1]と呼ばれる．ファイルを要望するピアが，ファイルをもっているピアに依頼をしてファイルを送信してもらう．ファイルを入手したピアは，そのファイルを他のピアに提供する側になる．このように P2P ではピア同士が相互にファイルを送受信するため，P2P 通信を使ったファイル転送はファイル共有あるいは**ファイル交換**と呼ばれる．

　CS モデルでは，ファイルを要求するクライアントが増加するとサーバーに負荷が集中してレスポンスが低下するが，P2P ではファイルを持っているピアが複数いると，ファイルを要求するピアが増加してもレスポンスは低下しない．すなわち，スケーラビリティが高い．同様に CS モデルではサーバーに障害が生じると通信ができなくなるが，P2P では 1 つのピアに障害が発生しても他のピアがファイル提供をカバーできるため耐障害性も高い．また，高性能サーバーを必要としないためネットワーク構築が低コストである．このような利点から，ファイル交換だけでなく TV 電話やメッセージ交換に用いられている．しかしながら，ファイル転送の把握や管理が難しいため，無駄なトラフィックが発生しやすいだけでなく，ファイルの提供元が特定しにくい．そのため，著作権違反のデータやソフトの配送に使われ，社会問題化した．

---

[1]　対等なものという意味．OSI 参照モデルでは同じ階層のエンティティを指す．

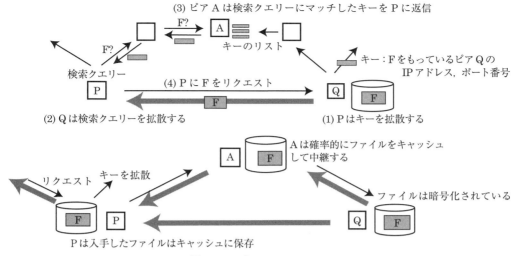

図 12.3 ピュア P2P：Winny

12.2.2 P2P 通信のタイプと Winny

P2P ではファイルの所在の検索の仕組みが必要であり，検索手法で 3 種類に分類されている．**ハイブリッド型 P2P** では，ファイルをもつピアのアドレス情報を格納しインデックスサーバー[2] を公開しておき，ファイルの検索は CS モデルで行い，ファイルの転送は P2P で行う．インデックスサーバーは WWW で公開されるため，インデックスサーバー自身を発見する仕組みは必要なく，ファイルの転送はピアが行うため検索サーバーの負荷も抑えられる．2 番目は**スーパーノード型 P2P** で，特定のピアがインデックスサーバーの役割を果たす．3 番目は，インデックスサーバーをもたない**ピュア P2P** である．

ピュア P2P はどのようにピアを検索するのだろうか．図 12.3 に Winny の仕組みを示す．まず，ファイルを持っているピア Q がキーを生成し，ネットワーク内に拡散させる．キーには，ファイル名やファイルの所在を示す IP アドレスが含まれている．キーを受け取ったピアはリストに保存する．ファイルのダウンロードを要望するピア P は，欲しいファイル名やキーワードを入れた**検索クエリー**を P2P ネットワークに拡散させる．検索クエリーを受け取ったピアは，検索クエリーの条件にあったキーがあればそれを P に送信する．図ではキーをもっている A が P にキーを送信している．P はキーから Q のアドレスとポート番号を知り，Q からファイルをダウンロードする．下の図に示すようにダウンロードしたファイルは P のアップロードフォルダーに置かれて他のピアからダウンロードできるようになる．

P2P では，ファイルを提供するピアの数が少ないと負荷が集中し，P2P の利点が発揮できない．そこで，ファイルを提供するピアを確保するため，ピアは確率的にファイルをキャッシュして中継する仕組みをもっている．また，キーはハッシュ値で，ファイルは暗号化されている．Winny では，ファイルの中継によってオリジナルの送信元が特定しにくく，中継ノードは自分がキャッシュしているファイルの内容を把握できないことから，匿名性が高いといわれた．

---
[2] ディレクトリサーバーとも呼ばれる．

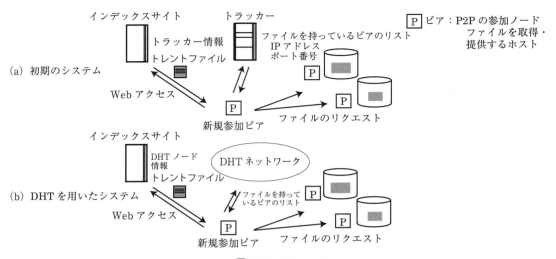

図 12.4 BitTrent

12.2.3 BitTrent

ここでは BitTrent 社の P2P 通信 **BitTrent** について述べる．**BitTrent** のファイル検索の仕組みを図 12.4 に示す．図 12.4(a) は初期の仕組みで，**トラッカー**と呼ばれる管理サーバーがピアの IP アドレスとポート番号を保管している．まずユーザーは，ファイルダウンロードをサービスしている Web サイトへアクセスする．ユーザーは，この Web サイトで**トレントファイル**と呼ばれるファイルを入手する．トレントファイルにはトラッカーの IP アドレスとポート番号が含まれているため，トラッカーから希望するファイルを持つピアのリストをダウンロードできる．トラッカーから入手したリストの IP アドレスとポート番号にファイルの送信要求が出され，各ピアがファイルを送ってくる．ファイルダウンロードはこれで完了するのであるが，トラッカーからピアのリストをダウンロードすると同時に自分自身もピアとしてトラッカーに登録される．同じファイルを希望する別の端末からファイルの送信要求がくるとアップロードを行う．ダウンロードが完了後，ユーザーが退出するとピアとしての登録情報はトラッカーから削除される．言い換えると，ダウンロードしている間はアップローダーとして機能を果たすことになる．

このように図 12.4(a) では，Web サーバーとトラッカーがハイブリッド型 P2P のインデックスサーバーの役割を果たしている．しかし，トラッカーに負荷が集中することやトラッカーに障害が発生するとファイルダウンロードができなくなる問題がある．そこで，トラッカーレスの仕組みが考案された．図 12.4(b) は，**トラッカーレス**の BitTrent の仕組みである．Web サイトへアクセスしてトレントファイルを入手するのはトラッカーありのタイプと同じであるが，希望するファイルを持つピアの所在は 12.2.4 項で述べる**分散ハッシュテーブル (DHT)** の仕組みを用いて入手する．トレントファイルには DHT ネットワークの入り口に当たるノードの所在が記述されており，DHT ネットワークにアクセスするとファイルをもつピアのリストを入手することができる．それと同時に自分自身も DHT に登録され，図 12.4(a) と同様に他のピアへファイルを送信する側になる．DHT を用いることによりトラッカーのために高性能設備を設置する必要がなくなり，トラッカーの障害発生によるサービス停止の問題も回避された．

12.2 P2P通信

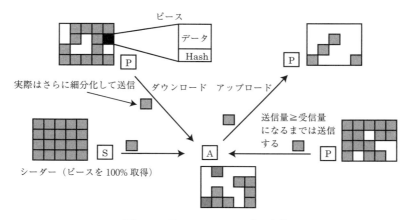

図 12.5　BitTrent のファイル交換

ピアはユーザー端末であるからダウンロードが完了すれば P2P のネットワークに参加している必要がない．しかし，アップローダーがいなければ P2P システムは成立しない．各ピアがダウンロードしている間だけアップローダーとして機能するだけでファイルの需要に対する供給は満たされるのだろうか．図 12.5 は，BitTrent のファイル交換の様子である．ここでは，ピア A が複数のピアとファイル交換をしている．各ピアが送受信するデータは，**ピース**というファイルのデータを分割したものである．実際は，ピースはさらに細分化されて送信される．ピースには改ざん防止のため SHA1 などで求めたハッシュ値が添付されており，1 つのピースが集まると完全性がチェックされる．このように，BitTrent の P2P ファイルダウンロードでは，リクエストしたピアは 1 つのピアから全データを受け取るわけではなく，多数のピアから細分化されたデータを受け取り，それを受信後に再構成してファイルを完成する．BitTrent では，どのピアからどのようにデータを取得するか複数の戦略を組み合わせることにより，ダウンロードの効率化が図られている．

しかし，P2P ネットワーク内にいるピアが持っているピースを全部集めても，目的のファイルのすべてのピースが集まらないかもしれない．そこで，ピア S のように，ピースをすべて持っているピアが必ずいるようにする．このピアは**シーダー**と呼ばれ，ネットワークに 1 つ以上のシーダーがいれば確実にすべてのピースが集まりファイルが入手できる．ファイルダウンロードサービスを開始するときは 1 台のシーダーからスタートする．このシーダーは**スーパーシーダー**と呼ばれている．

ピアは最初にトラッカーにアクセスしたとき自分の IP アドレスとポート番号を登録しているため，他のピアがファイルのリクエストを出すことができる．他のピアからリクエストが来た場合には入手したピースをアップロードしなければならない．BitTrent では，シーダーを確保するため，ピアがファイルのダウンロードをスタートした時点でアップロード依頼を受け付け，アップロードが始まるような仕組みになっている．また，ピアはダウンロードしたファイルのデータ量と同じだけアップロードする義務がある．このような仕組みによって，BitTrent は P2P 通信の相互性を保ち，高速ダウンロードを実現している．

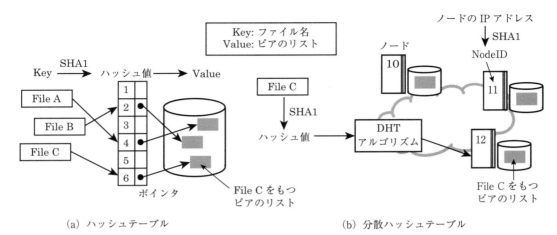

図 12.6　分散ハッシュテーブル：DHT

12.3　分散ハッシュテーブル：DHT

　分散ハッシュテーブル(Distributed Hash Table, DHT)は，P2P システムの要素技術としてファイルの所在を検索するために用いられている．分散ハッシュテーブルを理解するために，リレーショナルデータベース(Relational Database, RDB)などで用いられているハッシュテーブルを図 12.6(a)に示す．データは **Key** と **Value** の組として取り扱われる．Key は Value を取り出す時の手がかりである．まず Key のハッシュ値を計算しておく．ハッシュ値のアドレスに，Value が保存されている場所へのポインタを格納した配列が**ハッシュテーブル**である．Value を検索するときは，キーからハッシュ値を計算し，ハッシュテーブルでデータ格納場所を辿りデータを取り出す．ハッシュテーブルによって Value の格納場所を検索する手間が格段に短縮されるだけでなく，格納場所や Key による処理時間のばらつきが抑えられる．

　図 12.6(b)に示す DHT は，データが複数のホストに分散しているとき，Key から Value が格納されているホストを探索し Value を取り出すための仕組みである．DHT ではホストはノードと呼ばれ，Key と Value の他に **Node ID** が必要である．Node ID はホストの IP アドレスのハッシュ値である．各ノードは参加と離脱ができ，参加すると Key(以降 Key のハッシュ値を指す)の一部を管理する．DHT のアルゴリズムはいろいろなものがあるが，BitTrent ではトラッカーに集約されていたピアのリストを複数のノードに分散し，**Kademlia** というアルゴリズムを用いてピアリストを取り出している．ここで，Key はファイル(P2P 通信で交換するファイル)，Value はそれを持っているピアのリスト(IP アドレスなど)になる．DHT のアルゴリズムでは，どの Key に関する情報をどのノードが管理するか定めることが重要で，Kademlia では，Key とのプレフィックス一致長[3] が最も大きい node ID のノードに Key の Value を格納する．これは **XOR 距離**[4] の最も小さいノードと等しい．

---

[3]　左から順に一致する bit 数．101 001 と 101 011 なら 4．
[4]　bit 列の各 bit を XOR 演算した結果．101 001 と 101 011 なら 000 010 = 2．

12.3 分散ハッシュテーブル：DHT

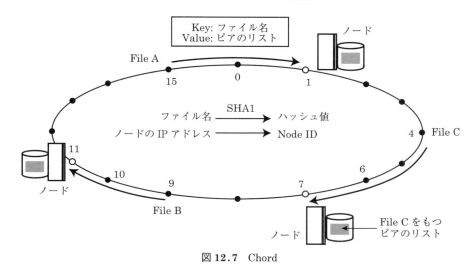

図 12.7 Chord

各ノードは自分の node ID に対して，XOR 距離の順に他のノードの node ID を格納した**ルーティングテーブル**と呼ばれる表を保持している．ただし，すべての node ID が含まれているわけではない．Key から Key に対する Value が格納されているノードを探索するには，ルーティングテーブルの中で Key と XOR 距離の最も小さい node ID をもつノードに転送する．転送先のノードに Key に対する Value がなければさらにルーティングテーブルを辿り最終的には Key に対する Value をもつノードに到達する．Key と nodeID のビット長が長いとビット列に該当するノードが少なくなるが，ルーティングホップ数はノード数を N として $O(\log N)$ であることが知られており探索のスケーラビリティがよい．

別の DHT のアルゴリズム **Chord** では，図 12.7 に示すように Key および node ID を一緒にして小さい順に右回りのリング状に並べる．Key から右回りに一番近いノードに Key に対応する Value を格納する．Key に対応する Value をもつノードを探索するには，ノードのどれかにアクセスし Key とそのノードの node ID を比較する．各ノードは右回りに一番近いノード **successor** の情報を持っており，node ID と successor の node ID を比較して Key がその間にあれば successor に Value があることがわかる．なければ，successor に転送して同様な判断を行い，発見されるまで転送していく．この探索をもっと効率化するために各ノードは**フィンガーテーブル**を持っている．フィンガーテーブルには自身の node ID $+ 2^k$ ($k = 0, 1, 2, \ldots$) に対してその数値より右回りに一番近いノードが記述されており，探索するときは，フィンガーテーブルで Key に最も近い数値に対応するノードに転送する．受け取ったノードになければフィンガーテーブルを参照して次のノードに転送する．このようにして探索空間のサイズを減らしている．ルーティングホップ数は $O(\log N)$ である．その他，DHT アルゴリズムには Pastry や Tapestry などがある．

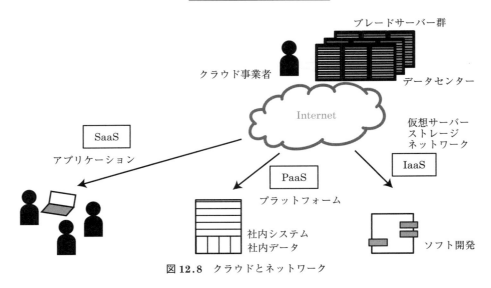

図 12.8　クラウドとネットワーク

12.4　クラウドとネットワーク

12.4.1　クラウドサービス

クラウドサービス(Cloud Service)とは，情報処理に必要なハードウェアからソフトウェアまでをネットワークを介したサービスとして提供するビジネスモデルである．サービス形態としては，**SaaS**(Software as a Service，サース)，**PaaS**(Platform as a Service，パース)，**IaaS**(Infrastructure as a Service，イアース)がある．SaaS は，Google Apps や Salesforce などで，アプリケーションをネットサービスとして提供する．PaaS は，アプリケーションが動作する環境を提供するもので，Google App Engine や Microsoft Azure がこれにあたる．Google Compute Engine や Amazon Elastic Compute Cloud (EC2) などは，インフラをネットサービスとして提供する IaaS である．

クラウドサービスを提供する事業者のネットワークを図 12.8 に示す．データセンターには多数の**ブレードサーバー**を設置し，インターネット経由で世界各地へサービス提供できる環境を整えている．このような環境は**パブリッククラウド**と呼ばれている．

一方，ユーザー側では，クラウドサービスを利用するスタイルに対して，従来のように社内に情報システムを構築して運用することを**オンプレミス**という．セキュリティ確保のため，ブレードサーバーを社内に置き，社内でクラウドサービスを行うケースも多く，こちらは**プライベートクラウド**と呼ばれている．

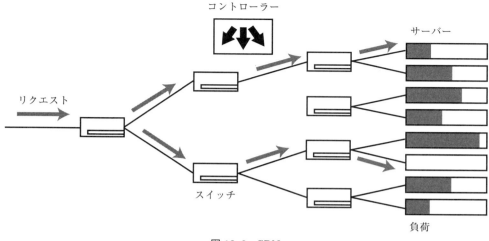

図 12.9 SDN

12.4.2 ソフトウェアデザインネットワーク：SDN

データセンターやエッジサーバーを運用するサイトではサービスを提供するために**ブレードサーバー**群を運用していることが多い．ブレードサーバーは，コンピュータ（CPU＋メモリ）を集約した**ブレード**と呼ばれる基盤の集合体で，多数のブレードを同時に動作させてサービスを行っている．これらのサーバーに公平に仕事を割り当てることによって，特定のサーバーへのアクセス集中を回避すると良いサービスを提供することができる．

このような方法はサーバーの負荷分散と呼ばれ，これを行なうためにソフトウェアデザインネットワーク **SDN**（Software Design Network）が用いられている．SDN は図 12.9 に示すように，スイッチとこれらに対して指示を与えるコントローラで構成されている．コントローラは各スイッチのフォワーディングテーブルを書き換え，リクエストのフローをコントロールすることができる．フローのコントロール方法は，コントローラのモジュールを書き換えることによって変更できる．最も単純な負荷分散法は，流入するフローに対して複数のサーバーの中からラウンドロビン方式で対応サーバーを割り当てていく方法であるが，負荷が低いサーバーに優先的に割り当てるほうがよい場合もあるだろう．

SDN では，管理者がコントローラのモジュールを書き換えることによってコントロールを変え，フローをデザインすることができる．**Openflow** は，**ONF**（Open Networking Foundation）が策定した SDN のプロトコルである．

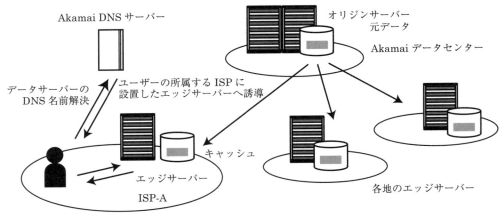

図 12.10　CDN

12.4.3　コンテンツ配信ネットワーク：CDN

大規模なクラウドでは，データセンターへのアクセス集中を回避するため，データセンターの機能を各地に分散する方法がとられている．オリジナルデータはデータセンターに保管されているが，各ユーザーが近いところにあるサーバーにアクセスすれば，サーバーへのアクセスが分散し負荷が軽減されるだけでなく，ユーザーにとってはデータを早くダウンロードできるというメリットがある．各地に置かれたサーバーを一般に**ミラーサーバー**という．このネットワークは，オーバーレイネットワークの一形態であり**コンテンツ配信ネットワーク**（Contents Delivery Network, CDN）と呼ばれている．

Akamai Technology 社は CDN によるデータ配信を主な業務としている会社である．大量のデータを保有するサイトからデータを受け取って末端ユーザーに提供する．ユーザーにとって，IP ネットワーク上で近い，すなわち少ないホップ数で到達できるのは契約している ISP である．そこで，Akamai 社では，図 12.10 に示すように，DNS を用いてユーザーからのアクセスを誘導し，ユーザーが所属する ISP のネットワーク内か，それに近いネットワークに設置された**エッジサーバー**からデータを配信している．

12.5 移動通信ネットワークの進歩

　移動体通信ネットワークとは携帯電話やスマートフォンで使われている広域無線アクセスネットワークのことで，IEEE802 スタンダードとは異なり，表 11.1 に示すように日本では 1980 年頃の車載電話の無線通信網からスタートした．この第 **1 世代移動体通信ネットワーク**はアナログ通信方式であったが，移動体通信事業者は通信方式のデジタル化および電話機の小型化軽量化を果たし，1990 年代には個人が持ち歩くことのできる携帯電話が販売されるようになった．この携帯電話のアクセスネットワークが**第 2 世代移動体通信ネットワーク**でデータ通信も可能になった．

　第 2 世代移動体通信ネットワークの通信方式は国によって異なり統一されていなかったが，2000 年に **ITU**[5] が **IMT-2000**[6] を策定し世界標準とした．**3G（第 3 世代移動体通信ネットワーク）**はこれに準拠したアクセスネットワークである．その数年後，携帯電話に OS が内蔵されたスマートフォンが発表されると，スマートフォンのアクセスネットワークとしても用いられることになった．3G では，**W-CDMA**[7] による通信方式が採用された．移動体の通信では端末の移動によって受信電力の強度が変動しやすく，特に周波数が狭い帯域ほど変動が大きい．そこで，W-CDMA では，周波数拡散すなわち周波数帯域を広げ送信電力を下げることで受信電力の変動を抑制する．また，ユーザー毎に異なるビット列（拡散符号）を用いて多重化送信することにより搬送波の利用効率を向上させ，最大通信帯域は 14Mbps（理論値）に拡大された．

表 12.1　移動体通信ネットワークの進歩

世代	1G	2G	3G	4G	5G
時期	1980 年代	1990 年代	2000	2012	2020
主な端末	車載電話	携帯電話		スマートフォン	
規格	（NTT 大容量方式）	（PDC）	IMT-2000	IMT-advanced	IMT-2020
主な通信技術	アナログ	FDD-TDMA	W-CDMA	LTE-advanced	
搬送波周波数 Hz	800M	800M	800M/1.5G/2.1G	3.4-3.6G/698-806M	
一次変調方式	FM	DQPSK	16QAM	64QAM	
多重化	FDD/FDMA	FDD/TDMA	DS-CDMA	OFDM	
アンテナ技術	-	-	-	4×4MIMO	
最大通信帯域	-	28.8kbps	14Mbps	3Gbps/1Gbps	10Gbps

注）1G,2G については日本の規格について記載

---

[5] International Telecommunication Union，国際通信連合．
[6] International Mobile Telecommunication-2000．
[7] Wideband Code Division Multiple Access，広域符号分割多重アクセス．

218   第 12 章　ネットワークの展開

　2000 年代の移動体端末数とトラフィックの爆発的増加に対応し，さらなる高速化を目指して，
2012 年に **IMT-Advanced** が策定された．**4G**（第 4 世代移動体通信ネットワーク）は，これに準
拠したアクセスネットワークである．IMT-Advanced の規格の 1 つは **LTE-advanced** である．
その元になった LTE[8] の主要技術は一次変調方式 64**QAM**[9]，多重化方式 **OFDM**[10] および 4×
4**MIMO**[11] である．QAM では，搬送波の振幅と位相のずれによってビットを表す．64 は搬送波の
1 周期で表すことができる値の数でこの数が大きいほど通信帯域は大きくなる．$64 = 2^4$ であるか
ら 64QAM は 1 周期で 4 ビットを表せる．OFDM は信号を複数のサブキャリア（副搬送波）で送信
する方式であるが，離散フーリエ変換を用いることによってサブキャリアの周波数を互いに直交す
るように定めるため，サブキャリア同士の干渉がなくなり，通信効率を向上できる．また，ユーザー
毎に異なるサブキャリアを割り当てることで通信を多重化している．MIMO は複数のアンテナを
使って送信速度を向上する方法で，4×4 は送受信アンテナ数各 4 本を表している．LTE-advanced
では，さらに周波数帯域を束ねて送信する **Carrier Aggregation** や複数の基地局が協調しなが
ら送受信する **CoMP**[12] が用いられている．これらの技術により，LTE-advanced の最大通信帯域
は，ダウンロード 3Gbps，アップロード 1Gbps（理論値）に向上した．

　IMT-Advanced のもう 1 つの規格は **WiMAX2**[13] である．**WiMAX** は，ラストワンマイル問題，
すなわちネットワーク環境の整備にあたって，電気通信事業者の局から家庭や事業所までの接続手
段の確保が難しい，という問題を解決するために IEEE が標準化を進めてきたものである．
WiMAX2 は，中長距離をカバーする移動体のアクセスネットワークに WiMAX を適用したもので，
IEEE の無線通信規格は IEEE802.16m である．WiMAX2 の主要技術は LTE と同様で，最大通
信帯域は，ダウンロード 300Mbps，アップロード 112Mbps（理論値）である．

---

[8]　Long Term Evolution.
[9]　Quadrature Amplitude Modulation，直交振幅変調.
[10]　Orthogonal Frequency Division Multiplexing，直交周波数分割多重.
[11]　Multi-input Multi-Output，マイモ.
[12]　Coodinated Multi Point transmission/reception.
[13]　Worldwide Interoperability for Microwave Access，ワイマックス.

12.5 移動通信ネットワークの進歩

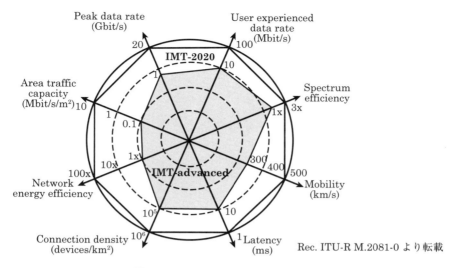

図 12.11 5G のビジョン：IMT-Vision

ITU の無線通信部門 ITU-R は，**5G**(第 5 世代移動体通信ネットワーク)向けの標準として **IMT-2020** を策定中である．図 12.11 に示す 2015 年発表された **IMT-Vision** では，IMT-2020 の目標として，Enhanced Mobile Broadband(通信帯域の拡大)，Massive Machine Type Communications(多数の機器の接続)，Ultra-reliable and Low Latency Communications(高い信頼性と低遅延性)が掲げられている．具体的には，最大 10Gbps への通信帯域の拡大，500km/h の移動への対応，IoT や M2M の動向に合わせ 4G 時代の 1,000 倍を超えるトラフィック，10～100 倍の機器の接続への対応，1ms 以下の遅延，エネルギー消費 1/10 などである．

この目標を実現するため，アンテナ技術が注目されている．1 つの基地局がカバーするエリアを**セル**と呼ぶが，端末が移動してセルを出てしまうとその基地局にはアクセスできなくなるため，アクセスできる基地局に切り替えなければならない．これを**ハンドオーバー**という．移動体の通信性能を高めるにはセルは大きく，ハンドオーバー遅延は小さいことが望ましい．搬送波の周波数帯域を大きくすれば送信帯域を拡大でき大容量通信が可能になるのであるが，電磁波の特性上，搬送波の周波数帯域を大きくすると直進性が高まるため遠くまで届きにくくなり，セルが小さくなってしまう．そこで，アンテナが送出する電波のビームフォーミングや MIMO のアンテナ数増加によって高周波帯域の搬送波の到達距離を伸ばし，セルの拡大を図るなどの技術改良が進められている．

220   第 12 章　ネットワークの展開

キーワード

【様々なネットワーキング】
オーバーレイネットワーク

【P2P 通信】
P2P 通信，ピア，ファイル交換，ハイブリッド P2P，スーパーノード型 P2P，ピュア P2P，Winny，BitTrent，ピース，トラッカー，シーダー，スーパーシーダー

【分散ハッシュテーブル：DHT】
ハッシュテーブル，分散データベース，分散ハッシュテーブル，DHT，コンシステントハッシング，構造化オーバーレイ

【クラウドとネットワーク】
クラウドサービス，SaaS，PaaS，IaaS，パブリッククラウド，オンプレミス，プライベートクラウド，SDN，Openflow，ONF，CDN，ミラーサーバー，エッジサーバー

【移動通信ネットワークの進歩】
ITU，IMT2000，3G，W-CDMA，IMT-Advanced，4G，LTE-Advanced，QAM，OFDM，MIMO，Carrier Aggregation，CoMP，WiMAX2，IMT-2020，IMT-Vision，ビームフォーミング

章末課題

12.1　オーバーレイネットワーク

オーバーレイネットワークの利点と不利点を挙げなさい．

12.2　P2P

(1) BitTrent ではどのようにしてファイルの供給源を確保しているか説明しなさい．

(2) P2P 通信を禁じている AS も少なくない．その理由を述べなさい．

12.3　DHT

次の A，B，C 各ビット列のペアについてそれぞれのプレフィックス一致長および XOR 距離を求め，プレフィックス一致長と XOR 距離の関係を説明しなさい．

A: 1010 0001 と 1010 0110

B: 1101 0110 と 1100 1010

C: 1001 1011 と 1001 0110

12.4　クラウド

(1) CDN では，ユーザーに近いミラーサイトをどのようにして調べているか説明しなさい．

(2) 研究課題 SDN の負荷分散方式を調べなさい．

12.5　移動体通信ネットワーク

5G の動向を調べ，表 12.1 の空欄を埋めなさい．

参考図書・サイト

1. 江崎 浩，「P2P 教科書」，インプレス R&D，2007
2. 馬場達也 他，「OpenFlow 徹底入門―― SDN を実現する技術と知識」，翔泳社，2013
3. S. Hull（トップスタジオ 訳），「CDN プロトコル入門」，日経 BP 社，2003
4. 日本 ITU 協会，ITU IMT2020，
   https://www.ituaj.jp/wp-content/uploads/2017/11/2017_11-09-Spot-IMT2020.pdf

---

コラム8　その他のネットワーキング

　本書で取り上げなかったいくつかのネットワーク技術を紹介しましょう．1つは，無線端末だけで構成するアドホックネットワークです．端末が移動することを前提にしたアドホックネットワークは MANET（Mobile Ad hoc Network）と呼ばれます．スマートフォンの電波の届かない山や海，あるいは大災害で通信インフラが機能しなくなってしまったとき，救助隊が現場で構築するネットワークです．このとき，通信端末は，送受信主体であると同時にスイッチのようにデータ転送を行います．このように無線端末だけで構成するネットワークには，端末にセンサーを組み込んで電柱などに設置し，計測データを収集するセンサーネットワークがあります．また，車々間通信の技術としても注目されています．

　惑星や衛星を経由する宇宙での通信の技術として研究されてきたのが，遅延耐性ネットワーク（Delay Tolerant Network, DTN）です．宇宙環境では，送信元ノードと宛先ノードが遠く離れていると同時に中継機が存在する保証がありません．送信元ノードと宛先ノード間で制御パケットをやりとりしながら通信する TCP のスキームはまったく役に立ちません．DTN は，通信を速やかに継続できない状況で，たまたま通りかかった衛星や宇宙船を経由して情報を宛先に届けるための通信方式です．DTN では中継するノードでいったんメッセージを保存しておき，次の中継ノードや宛先ノードが発見されたとき送信します．たいへんのんびりした通信ですが，通信が一時的に途絶えてしまった場合でも，通信環境が回復すれば再開できるというメリットがあります．そこで，途絶耐性ネットワーク（Disruption Tolerant Networking）とも呼ばれ，宇宙空間だけでなく，地上の無線ネットワークへの適用が検討されるようになっています．

章末課題　解答例

第1章

1.1　通信プロトコルの役割は，異なる機種の PC やデータ転送装置，異なる OS，アプリケーションどうしでも通信できるようにすることである．RFC に付与したステイタスを変化させることによって，社会要請や技術の絶え間ない変化と進歩に対応している．

1.2　ホップ数は通信路のサブネット数であるから，ルーター数＋1である．ルーター数は 1＋20＝21であるから，22 ホップ．

1.3　サブネットの内部でステーションからステーションへデータを転送するのがデータリンク通信で，複数のサブネットを経由しホストからホストへデータを届けるのがホスト間通信である．イーサネットによるデータリンク通信の MAC アドレスはステーションを識別するために用いられるが，IP 通信すなわち IP によるホスト間通信で用いられる IP アドレスはインターフェイスの識別の他，ルーティングを行うことができるように設計されている．

1.4　MAC アドレス解決では ARP プロトコルによるサブネット内のブロードキャストによって無関係なノードにパケットが送信される問題がある．経路選択では，経路制御表の検索処理が最長一致のため非効率であることが問題である．また，経路 MTU は通信路が定まらないと決定されないため，IP フラグメンテーションが何度も発生する可能性がある．

1.5　クライアントホストにおける IP アドレスの不足はプライベート IP アドレスの多段使用で補われており，グローバル IP の不足はポート番号と組み合せることによって補われている．

1.6　OSI4 層は，IP 通信における通信制御およびアプリケーションへの配送の役割を持っている．UDP は通信制御を行わないことによって通信の高速性を維持し，TCP は再送制御，フロー制御，輻輳（ふくそう）制御を行うことによって通信の信頼性を確保している．

1.7　RIP は距離ベクトルデータベースを用いて AS 内ルーティングを行い，BGP は AS パスリストにもとづく AS 間ルーティングを行う．

1.8　分散データベースシステムによりドメイン名と IP アドレスの変換を行う．主なインターネットサービスは DNS を用いているため，DNS が攻撃を受けるとインターネットサービスに多大な影響が発生する．

1.9　ファイル転送で取得するデータは基本的に取得者本人のデータであるが，アノニマス FTP で取得する場合は公開されている他者のデータである．電子メールは，取得者に開示される送信者（他者）のデータである．また，WWW で取得するデータは基本的には一般に公開されている他者のデータである．

1.10　(1) TCP ヘッダーおよび IP ヘッダーがつくため，100＋20＋20＝140 オクテット

(2) Ethernet の MTU は 1500 オクテットで，ペイロードには IP ヘッダーおよび UDP ヘッダーが含まれるため，1 パケットに含まれるアプリケーションデータは 1500－20－8＝1472 オク

テットである．1M バイトのデータは 1024^2 バイトであるから，$1024^2/1472 \fallingdotseq 712.3$．したがって，713 個に分割されて送信される．

(3) $100 \times 1.024 \times 1.024 \times 8/60 \fallingdotseq 13.981\,\mathrm{Mbps}$ ∴ $13.98\,\mathrm{Mbps}$

第2章

2.1 スイッチは，受信したフレームの宛先 MAC アドレスをみて，受信ポートの MAC アドレスと一致していれば L3 処理を行い，一致していなければ L2 処理を行う．

2.2 (1) $1\,\mathrm{Gbps} \times 24$ ポート $\times 2 = 48\,\mathrm{Gbps}$ であるから，バックプレーン容量は $48\,\mathrm{Gbps}$ 以上必要である．

$48\,\mathrm{Gbps}/\{(20+64) \times 8\} = 48000/672 \fallingdotseq 71.5\,\mathrm{Mpps}$（切り上げ）．したがって，スイッチング能力は $71.5\,\mathrm{Mpps}$ 以上必要である．

(2) $10\mathrm{Gbps}$ に変換するポート数を x とする．$\{10x + (24-x)\} \times 2 < 200$

$x < (200-48)/18 \fallingdotseq 8.44$　したがって 8 ポートまでは増設できる．

2.3 (1) ルートブリッジは E　(2) E-B-A-D + E-B-C + E-F，E-B 間のルートパスコストは 2

(3) E-F-C-B-A-D　E-B 間の最短パスは E-F-C-B であるから，ルートパスコストは $2+4+2=8$

2.4 (1) 各室へのケーブルは各階ともに 8．これに上下階へのケーブルが VLAN 毎に必要である．3F は $8+4=12$ ポート，2F は $8+4+4=16$ ポート必要である．1F ではルーターへのケーブル接続が必要であるため，$8+4+4=16$ ポート必要である．

(2) 各室へのケーブルは各階ともに 8 であるが，スイッチ間の接続は tag ポートでまとめて行えるため，3F は $8+1=9$ ポート，2F は $8+1+1=10$ ポート，1F は $8+1+1=10$ ポートでよい．

2.5 (1) 経路制御表はパケットの最終的な送信の宛先と次の送信先の対応表であるのに対して，ラベルテーブルは受信ポートと送出ポートの対応表である．

(2) 複数の Point-to-Point LSP では，経路の共通部分でも異なるラベルが配布されるが，Merge LSP では同じラベルになるため，ラベルの無駄をなくすことができる．

(3) クローズド VPN における IP-VPN，障害回避，QoS，トラフィックの分散などにも利用できる．

第3章

3.1 地球を円周 $L = 4 \times 10^9$ cm の球であるとする．

球の表面積は $4\pi R^2$，半径 $R = L/(2\pi)$ ある．

単位面積あたりのアドレス数は，$2^{128}/(4\pi R^2) = 2^{128}\pi/L^2$

したがって，$2^{128}\pi/(4 \times 10^9)^2 \fallingdotseq 6.68 \times 10^{19}$ 個

3.2 (1) fd00:0:1234:2::1

(2) FP(7 bit) = 1111 110 であるから，ユニークローカルユニキャストアドレス

(3) FP(7 bit) = 1111 110，L(1 bit) = 1，

グローバル ID(40 bit) = 0x00 0000 1234，サブネット ID(16 bit) = 0x0002

インターフェイス ID(64 bit) = 0x0000 0000 0000 0001

注意) 16 進数は 1 文字 4 bit であるから，v6 アドレスは $4 \times 8 = 32$ 文字の 16 進数で構成される．

3.3 n 個のサイトを順番に並べると，1番のサイトの ID が2番目のサイトの ID と異なる確率は$(m-1)/m$，3番目のサイトが1番目，2番目と異なる確率は$(m-2)/m$ である．したがって，1〜3番目までのサイトが異なる ID をもつ確率は $\{(m-1)/m\}\{(m-2)/m\} = (m-1)(m-2)/m^2 = m(m-1)(m-2)/m^3$ こうして，n 番目のサイトまでがまったく同じ ID をもたない確率は $m!/\{(m-n)! \, m^n\}$．したがって，2つ以上のサイトの ID が重複する確率は，$1 - m!/\{(m-n)! \, m^n\}$ である．

グローバル ID は 40 ビットであるから，$m = 2^{40}$．$n = 1000$ の場合は，重複する確率は $\mathrm{P}(1000, 2^{40}) \fallingdotseq 0$，$n = 2^{20}$ の場合は $\mathrm{P}(2^{20}, 2^{40}) \fallingdotseq 0.4$

3.4 MAC アドレスが $=$ 00:12:34:56:78:90 の例

(1) fe80::0212:34ff:fe56:7890

(2) ff02::1:ff56:7890

(3) ff02::1

3.5 A の経路制御表

集約なし　　　　　8エントリ

相互接続なし集約　4エントリ

相互接続あり集約　5エントリ

相互接続が進むと集約効果は低下する．

宛先	次ホップ
7-3-1	s_1
7-3-2	s_2
7-4	b
8-5	c
8-6	d

第 4 章

4.1 基本ヘッダーは固定長であり，ネクストヘッダーで拡張ヘッダーの有無をチェックできるため，処理が高速化できる．基本ヘッダーの主な内容は，宛先アドレス，送信元アドレス，トラフィッククラス，フローラベル，ホップリミットである．拡張ヘッダーに格納される内容は，ジャンボグラムのサイズや，IP フラグメンテーションが発生した時のオフセットなどである．

4.2 IPv4 の場合）　IP ヘッダー（オプションなし）$=20$oct，UDP ヘッダー $=8$oct

Ethernet の MTU は 1500oct であるから，1パケットに格納できるデータは，$1500 - 20 - 8 = 1472$ oct．したがって，パケット数は，$5 \times 1024^2/1472 \fallingdotseq 3561.7$，3562 個

IPv6 の場合）　IP ヘッダー $=$ 基本ヘッダー $=40$ oct，拡張ヘッダー　$1+1+2 = 4$ oct

1パケットに格納できるデータは，$1500 - 40 - 4 - 8 = 1448$ oct．

したがって，パケット数は，$5 \times 1024^2/1448 \fallingdotseq 3620.8$，3621 個

1パケット当たりの増分は IPv6）$40 + 4 + 8 = 52$ oct，IPv4）$20 + 8 = 28$ oct，

$3621 \times 52 - 3562 \times 28 = 188292 - 99736 = 88556$ oct $= 88556/1024$ kB $\fallingdotseq 86.48$，IP パケットの全データ量は，IPv6 のほうが約 86.5 kB 多い．

4.3 インターフェイス ID は，改 EUI64 形式を用いて MAC アドレスから生成する．リンクローカルアドレスのサブネットプレフィックスは固定値 fe80:: である．グローバルユニキャストアドレスとユニークローカルユニキャストアドレスのサブネットプレフィックスは，プレフィックスリストか，ルーター広告で取得する．

4.4 ブロードキャストでは無関係なノードに対して不要な通信が発生することが問題だったが，ネイバー要請メッセージを要請ノードマルチキャストアドレスに送信することによって該当する IP アドレスをもつノードにのみ問合せすることができる．

	章末課題 解答例

4.5 IPv6 の集約可能アドレスでは，ツリー構造によって経路制御表を短縮できる．MPLS では生成された経路制御表からラベルテーブルを生成し，ラベルで経路選択することによって高速化を図っている．また，TCAM では，経路制御表の最長一致探索処理を高速化することによって解決を図っている．

4.6 ・1280 オクテット以下のパケットは分割しない．
　　・フラグメントオフセットは拡張ヘッダーに格納する．
　　・ICMPv6 パケットサイズ過大メッセージで経路 MTU を通知する．

4.7 略

第 5 章

5.1 ・マルチメディア通信は，通信するデータが音声付き動画である通信．
　　・ストリーミングは，各瞬間の映像と音声が，キャプチャー，圧縮，配信，再生，廃棄と，連続的に処理されていく通信方式で，マルチメディア通信に適した通信方式である．
　　・擬似ストリーミングは，プログレッシブダウンロード方式のことで，ダウンロード方式でありながらストリーミングのような特徴をもつ通信方式である．
　　・リアルタイム通信は送信されたデータが受信側で等時性を保ちながら再生される通信を指している．
　　・高精細ストリーミングはリアルタイム通信向けのプロトコル RTP／RTCP をベースに構築されるが，インターネットではダウンロードをベースにした擬似ストリーミングも広く用いられている．

5.2 (1) RTP/RTCP は，時刻とパケットの再生順の管理によって等時性を保つ機能をもつプロトコルである．UDP を用いる理由は，高速性を重視していることと，通信制御を RTP/RTCP 自身が行うためである．
　　(2) RTP/RTCP では，セキュリティ確保のため，シーケンス番号やタイムスタンプの初期値がランダムに生成される．しかし，それによってカウンタの一巡が発生しやすくなる．とくにシーケンス番号は 2 オクテットであるため，上位桁を送受信ノードで保存して 4 オクテットとした拡張シーケンス番号を用いている．

5.3 (1) $87,000 - 23,001 + 1 = 64,000$
　　(2) $64,000 \times 480 = 30,720,000$
　　(3) $5,000/64,000 = 0.078125$　　約 7.8%
　　　　$0.078125 \times 256 = 20$,　00001010

5.4 (1) DNS は，インターネットサービスに共通したアドレス解決の仕組みで，ネームサーバーで構成される分散データベース DNS を用いるが，SIP では SIP 専用の場所サーバーを用いてドメイン名から IP アドレスを取得している．
　　(2) IP 電話はパケット通信，アナログ電話はアナログ通信による音声通信の仕組みである．アナログ通信では，回線交換を用いて専用通信路を生成し音声を送信する．アナログデータはノイズリカバリーができないため，ノイズが入らないように高性能な中継機を必要とする一方，パケット通信はパケットロスによる通信品質低下が問題であったが，パケットサイズを小さくす

第6章

6.1 (1) 通信路でパケットが欠落した場合，高信頼性を保つためには欠落パケットを再送しなければならない．しかし，パケットを再送すると遅延が発生し，等時性を保つこともできない．パケットが欠落しても再送しなければ，遅延を小さくし等時性を保つことはできるが信頼性は低下する．

(2) オーバープロビジョニングによって確保している．

6.2 EF は契約した伝送レートを保証する．AF はキューイングの優先度とパケット廃棄率でクラス分けする．

6.3 伝送レートは，送信レポートのタイムスタンプ，送信オクテットカウント，送信レポートの到着時刻，から求められる．遅延時間は，送信レポートのタイムスタンプと到着時刻から計算できる．ジッターとパケットロス率は，受信者レポートで報告される．

6.4 (1) $m = q/2$

(2)
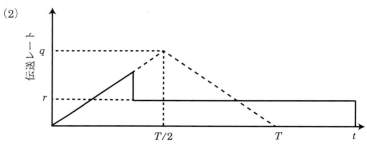

(3)
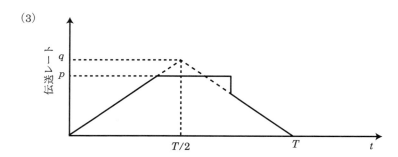

6.5 (1) 複数のキューのキューイングにおいて，各キューの伝送レートが他のキューに影響を及ぼさないことを分離性が良い，公平性があるという．

(2) RRQ では優先の概念がないためサービスクラスを差別化することができない．PQ では上位クラスの優先度が下位クラスよりも圧倒的によいため，きめ細かいサービス提供ができない．WFQ では，重みを適正に設定することにより段階的な QoS サービスを提供することができる．

(3)

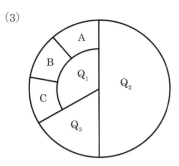

6.6 (1) バーストを含むパケットが廃棄されやすい．また，バッファーが満杯になりやすい．バッファーが満杯である状態が続くと到着パケットがすべて廃棄されるため，TCP グローバル同期が発生し，輻輳崩壊につながる危険性がある．

(2) $P(x) = \begin{cases} x \leq 10 & 0 \\ 10 < x \leq 100 & P(Th_{max})(x-Th_{min})/(Th_{max}-Th_{min}) = (x-10)/100 \\ 100 < x & 1 \end{cases}$

6.7 (1) フローをクラス分類することでフローをまとめて扱うことができ，DS コードポイントによってキューイングや廃棄の操作が明確化するため，処理が効率化されている．

(2) トラフィック調整とは，DS ドメインのエッジルーターがフローの契約との整合性を調べてパケットに DS コードポイントを付与することで，トラフィック制御は，コアルーターが DS コードポイントに従ってパケットを転送することである．

(3) 優先制御により，デフォルトクラスの通信は通信速度が低下する可能性が大きいが最低の送信帯域は保証される．

第 7 章

7.1 (1) ユニキャスト　3000×500kbps＝1.5 Gbps
　　　マルチキャスト　500kbps

(2) パケットロスの状況は宛先ノードによって異なるため，再送はユニキャストで行わざるを得ないため．

7.2 (1) 224.0.0.1
(2) ff02::1

7.3 共通な点：参加者リストはラストホップルーターが管理する．
　　異なっている点：プロトコル　IGMP(IPv4)，ICMPv6 の MLD メッセージ
　　　　　　　　　　参加者の名前　レシーバー(IPv4)，リスナー(IPv6)

7.4 (1)

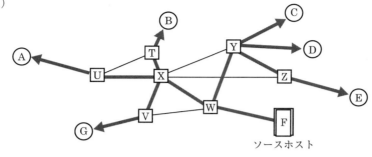

(2)

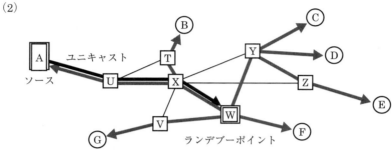

(3) ソースツリーの利点はデータの送信元から配信サーバーへ送信しなくてよいことで，不利点は配信元が異なるたびに配送ツリーが変化することである．共有ツリーの利点は，送信元が異なっても配送ツリーが変化しないことだが，送信元からランデブーポイントまでなんらかの方法で送信しなければならない．

ソースツリーは，メディアサーバーが移動しないスタジオからのインターネット放送や会議場からの公開に適している．共有ツリーは，送信元が複数で変化するビデオ会議などに適している．

7.5 (1) フラッディングによって多くの非参加者へのルートができ，プルーニングの処理も大きい．

(2) すべての参加者に対して1人ずつエクスプリシットジョインを行うため，同じルートが何度も構築される．

第8章

8.1 (1) クライアントサーバーモデルでは，要求を出すのは多数のクライアントで，サーバーがデータを送信するが，エージェントマネージャの場合，要求を出すのはマネージャで，データを送信するのは多数のエージェントである．

(2) ツリー構造になっており意味が数値化されているため，少ないデータ量で多くの情報を含んでいる．エージェントからマネージャへの管理情報の通信負荷を小さくでき，マネージャは多くの情報を集約できる．

8.2 (1) 利用価値：スイッチのポートごとの通信状況の詳細を把握できるため，全体の通信状況を把握するSNMPを補間する．

章末課題　解答例

 (2)モニタリング性能：ミラーポートでは全フローを受けるため，流量が多い場合，スイッチの
  バックプレーン容量が十分必要である．また，リアルタイムに観察するには高性能なモニター
  PC および監視ソフトが必要である．

 (3)問題点：モニタリングシステムはネットワークやホストの通信が傍受できるので悪用されると
  危険である．また，ネットワーク管理権限が曖昧であるとプライバシーに抵触する可能性があ
  る．

8.3 $\Delta T = (100,000,000,060 - 99,999,999,980) - (100,000,000,010 - 99,999,999,990))/2$

   $= (80 - 20)/2 = 30$

 $TS_2 + \Delta T = 100,000,000,010 + 30 = 100,000,000,040$

 返信を受信した時刻は，100,000,000,060 であるから，20 カウント進んでいた．

8.4 (1)攻撃方法はブルートフォールス攻撃と呼ばれるコンピュータによる辞書を使った総当たり検索
  である．一般の暗号文は，総当たり方式では計算量が大きすぎるため現実的な時間内では解読
  できない．人が記憶したり入力したりできる文字列の長さはどんなに長くてもコンピュータ処
  理と比較すると短いためパスワードは総当たり検索で解読できる．

 (2)時刻同期方式の場合はハードウェアトークンを配布するため，持っている人でなければ生成でき
  ない．しかし，有効な時間に幅を設けざるを得ず，その間に盗聴され使用される可能性があ
  る．チャレンジアンドレスポンスの場合は盗聴されても使用はできないがユーザーが否認する
  ことは可能である．

 (3)略

8.5 (1)ユーザーがログイン画面でパスワードを入力するとケルベロス認証サーバーが認証して TGT
  チケットを発行してくれるので，それをチケット発行サーバーに送るとチケット発行サーバー
  はユーザーのアクセス権を LDAP データベースでチェックし，工学部教育サーバーのチケッ
  トを発行してくれる．このチケットを工学部教育サーバーに送信すると講義資料リストが閲覧
  できる．

 (2)ケルベロス認証の中央データベース（KDC）

 (3)なりすましを防ぐため．

8.6 (1)ネットワークに接続した PC でネットワークを利用する際，使用者のアクセス権を認証するこ
  と．

 (2)IEEE802.1X では，ユーザーがパスワードを入力するとクライアント PC は EAPoL で認証要
  求をルーターに送信し，ルーターは受信したパスワードなどをラディウスサーバーで認証して
  接続の可否を判定する．

8.7

	実行レスポンス	起動時間	環境復元性	要求性能		
				クライアント	サーバー	ネットワーク
環境復元型	良い	普通	管理が面倒	普通	普通	普通
ネットワークブート型ディスクレス	良い	長い	簡単	普通	高い	高い
リモート VDI	悪い	短い	簡単	普通	高い	高い
クライアントハイパーバイザ VDI	良い	短い	簡単	普通	普通	普通

第9章

9.1 (1)パスワードの強化，ソフトウェアアップデート，セキュリティ対策ソフトの導入，バックアップ，データの暗号化

(2)ボット化によって攻撃に利用される可能性があるから．

9.2 (1)ファイアウォール，IDS/IPS，冗長化，リバースプロキシ，クライアントセキュリティの促進

(2)1つの機器が障害やメンテナンスで停止してももう一方の機器が動作を行うことで機能の継続性を保つため．サーバーの冗長化はサービスの継続性を保つもので，セキュリティ機器の場合はフェイルセーフに相当する．

9.3 (1)パケットフィルタリングとプロキシ機能によってネットワークと公開サーバーを守る仕組み．

(2)リクエストの記録をとり，記録に基づいて一時的に送信元ホストへの通信を許可するステートフルインスペクションを行う．

(3)プロキシサーバーはキャンパスネットワークの出入口に設置し，内部から外部へのリクエストに対して代理通信することによって対外接続リンクのネットワーク負荷を軽減するが，リバースプロキシサーバーは公開サーバーの前に設置し，公開サーバーへのリクエストを代理通信することによって公開サーバーを DDoS 攻撃から守る．

9.4 (1)IDS は侵入を検知するだけであるが，IPS はファイアウォールと連携して不正通信を遮断する機能をもつ．

(2)不正通信パケットの特徴をデータベース化しておき，シグネチャマッチングを行う方法と，正常時と異なるトラフィックパターンを発見するアノマリー検知がある．

(3)不正な通信を見逃す，正常な通信を不正と判定する可能性がある．とくに IPS で正常な通信を不正として通信遮断した場合はネットワークに対する影響が大きい．また，対外接続リンクのトラフィックが大きいと検知が追随できないことがある．

9.5 略

第10章

10.1

$$100101001111$$
$$\underline{\text{XOR})\ 110111011101}$$
$$010010010010$$

2ビットの左巡回シフト　001001001001

10.2 $n = 7 \times 11 = 77$, $\lambda = l.c.m(6, 10) = 30$, 公開パラメータは　$n = 77$, $e = 13$

秘密鍵　$13 \times d \bmod 30 = 1$ より　$d = 7$,

暗号化　$2^{13} \bmod 77 = 30$（暗号）（$2^{13} = 106 \times 77 + 30$），

復号　$30^7 \bmod 77 = 2$（$30^7 = 77 \times 284025974 + 2$）

10.3 $\alpha = 7^{11} \bmod 13 = 2$, $K = 11^{11} \bmod 13 = 6$

（$7^{11} = 13 \times 152102057 + 2$, $11^{11} = 13 \times 21947051585 + 2$），

$\beta = 7^5 \bmod 13 = 11$, $K = 2^5 \bmod 13 = 6$

（$7^5 = 13 \times 1292 + 11$, $2^5 = 13 \times 2 + 6$）

10.4 略

章末課題　解答例　231

10.5　公開鍵暗号では，公開鍵で復号できる暗号を生成できる鍵はペアである秘密鍵だけであるため，暗号化した人が秘密鍵を使用して暗号化した，という事実が証明される．すなわち，署名の内容に関わりなく，秘密鍵の使用をもって署名者の真正性を保証する．

10.6　(1)一般に，サインは短く定型的であるため，クラックされやすい．また，デジタル署名による真正性の根拠は，署名の内容ではなく暗号化した鍵であるから．

　　　(2)公開鍵を送信したい相手が信用している認証局の証明があればよい．一般にはルート認証局が発行する証明書によって保証する．

第11章

11.1　TLSの暗号化範囲は，TCPヘッダーの後に続くペイロード部分である．TLSハンドシェイクで交換するパラメータは，暗号化方式，メッセージ認証方式，証明書，共通鍵生成パラメータ．

11.2　(1)1回目のハンドシェイクでは，2回目に行う暗号化パラメータの交換の通信を保護するための暗号化パラメータを交換する．

　　　(2)TLSではIPヘッダー及びTCP/UDPヘッダーは保護されないが，IPsecのトランスポートモードではTCP/UDPヘッダーが保護されるため，ポート番号すなわち使っているサービスが秘匿される．トンネルモードでは，さらにIPヘッダーが保護されるため，IPアドレスすなわち送受信ホストが秘匿される．

11.3　(1)WPA2のユーザー認証の仕組みとしてIEEE802.1Xを用いている．特にTLSの手順を行うことによって公開鍵証明書によるユーザー認証を行う．

　　　(2)Enterpriseモード：IEEE802.1X(EAP-TLS)によるユーザー認証

　　　　Personalモード：ユーザー認証なし

　　　　暗号化：AES CTRモード

　　　　メッセージ認証：AES CBCモードの最後の暗号ブロック

　　　(3)CTRモードでは暗号ブロックが繰り込まれないので，最後の暗号化ブロックは最後の平文ブロックとカウンターからしか生成されないため，

11.4　(1)インターネットVPNは，インターネットを通過するため，暗号化・認証などのセキュリティ確保が必要である．リモートアクセスVPNもインターネットを通過するためセキュリティ確保が必要であるほか，アクセスする人が正当なアクセス権をもっているか確認するためユーザー認証が必要である．

　　　(2)クローズドVPNの場合は通過するネットワークは同じASであるから，VLANの設定やMPLSネットワークを構成することが容易である．インターネットVPNは多数のASを通過するためこれらの技術は使えないうえ，暗号化や認証の機能を付加しなければならない．

　　　(3)TLSは，Webサービスの通信路保護からスタートしてインターネットサービスの保護を行う仕組みであるため，ポートフォワーディングやL2フォワーディングでもHTTPS通信を使わなければならない．その点，IPsec-VPNは，IPパケットを暗号化するためVPNの構築にマッチしているものの，IPsecは，ユーザー認証やパラメータ配布を想定していないため，拡張が必要になっている．

第12章

12.1 利点は，下位ネットワークへの介入なしにネットワークを構成できることである．不利点は，構成にあたって下位ネットワークの負荷を考慮しないため，下位ネットワークに不要な負荷がかかる可能性があることである．

12.2 (1)ファイルの全ピースを保有しているスーパーシーダーを確保している．交換するファイルを細分化することによってピアを増やし，ダウンロードしている間はアップローダーとして機能するような仕組みにしている．

(2)P2P通信でやり取りされているコンテンツに著作権の問題があるものが多い．また，キャンパスネットワークの対外接続リンクを圧迫する．

12.3 プレフィックス一致長 A:5，B:3，C:4

XOR距離　A: 0000 0111 (7)，B: 0001 1100 (28)，C: 0000 1101 (13)

プレフィックス一致長が大きいほどXOR距離は小さい

12.4 (1)ネットワーク上の近さは通信経路長で測られる．ユーザーからのリクエスト送信元IPアドレスはゲートウェイで変換され，クライアントが属しているISPのグローバルIPアドレスになっている．グローバルIPアドレスはパラメータ管理組織IANAから配布されているため，送信元IPアドレスのネットワーク部から送信元のISPが特定できる．

(2)略

12.5 略

索　引

※太字は詳細な説明のあるページを示す.

【数字】

100BASE-LX　9
100BASE-T　9
16 ビットフィールド　47
256QAM　7
2 要素認証　146

【英字】

A6 レコード　73
AAAA レコード　73
AAL　98
AES　174
AES-CCMP　197
AF PHB　99
AH　65, **193**
AP　3
ARED アルゴリズム　105
ARP　26
ARP パケット　6
AS　11
ATM　98
ATM フォーラム　98

BGP　11
BGP4+　57
BitTrent　210
BPDU　28
BPF　136

CBC-MAC　197
CBC モード　175
CBQ　103
CBT　124
CDN　216
CFI　32
CHAP　149
Chord　213
CoMP　218
COPS　107
CR-LDP　41
CS PHB　99

CSMA/CA　7
CSMA/CD　20
CSRC ID　83
CTR モード　175, **197**

DAD　68
DDoS 攻撃　155
Dense モード　124
DHCP　3
DHT　210, **212**
DH 鍵共有　178
Diffee-Hellman 鍵共有方式　178
DiffServ　97, 99
DIT　144
DMZ　160
DNAME レコード　73
DNS　3, **73**
DoD　41
DSA　182
DSCP フィールド　109
DS コードポイント　108
DS サービス領域　106
DS ドメイン　106
DU モード　40
DVMRP　124

EAP　149
EAPoL　149
ECN　109
EF PHB　99
ESP　65, **193**
Ethernet フレーム　16
Explicit Join　126

False Negative　167
False Positive　167
FCS　6
FEC　38
FIFO　96
Flooding　124
FQDN　134

GMT 138

H.323 88
HTML 4
HTTP 4
HTTPS 188
HTTP リクエスト 4, 5
HTTP レスポンス 12

IaaS 214
IANA **15**, 44
ICMP 13
ICMPv6 66
IDS 166
IEEE802.11ac 6
IEEE802.11i 196
IEEE802.1X 149
IEEE802.2 6
IEEE802.2/3 Ethernet フレーム 16
IEEE802 委員会 15
IETF 15
IFG 25
IGMP 118
IGMP スヌーピング 119
IGMP 脱退メッセージ 118
IGMP 問い合わせメッセージ 118
IGMP 報告メッセージ 118
IKE 194
IKE mode config 203
IMT-2000 217
IMT-2020 219
IMT-Advanced 218
IMT-Vision 219
IntServ 97
IP 44
IPComp 193
IPS 166
IPsec 61, 65, **192**
IPsec-VPN 202
IPv4 44
IPv4-IPv6 共存技術 61, **74**
IPv4 射影アドレス 75
IPv6 44
IPv6 アドレス 46
IPv6 アドレッシング 44
IPv6 拡張ヘッダー 64
IPv6 集約アドレス 56

IPv6 トランスポート対応 73
IPv6 パケット配送 60
IPv6 ヘッダー 62
IPv6 マルチキャスト 127
IPv6 マルチキャストアドレス 55
IP-VPN 199
IP アドレス **3**, 17
IP 通信 **2**, 10
IP 電話 88
IP トンネリング 200
IP パケット 5, 17
IP フラグメンテーション 13, **72**
IP プロトコル 5
IP ヘッダー 5
IP マルチキャスト 114
ISAKMP 194
ISP 2
ITU 217

JIS Q 27002 156
JJY 無線局 139
JPNIC 15
JST 138

Kademlia 212

L2/L3 スイッチ 20
L2TP 199, **200**
LAN emulation 98
LAN 間 VPN 199
LAN スイッチ 20
LDAP 143
LDIF 144
LDP 40
LER 37
LSP 39
LSR 37

MAC アドレス **6**, 16, 28, 54, 71
MAC アドレス解決 6, 71
MAC 制御プロトコル 35
MD 179
Merge LSP 39
MIB 134
MIMO 7
MLD 127
MMF 9

MPLS 36

MRTG 135

MSS 5, 13

MTU 13, 72

NAT/NAPT 8

NIC 7

NIST **174**, 182

NTP 138

NTP 参照源 139

NTP タイムスタンプ 84

OFDM 7

OID 134

ONF 215

OSI 参照モデル 5

OSPF 11

OSPF for IPv6 57

OUI 15

P2P 通信 208

PaaS 214

PAP 149

PF-PACKET 136

PHB 99

PHP 39

PIM-DM 124

PIM-SM 124, **126**

PKI 184

Point-to-Point LSR 39

POSIX TIME 138

PPP 149

PPTP 199, 200

PQ 102

Prune メッセージ 125

PTR レコード 73

QoS 92

QoS ネットワーク 106

RADIUS 認証 148

RED 104

RFC 文書 15

Rijndael 174

RIO 105

RIP 11

RIPng 57

RIR **15**, 44

RMON 135

RPF 122

RRQ 102

RSA 暗号 176

RSVP 97

RSVP-TE 41

RTCP 81, **84**

RTP 81, **82**

RTP タイムスタンプ 84

RTS/CTS 方式 7

RTSP 81, **87**

RTT 13

SA 192

SaaS 214

SAD 194

SDES 84

SDN 215

SDP 81

SFTP 188

SHA 179

SIM ヘッダー 38

SIP 81, **88**

SIP プロキシサーバー 88

SI 秒 138

SLA 107

slew モード 140

SLS 107

SMF 9

SMI 134

SNMP 131, **132**

SOCKS 160

Sparse モード 124, 126

SPD 195

SPI 65

SPN 構造 175

SSH 188

SSID 3

SSL 188

SSL/TLS 188, **190**

SSRC 84

SSRC ID 83

step モード 140

STP 27

TAI 138

TCAM　36
TCP　13
TCP/IP プロトコル　15
TCP グローバル同期　104
TCP コネクション　13
TCP セグメント　13
TCP ヘッダー　17
TGT　147
TLS　188, **190**
TLS-VPN　201
TLS ハンドシェイク　190
TLV 符号化　133
ToS　109
TTL　8
TTL スコーピング　123

UDP ヘッダー　17
URI　4
URL フィルター　169
UTC　138
UTM　169
UTP ケーブル　9

VDI　150, **151**
VID　31, 32
VLAN　30
VoIP　88
VPN　198
VPN クライアント　203
VPN サーバー　203

WAF　168
W-CDMA　217
Web サーバー　12
Web ブラウザ　4
WFQ　103
Wi-Fi　3
WiMAX　2, 218
WiMAX2　218
WinPcap　136
WPA2　196
WPA2 - enterprize　196
WPA2-PSK　197
WRED　105
WWW　4

X.509　184

XAUTH　203
XFF　168
XOR 距離　212

【あ】
アクセス制御リスト　162
アクセスルーター　2
アクティブキューマネジメント　105
アグリーメント　29
圧縮符号化　79
宛先到達不能メッセージ　66
宛先ホスト　5
アドミッション制御　106, **107**
アドレスのスコープ　50
アノマリー検知　167
アプリケーションゲートウェイ型ファイアウォール
　160
アプリケーションプロトコル　4
暗号　174
暗号化　174
暗号化鍵　176
安全性　174

イーグレス処理ユニット　22
一次参照源　140
一方向関数　179
移動通信ネットワーク　217
イングレス処理ユニット　22
インシデント　159
インシデントレスポンス　159
インターネット VPN　198
インターネットサービス　4
インターネットパラメータ　15
インターフェイス ID　**51**, 54
インタラクティブな通信　80

閏秒　138

エージェント　132
エコー応答　67
エコー要求　67
エッジルーター　106
エニーキャストアドレス　48
遠隔ログイン　12

オイラーの定理　177
オーセンティケータ　149

索　引　　237

オーバープロビジョニング　94
オーバーレイネットワーク　206
オクテットカウント　85
オブジェクト ID　134
オンデマンド視聴　78
オンプレミス　214
オンリンク判定　71

【か】
改 EUI-64 形式　51, **54**
解読　174
拡張 MIB　134
拡張シーケンス番号　86
拡張ヘッダー　62
隠れ端末問題　7
カプセル化　75, **200**
カプセル化モード　192
可用性　156
環境復元型クライアントシステム　150
完全性　156

擬似ストリーミング　79
基本ヘッダー　62
機密性　156
キャプチャ　136
キューイング方式　96, **102**
キューイング理論　96
キューマネジャ　110
脅威　154
強衝突耐性　181
共通鍵暗号方式　174
共有ツリー　121
共有メモリ（シェアドメモリ）方式　24
近隣ノード　67

クライアント・サーバーモデル　4
クライアントハイパーバイザ方式　151
クライアントプログラム　4
クラウド　214
クラシファイヤ　108
グループ ID　117
クローズド VPN　198
グローバル ID　52
グローバル IP アドレス　5, 8
グローバルルーティングプレフィックス　52
クロスマトリックス（クロスバー）方式　24
グローバルスコープ　117

経路 MTU　72
経路 MTU 探索　13, 61, **72**
経路制御表　8
経路制御プロトコル　11
経路制御ヘッダー　64
ケルベロス認証　147
原子時計　138

コアベースツリー　121
コアルーター　106
高信頼性通信　5, 13, **92**
コーデック　79
呼制御　88
コネクション型通信プロトコル　5
コミュニティ　133
コリジョン　7
コンテンツ配信ネットワーク　216
コンピュータウイルス　155

【さ】
サーキットレベルゲートウェイ型ファイアウォール
　　160
サービスクラス　98
サービス不能　154
サービス妨害　154
再送　94
最大拡張シーケンス番号　86
最大セグメント長　21
最大通信帯域　9, 14, 21
最短パスツリー　120
サイト間 VPN　199
サブネット　10
サブネット ID　52
サブネットプレフィックス　51
サブネットマスク　3, 17
サプリカント　149
さらし端末問題　7
サンドボックス　169

シーケンス　81
シーケンス番号　82
シェイパー　108
時間超過メッセージ　67
シグネチャマッチング　167
時刻同期方式　146
辞書攻撃　154
システムクロック　138

ジッター　79, **93**
指定ポート　28
弱衝突耐性　181
ジャンボグラム　64
ジャンボペイロード　64
終点オプションヘッダー　64
終点キャッシュ　71
集約　56
受信者レポート　84
受信ポート　22
冗長化　159
衝突　181
情報資産　154
情報媒体　7
シンクライアント　150
シングルサインオン　142, **147**
真正性　156
信頼性　156

スイッチ　20
スイッチファブリック　22
スイッチング能力　25
スイッチングハブ　9
数体ふるい法　177
スーパーシーダー　211
スーパーノード型P2P　209
スクリーニングルーター　160
スケーラビリティ　114
スコープ　50
ステーション　7
ステートフルインスペクション　163
ステートフルフェイルオーバー　163
ステートレスアドレス自動生成　54
ストラタ　139
ストリーミング　78
ストリーム　78
スパニングツリー　27
スパニングツリープロトコル　27
スループット　93

脆弱性攻撃　154
正当性　174
責任追跡性　156
セキュアネットワーク　158
セキュリティ対策ソフト　156
セキュリティホール　154
セッション　87

前方誤り訂正　86

送出ポート　22
送信時間　93
送信者レポート　84
送信パケット数　85
ソース　84
ソースツリー　120
ソフトウェアデザインネットワーク　215

【た】
ターゲットサーバー　154
ターゲットリンク層アドレスオプション　71
帯域ブローカー　107
退去者リスト　84
タイムスタンプ　82, 83
対話制御　88
楕円曲線暗号　177
タグVLAN　32
タグポート　33
多段化　159

遅延時間　93
チケット発行サーバー　147
チャレンジアンドレスポンス方式　146

通信経路　10
通信速度　14
通信の品質　92
通信プロトコル　15, 16

ディスクレスクライアント　150
低遅延性　80
ディレクトリサービス　143
データ転送装置　20
データリンク　7
データリンク通信　6
テールドロップ　104
テキストデータ　4
デジタル署名　182
デフォルトPHB　99
デフォルトゲートウェイ　3
デフォルトルーターリスト　69, 71
デュアルスタック　74
電子メール　12
電子メールサニタイズ　169
電子メールの無害化　169

索　引　239

伝送速度　93
伝送レート　**93**，100

同期確立　29
統合認証　142
等時性　79
登録サーバー　88
トークン　100
トークンバケツモデル　100
ドメイン名　4
トラッカーレス　210
トラフィッククラス　63
トラフィック制御　106，**110**
トラフィック調整　106，**108**
トラフィック理論　96
トランスポートモード　192
トランスレーション　75
ドロッパー　108
トンネリング　75
トンネルモード　192

【な】
名前解決　3

認証局　184
認証サーバー　147
認証データベース　147

ネイバー　67
ネイバー広告　67
ネイバー広告メッセージ　71
ネイバー要請　67
ネイバー要請メッセージ　71
ネクストヘッダー　62，63
ネクストホップ　70
ネットワーク IP アドレス　3
ネットワーク QoS　92
ネットワークアドレス　17
ネットワークアプリケーション　4
ネットワークブート型　150

ノード　10

【は】
バースト　**96**，100
バーストサイズ　100
ハードウェアクロック　138

ハードウェアトークン　146
ハイパーリンク　4
ハイブリッド型 P2P　209
パケット過大メッセージ　72
パケットサイズ過大メッセージ　66
パケットフィルタリング　163
パケットフィルタリング型ファイアウォール　160
パケットモニタリング　136
パケットロス率　**86**，93
場所サーバー　88
パスコスト　27，29
パスワードクラッキング　**145**，156
パスワード認証　142，**145**
バックプレーン容量　25
パッチファイル　156
バッファー　94
パディング　82
パブリッククラウド　214
パラメータ問題メッセージ　67
搬送波　7
ハンドオーバー　219

ピア　208
ピークレート　101
ピース　211
ビームフォーミング　219
非指定ポート　28
非線形 PCM　89
ビットレート　93
ピュア P2P　209
標準 MIB　134
標準電波　139
標的型メール　155
平文　174
品質保証型サービス　97

ファイアウォール　160
ファイル交換　208
ファイルシステム　12
ファイル転送　12
フィッシング　155
フィルター　136
フィンガーテーブル　213
ブートストラップ　150
フォーマットプレフィックス　49
フォワーディングテーブル　9，22
負荷制御型サービス　97

復号　174
複合化　79
復号鍵　176
輻輳　95
輻輳制御　13
不正アクセス　154
踏み台　155
プライベート IP アドレス　8, 17
プライベート LAN　3, 198
プライベートクラウド　214
プライベートスコープ　117
プラグアンドプレイ　45
フラグメントヘッダー　65
ブリッジ ID　28
ブルートフォース攻撃　145
ふるまい検知システム　169
プレイアウト遅延　83, 86
ブレードサーバー　214
フレーム（通信パケット）　6
フレーム（動画のコマ）　83
プレフィックスリスト　69
フロー　94
フロー制御　13, 35
ブロードキャストアドレス　17, 48
ブロードキャストストーム　26
フローラベル　63
プロキシサーバー　160, **164**
プログレッシブダウンロード　78
プロセス　12
ブロッキング　29
プロポーザル　29
プロミスキャスモード　136
分散ハッシュテーブル　210, **212**

平文　174
ペイロードタイプ　82
ペイロード長　63
ベースバンド信号　9
ベストエフォート　95
ベストエフォート通信　14
ヘッダーチェックサム　8
ベルマン＝フォードアルゴリズム　11

ポーズフレーム　35
ポート VLAN　31
ポート番号　5
ホスト　10

ホスト間通信　10
ボット　155
ホップ数　10
ホップバイホップオプションヘッダー　64
ホップリミット　63
ポラードロー法　177
ポリシーサーバー　107
ポリシールーティング　11

【ま】
マーカー　108
待ち行列理論　96
マネージャ　132
マルウェア　155
マルチキャストアドレス　48, **116**
マルチキャスト配送ツリー　120
マルチキャストルーター　115
マルチメディア　78

ミーター　108

無線 LAN　2

メッセージ認証　179
メッセージ認証コード　179
メディアクロック　83
メディアサーバー　87
メディアデータ　78
メルトダウン　26

モバイル IP　61

【や】
ユーザーインターフェイス　12
ユーザーエージェント　88
ユーザー認証　**142**, 145, 156
ユニークローカルアドレス　52
ユニキャストアドレス　48

要請ノードマルチキャストアドレス　55

【ら】
ラストホップルーター　116, 118
ラディウス認証　148
ラベル　37
ラベルスイッチング　36
ラベルテーブル　37

ランデブーポイント　121

リアルタイム通信　80
リアルタイム通信プロトコル　79
リーキーバケツモデル　101
離散対数問題　178
リスナー　127
リダイレクトサーバー　88
リダイレクトメッセージ　71
リップシンク　85
リバースプロキシサーバー　165
リピータ　9
リモートアクセス VPN　199
リモートデスクトップ方式　151
リンクアグリゲーション　34
リンクローカルスコープ　117

累積欠落パケット数　86
ルーター　2, 8, 10, 20
ルーター広告　67
ルーター広告メッセージ　69
ルーター要請　67
ルーター要請メッセージ　69
ルーティング　11
ルーティングテーブル　22
ルーティングプロトコル　11
ルート認証局　185
ルートパスコスト　27
ルートブリッジ　27
ルート分散　140
ルートポート　28
ループバックアドレス　49

レシーバー　114
レポート作成者　86
レポート対象者　86

ログ　159

【わ】
ワンタイムパスワード　146

Memorandum

Memorandum

Memorandum

〈著者紹介〉

原山美知子 （はらやま みちこ）
　1984 年　東京大学大学院工学研究科博士課程修了
　専門分野　情報ネットワーク
　現　　在　岐阜大学工学部准教授・工学博士
　主　　著　「インターネット工学」（シリーズ知能機械工学 5），共立出版（2014）

Advanced コンピュータネットワーク
Advanced Computer Networks

2018 年 10 月 25 日　初版 1 刷発行

検印廃止
NDC 547
ISBN978-4-320-12440-0

著　者　原山美知子 ⓒ 2018

発行者　南條光章

発行所　**共立出版株式会社**
　〒 112-0006
　東京都文京区小日向 4 丁目 6 番 19 号
　電話　03-3947-2511
　振替口座 00110-2-57035 番
　www.kyoritsu-pub.co.jp

印　刷　横山印刷

製　本　ブロケード

一般社団法人
自然科学書協会
会員

Printed in Japan

JCOPY ＜出版者著作権管理機構委託出版物＞
本書の無断複製は著作権法上での例外を除き禁じられています．複製される場合は，そのつど事前に，
出版者著作権管理機構（ＴＥＬ：03-3513-6969，ＦＡＸ：03-3513-6979，e-mail：info@jcopy.or.jp）の
許諾を得てください．

編集委員：白鳥則郎（編集委員長）・水野忠則・高橋　修・岡田謙一

未来へつなぐデジタルシリーズ

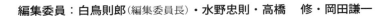

全40巻刊行予定！

21世紀のデジタル社会をより良く生きるための"知恵と知識とテーマ"を結集し，今後ますますデジタル化していく社会を支える人材育成に向けた「新・教科書シリーズ」。

❶ **インターネットビジネス概論 第2版**
片岡信弘・工藤　司他著‥‥208頁・本体2700円

❷ **情報セキュリティの基礎**
佐々木良一監修／手塚　悟編著 244頁・本体2800円

❸ **情報ネットワーク**
白鳥則郎監修／宇田隆哉他著‥‥208頁・本体2600円

❹ **品質・信頼性技術**
松本平八・松本雅俊他著‥‥‥‥216頁・本体2800円

❺ **オートマトン・言語理論入門**
大川　知・広瀬貞樹他著‥‥176頁・本体2400円

❻ **プロジェクトマネジメント**
江崎和博・髙根宏士他著‥‥‥‥256頁・本体2800円

❼ **半導体LSI技術**
牧野博之・益子洋治他著‥‥‥‥302頁・本体2800円

❽ **ソフトコンピューティングの基礎と応用**
馬場則夫・田中雅博他著‥‥‥‥192頁・本体2600円

❾ **デジタル技術とマイクロプロセッサ**
小島正典・深瀬政秋他著‥‥‥‥230頁・本体2800円

❿ **アルゴリズムとデータ構造**
西尾章治郎監修／原　隆浩他著 160頁・本体2400円

⓫ **データマイニングと集合知** 基礎からWeb，ソーシャルメディアまで
石川　博・新美礼彦他著‥‥‥‥254頁・本体2800円

⓬ **メディアとICTの知的財産権 第2版**
菅野政孝・大谷卓史他著‥‥‥‥276頁・本体2900円

⓭ **ソフトウェア工学の基礎**
神長裕明・郷　健太郎他著‥‥‥202頁・本体2600円

⓮ **グラフ理論の基礎と応用**
舩曵信生・渡邉敏正他著‥‥‥‥168頁・本体2400円

⓯ **Java言語によるオブジェクト指向プログラミング**
吉田幸二・増田英孝他著‥‥‥‥232頁・本体2800円

⓰ **ネットワークソフトウェア**
角田良明編著／水野　修他著‥‥192頁・本体2600円

⓱ **コンピュータ概論**
白鳥則郎監修／山崎克之他著‥‥276頁・本体2400円

⓲ **シミュレーション**
白鳥則郎監修／佐藤文明他著‥‥260頁・本体2800円

⓳ **Webシステムの開発技術と活用方法**
速水治夫編著／服部　哲他著‥‥238頁・本体2800円

⓴ **組込みシステム**
水野忠則監修／中條直也他著‥‥252頁・本体2800円

㉑ **情報システムの開発法：基礎と実践**
村田嘉利編著／大場みち子他著‥200頁・本体2800円

㉒ **ソフトウェアシステム工学入門**
五月女健治・工藤　司他著‥‥‥180頁・本体2600円

㉓ **アイデア発想法と協同作業支援**
宗森　純・由井薗隆也他著‥‥‥216頁・本体2800円

㉔ **コンパイラ**
佐渡一広・寺島美昭他著‥‥‥‥174頁・本体2600円

㉕ **オペレーティングシステム**
菱田隆彰・寺西裕一他著‥‥‥‥208頁・本体2600円

㉖ **データベース ビッグデータ時代の基礎**
白鳥則郎監修／三石　大他編著‥280頁・本体2800円

㉗ **コンピュータネットワーク概論**
水野忠則監修／奥田隆史他著‥‥288頁・本体2800円

㉘ **画像処理**
白鳥則郎監修／大町真一郎他著‥224頁・本体2800円

㉙ **待ち行列理論の基礎と応用**
川島幸之助監修／塩田茂雄他著‥272頁・本体3000円

㉚ **C言語**
白鳥則郎監修／今野将編集幹事・著 192頁・本体2600円

㉛ **分散システム**
水野忠則監修／石田賢治他著‥‥256頁・本体2800円

㉜ **Web制作の技術 企画から実装，運営まで**
松本早野香編著／服部　哲他著‥208頁・本体2600円

㉝ **モバイルネットワーク**
水野忠則・内藤克浩監修‥‥‥‥276頁・本体3000円

㉞ **データベース応用 データモデリングから実装まで**
片岡信弘・宇田川佳久他著‥‥‥284頁・本体3200円

㉟ **アドバンストリテラシー** ドキュメント作成の考え方から実践まで
奥田隆史・山崎敦子他著‥‥‥‥248頁・本体2600円

㊱ **ネットワークセキュリティ**
高橋　修監修／関　良明他著‥‥272頁・本体2800円

㊲ **コンピュータビジョン 広がる要素技術と応用**
米谷　竜・斎藤英雄編著‥‥‥‥264頁・本体2800円

【各巻】B5判・並製本・税別本体価格／以下続刊
（価格は変更される場合がございます）

www.kyoritsu-pub.co.jp　　共立出版　　https://www.facebook.com/kyoritsu.pub